以太坊 Solidity 智能合约开发

嘉文 管健 李万胜 编著

机械工业出版社

本书从零开始介绍 Solidity 程序开发，从 Solidity 语言中基础的关键字和语句开始介绍，逐步深入到高级应用，包括设计模式、合约可升级的设计、合约的安全性问题及对策等，并结合 EVM 的实现，讨论 Solidity 语句的汇编实现；对一些原理的讲解，提供了相对应的实例，以期更易于理解原理的实现机理；同时，对 Solidity 应用于 DApp 开发，及使用区块链上的去中心化存储（IPFS）也有详细的介绍。

本书可作为对区块链感兴趣的程序开发人员、高校师生等的参考书，也可作为相关课程的培训教材。本书配有教学课件。

（责编邮箱：jinacmp@ 163. com）

图书在版编目（CIP）数据

以太坊 Solidity 智能合约开发/嘉文，管健，李万胜编著. —北京：机械工业出版社，2020. 2（2023. 1 重印）

ISBN 978-7-111-64642-6

Ⅰ. ①以…　Ⅱ. ①嘉…②管…③李…　Ⅲ. ①电子商务 - 支付方式 - 程序设计　Ⅳ. ①F713. 361. 3②TP311. 1

中国版本图书馆 CIP 数据核字（2020）第 021981 号

机械工业出版社（北京市百万庄大街 22 号　邮政编码 100037）

策划编辑：吉　玲　　责任编辑：吉　玲　任正一

责任校对：宋逍兰　樊钟英　封面设计：马精明

责任印制：郜　敏

北京富资园科技发展有限公司印刷

2023 年 1 月第 1 版第 4 次印刷

184mm × 260mm · 17 印张 · 417 千字

标准书号：ISBN 978-7-111-64642-6

定价：59. 00 元

电话服务　　网络服务

客服电话：010-88361066　机　工　官　网：www. cmpbook. com

010-88379833　机　工　官　博：weibo. com/cmp1952

010-68326294　金　书　网：www. golden-book. com

封底无防伪标均为盗版　机工教育服务网：www. cmpedu. com

前　言

随着区块链技术浪潮的方兴未艾，基于以太坊的智能合约编程也成为一个广为人知的热门话题。本书写作的目的就是从零开始，由浅入深地介绍 Solidity 这一热门的智能合约编程语言的使用。希望本书可以一站式地为读者提供 Solidity 编程所需的所有信息。Solidity 的设计使用了很多面向对象编程的概念，比如继承、重载等。所以，本书适合学习过至少一门面向对象编程的大学生和开发人员。

在现有的智能合约编程语言里，无论是编程语言社区数、使用者数量、使用范围，还是活跃的合约数量，以及大众的辨识度，Solidity 都当之无愧地雄踞榜首。虽然目前智能合约编程的前沿已经转向 Web Assembly，但是在可预见的将来，Solidity 仍将在智能合约编程领域占有举足轻重的地位。

Solidity 不仅仅是一门新的编程语言，它和传统的 Java、C ++ 最显著的不同是：Solidity 编写智能合约是在完全去中心化的环境里运行，而且由以太坊虚拟机（EVM）解释执行。因此，Solidity 的编程、设计、调试和传统编程是完全不同的。传统的编程语言有解释型和编译型，而且代码在绝大部分的情况下是不公开的。而 Solidity 的智能合约编程，是部署到以太坊公链上，源代码公开透明。每一位有计算机基础知识的用户都可以通过各种各样的工具（比如区块链浏览器）看到 Solidity 的源代码。这种公开透明的特性给智能合约编程带来巨大的挑战：如何编写安全的、没有漏洞的合约？同时，传统的程序一般是基于某种体系架构，比如 Windows/Intel，Linux/AMD 等，而 Solidity 编程是基于以太坊虚拟机（以太坊虚拟机是一个栈机器，没有 Windows/Intel 架构里的寄存器）。EVM 具有很多独特的特性，而这些特性都会无形地影响 Solidity 编程，比如编程模式、内存格式、地址寻址方式。本书对 EVM 进行了详细的探讨，帮助程序员编写更有效、耗费更低、功能更强大的程序。

本书的结构如下：

预备篇

第 1 章　介绍了以太坊上的一些基础概念和术语。

第 2 章　介绍了 Solidity 开发测试环境的配置和安装。

基础篇

第 3 章　介绍了 Solidity 编程语言的基础知识：关键字、语句、修饰符以及特殊特性。

第 4 章　介绍了流行的 ERC20、ERC721 协议家族以及合约间如何调用，编程语言如何与智能合约交互。

高级篇（本书的重点）

第 5 章　介绍了二进制接口（ABI）规范以及数据的编码。

第 6 章　介绍了 Solidity 编程的一些高级话题：设计模式，如何省 GAS，以及 Solidity 语句的汇编实现。

第 7 章　讨论了如何设计可升级的智能合约。

第 8 章　讨论了智能合约编程的安全性以及最佳实践方案总结。

应用篇

第 9 章　介绍了基于 Solidity 智能合约的 DApp 编程，以及如何使用去中心化的存储。

第 10 章　介绍了 Solidity 的测试工具和使用示例。

致谢

首先感谢本书的合著者管健先生、李万胜先生在编写本书时付出的努力以及贡献的宝贵意见。其次感谢催生本书的出版界的朋友：朱伟博士以及机械工业出版社的吉玲编辑。最后，这本书也献给我的母亲，本书大部分内容编写于母亲卧病陪床之际，相信母亲知道本书顺利出版，她在天国也会感到很安慰。

嘉文

目　录

第 1 章 以太坊简介

以太坊（Ethereum）是一个开源的基于区块链技术的公共平台，可视为一台基于点对点网络的全球计算机。它可以运行去中心化的可信的应用，而没有中心化的管理和单点失败问题。使用这台全球计算机需要支付相应的费用。

1.1 以太坊

以太坊的官方定义："以太坊是一个分布式的平台，可以运行智能合约。应用程序按照既定程序运行，不会出现停机、审查、欺诈或第三方干扰的可能性。这些应用程序运行在定制构建的区块链上，这是一个功能强大的全球共享基础架构，可以通过数字流转来代表财产的所有权。"

比特币是区块链技术的第一个应用，但它仍然只是一种货币。而以太坊带来了区块链技术的全部可能性，而且是基于区块链技术的开源的分布式平台。

以太坊是一个基于交易的状态机，如图 1.1 所示。根据以太坊黄皮书，交易状态转换公式为

$$\sigma' = Y(\sigma, T)$$

式中，σ 为初始状态；σ'为变换后的状态；T 为某些交易；Y 为变换函数。

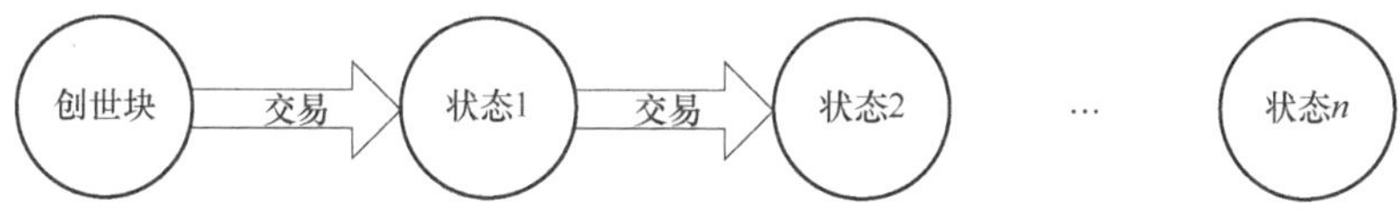

图 1.1 以太坊状态机状态的自动转换

举例说明：

- 初始状态是 A 有 100 元钱，B 有 0 元钱；
- 发生的假定的交易是 A 向 B 支付了 10 元钱；
- 变换函数 Y 就是在账本上把 A 账户里的 10 元钱划到 B 名下；
- 变换后的状态 σ'就是 A 有 90 元钱，B 有 10 元钱。

以太坊具有所有公链的技术特点：公钥加密体系；加密哈希函数；默克尔树以及分叉等。下面介绍以太坊常用的一些技术和术语。

1.1.1 不对称加密体系

不对称加密是现代密码学历史上最为伟大的发明，可以很好地解决对称加密需要的提前分发密钥问题（即使用对称加密技术，收信方需要提前知道发信方用的密钥）。不对称加密，顾名思义，加密密钥和解密密钥是不同的，分别称为公钥和私钥。公钥一般是公开的，人人可以获取，私钥一般是个人自己持有，不能被他人获取。其优点是公私钥分开，不安全通道也可使用；缺点是加解密速度慢，一般比对称加解密算法慢 2 ~3 个数量级，同时加密强度相比对称加密要差。

非对称加密算法的安全性往往需要基于数学手段来保障，目前主要有基于大数质因子分解、离散对数、椭圆曲线等几种思路。代表算法包括 RSA 算法、ElGamal 算法、椭圆曲线加密（Elliptic Curve Crytosystems，ECC）系列算法。一般适用于签名场景或密钥协商，不适用于大量数据的加解密。RSA 算法等已被认为不够安全，一般推荐采用 ECC 算法。

1. Diffie Hellman 算法

下面介绍能够满足上述要求的一种计算方式，也是网络早期共享秘钥 Diffie-Hellman 算法所采用的计算方式，即模运算 + 幂运算[1]。

首先介绍模运算（mod）。假定一个模数 A，那么任何一个数字 B 对 A 取模的结果就是 B/A 的余数。

以模数 A = 11 为例：

```
15 mod 11 =4
(3 +8)mod 11 =0
(3^4)mod 11 =4
```

建立模运算的概念后，开始着手构建可用的共享秘钥算法，下面依旧基于 A、B、C 三个人的场景进行说明。

（1）A 和 B 各自选择一个私人数字

为了方便说明，这里假设 A 和 B 选择的都是一个非常小的数字，如 A 选择 8，B 选择 9。注意：在实际应用中，这个数字要大得多。

（2）A 和 B 选择两个公开的数字

每个人的公开部分需要包含两个数字：其中一个是模数；另一个是基数。假设 A 的公开数字分别是 11（模数）和 2（基数）。

（3）A 和 B 构建自己的公开-私人数字

这是关键的一步，这个过程构建出的结果将会是不可逆的。现在，A 和 B 都将使用 A 的两个公开数字和自己的私有数字，利用下面的公式计算自己的公开-私有数字（PPN）。

```
PPN = 基数^私人数字 mod 模数
```

于是：

```
A 的 PPN =2^8 mod 11 =3
B 的 PPN =2^9 mod 11 =6
```

可以看到上述计算 PPN 的过程是不可逆的，这主要归功于取模操作。

（4）A 和 B 向彼此的 PPN 中混合自己的私人数字

混合的计算方式和上面类似，只是公开基数被替换成了对方的 PPN：

A 计算共享秘钥 = B 的 PPN^8 mod 11 = 6^8 mod 11 = 4

B 计算共享秘钥 = A 的 PPN^9 mod 11 = 3^9 mod 11 = 4

之所以能够得到同样的结果，是因为幂运算满足交换律，即

(a^b)^c = (a^c)^b = a^(bc)

上面的例子表明，A 和 B 成功混合得到了同样的共享秘钥 4。现在只需要使用这个共享秘钥进行数字的加密/解密就可以实现私密通信。而窃听者 C 无论拿到谁的 PPN，都会因为无法混入另一个人的私钥而不能得到最终的共享秘钥。

2. 私钥/公钥

举例：Alice 有公钥和私钥。她可以利用私钥来创建一个数字签名，Bob 可以使用 Alice 的公钥来验证这个签名确实来自 Alice 的私钥。当创建一个以太坊或者比特币地址时，长的 16 进制字符串 0xef…59 的地址就是一个公钥，而私钥保存在别的地方——可能是服务器端，也可能是个人设备上，如手机或者 PC 上。如果丢失了钱包的私钥，那就意味着永久地丢失了该钱包所有的资金，所以最好备份公钥和私钥。

图 1.2 表示了公钥、私钥和地址之间的关系。由私钥可以生成公钥，由公钥可以生成地址。但是“私钥→公钥→地址”的过程是单向的，不可逆的。也就是说，反过来想由地址得到公钥、由公钥得到私钥都是不可能的。

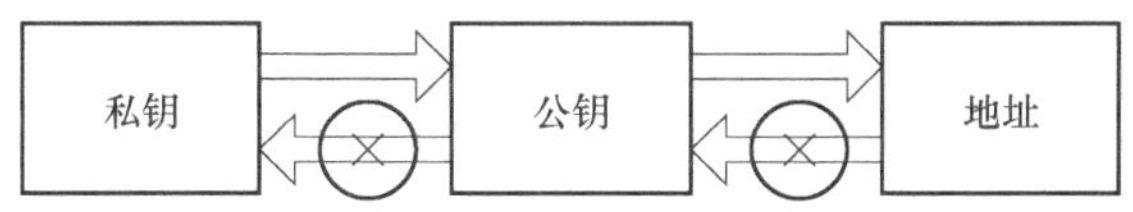

图 1.2　公钥、私钥和地址之间的关系

3. 加密功能

公钥/私钥重要的应用之一就是加密。图 1.3 演示了大致的用法。

- Alice 有一个钥匙串，上面有 Bob、Joy、Mike 等人的公钥；
- Alice 用 Bob 的公钥给要发送的文本加密；
- Alice 发送加密后的文本；
- Bob 收到加密后的文本，用自己的私钥解密。

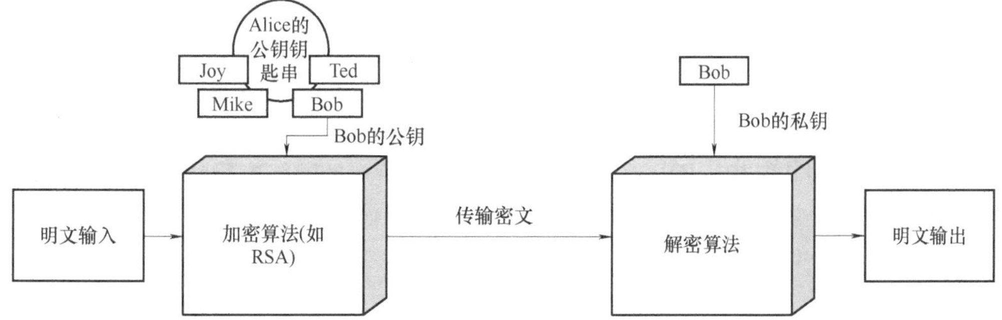

图 1.3　公钥/私钥的加密功能示例

4. 签名验证功能

公钥/私钥另一个重要的应用之一就是签名。图 1.4 演示了大致的用法。

- ❑ Alice 用自己的私钥加密要传送的文本；
- ❑ Bob 保有 Alice 的公钥；
- ❑ Bob 在收到发送过来的加密文本后，用 Alice 的公钥可以验证该加密文本是否来自 Alice。

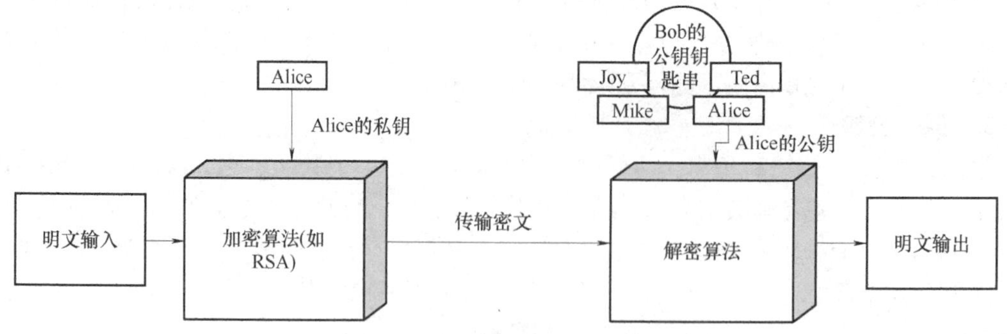

图 1.4　私钥/公钥的签名功能示例

1.1.2　密码学哈希函数

密码学哈希函数（Cryptographic Hash Functions）是一个哈希函数，它以任意大小的消息作为输入，返回一个固定大小的结果字符串。结果字符串被称为哈希值、消息摘要、数字指纹、摘要或者校验和。

一个哈希函数有三个主要的属性：

1）正向计算容易。计算任意数据的哈希值很容易。一次哈希计算不能用时 1 年，否则就是不实用的。

2）不可逆性（不可反向破解）。很难从已知的哈希值反向计算出原文。从密码学很好理解，即不能从密文计算出明文。

3）抗碰撞性（Collision Resistant）。不同的消息不会有同样的哈希值。这就像去电影院买票，不同的人付钱，一定会买到不同座位的电影票。

1.1.3　对称点对点网络

就像 BitTorrent（文件共享软件），所有以太坊的节点都是一个分布式网络上的点（Peer），没有中心化的服务器。将来，为了给用户和开发程序员提供便利，会有各种各样的半中心化的服务。对称点对点网络（P2P）有三种主要的组织结构：分布式哈希表（DHT）结构、树形结构和网状结构。P2P 技术已经延伸到几乎所有的网络应用领域，如分布式科学计算、文件共享、流媒体直播与点播、语音通信及在线游戏支撑平台等。比较著名的 P2P 算法有 Kademali、Chord、Gnutella 等。

1.1.4　区块链

区块链（Blockchain）就像一个全局的账本或者包含所有交易的简单的数据库，如图 1.5所示。所有的交易信息都在网上，公开透明。区块链是一种分布式账本技术，是比特币和类似以太网平台等加密货币的基础。它提供了一种记录和传输透明、安全和可追溯的方法。该技术能够使组织透明、民主、分散、高效并且安全可靠。区块链技术将很有可能在未来的 5 ~ 10 年内颠覆现有的许多行业。

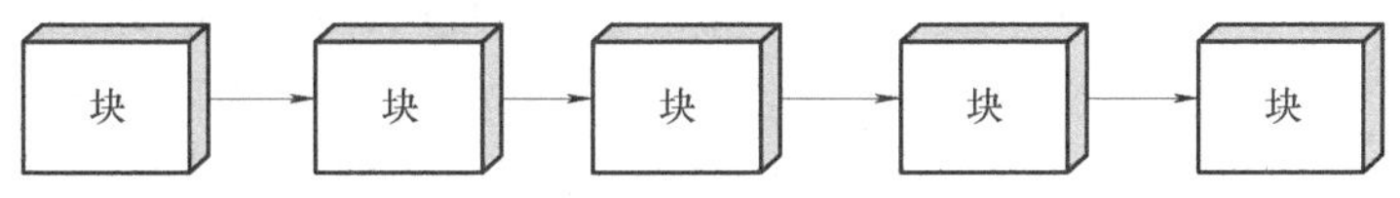

图 1.5 区块链示意图

1. 去中心化

服务或者应用被部署到一个网络上，没有哪个特定的服务器对数据和执行具有绝对权力。同时，网络中一个或者几个服务器的宕机不会影响到服务或者应用。

2. 分布式

网络里任何的服务器或者节点都以 P2P 方式互联。

3. 数据库

数据库具有多份的复制，所以任何时间点都能及时地响应。

4. 账本

每个节点都是一个基于账本的会计系统，记录了网络上所有的交易信息。账本是不可篡改的，只能追加。

1.1.5 以太坊虚拟机

在以太坊虚拟机（Ethereum Virtual Machine，EVM）上程序员可以编写强大的程序，如智能合约或者任何程序。EVM 提供了比特币（Bitcoin）的脚本语言，更丰富也更完整的图灵完备的编程语言。在 EVM 上执行的每一条指令都会被以太坊网络上的每个节点同时执行。图灵完备指的是计算机可以在算法正确的情况下，在有足够的时间和内存的条件下，解决一个数学公式。

1.1.6 节点

运行一个节点（Node）意味着通过这个节点可以读写以太坊的链上数据，如 EVM 一个全节点会下载整个区块链数据。轻节点可能不需要下载整个区块链的数据，但它在必要时要连接全节点，从全节点下载相应的数据。全节点是区块链的主干。全节点是运行完整区块链软件（如 Parity、Geth 等）的任何计算机。所有全节点都包含区块链的完整分布式账本以及运行 P2P 协议的路由软件。

1.1.7 矿工

矿工（Miner）运行维护了一个网络上挖矿的节点，如处理区块链上的块。矿工指的就是运行专业挖矿软件的一部分全节点，但也有一些全节点不运行挖矿软件。要使代码更改生效，节点需要单独更新其软件使其包含更新的代码，这可以通过软分叉（一种向后兼容的方式）实现，也可以通过硬分叉实现，但硬分叉与旧版本的软件不兼容。可以在 stats. ethdev. com 找到一部分以太坊的矿工清单。

1.1.8 工作量证明

工作量证明（Proof of Work，PoW），简而言之，就是矿工们竞争做数学题。第一个解开数学题的就会获得奖励——一些以太币。每一个节点就会更新新的块。每个矿工都会想赢得下一块的打包权，因而被激励去不停地解题。这就达成了一个全网的共识。注意：以太坊正在计划向权益证明（Proof of Stake，PoS）共识算法迁移。

1.1.9 去中心化应用

在以太坊社区里，使用智能合约的应用被称为去中心化的应用（DApp）。DApp 的目的是为智能合约增加一个漂亮的界面同时增加一些额外功能，如 IPFS（一个干净简洁的为去中心化网络提供存储和服务的系统，不属于以太坊）。DApp 也可以运行在一个中心化的服务器上，只要那个服务器可以和以太坊的节点交互。DApp 也可以本地运行在以太坊的节点上，可以使用区块链来提交交易并且获得数据（重要数据），作用堪比数据库，但比数据库作用更大。除了一个典型的用户登录系统以外，用户用钱包地址来代表用户数据本地存储，与现有的 Web 应用有很大不同。

1.1.10 Solidity

Solidity 是一个基于合约的高级编程语言，具有和 JavaScript 相似的语法。它是静态类型语言，支持继承、库和复杂的用户定义类型等功能。它可以被编译成 EVM 的汇编语言，从而能被节点执行。智能合约的编程语言还有 Serpent、Vyper 和 LLL。毫无疑问，Solidity 是智能合约开发的最热门、最流行的编程语言。EVM 是一个动态运行沙盒，可以将以太坊上所有的智能合约和周围环境全部隔离。因此，EVM 上运行的智能合约无法访问网络、文件系统或者在 EVM 上运行的其他进程。

Solidity 是静态类型检查。编译器可以检查：

- 所有的函数都必须存在；
- 对象不能是 null；
- 操作符是否可以使用等。

1.2 智能合约

智能合约顾名思义就是自动化合约。实际上，智能合约就是计算机程序，它们是自动执行的，并在其代码上写入了特定的指令，并在特定条件下执行。智能合约是一系列指令，使用 Solidity 编程语言编写。该编程语言基于 IFTTT 逻辑（即 IF-THIS-THEN-THAT 逻辑工作：如果符合某个条件则做某件事情）。EVM 上运行的智能合约无法访问网络、文件系统或者在 EVM 上运行的其他进程。EVM 上运行的智能合约想获取外部数据，需要通过预言机（Oracle）。

通常情况下，智能合约可以基于以下两种系统之一运行：

- 虚拟机：以太坊；
- Docker：Fabric。

本书主要讨论基于以太坊的 EVM 的智能合约应用编程。

1.3 燃料

燃料（Gas）对应于一个交易（Transaction）中以太坊虚拟机（EVM）的实际运算步数。越简单的交易，如单纯的以太币转账交易，需要的运算步数越少，需要的燃料亦会少一点。反之，如果要计算一些复杂运算，燃料的消耗量就会加大。所以提交的交易需要 EVM 进行的计算量越大，所需的燃料消耗量就越高。以太坊网络里任何计算都要支付燃料，燃料是一种固定衡量的价值，很多 EVM 的操作指令都需要消耗固定的费用，用燃料来计价。燃料的最小单位是 wei，1ETH（以太坊代币）$=10^{18}$wei $=10^{9}$Gwei。

$$\text{愿意支付的最大费用} = \text{Gas Limit} \times \text{Gas Price}$$

式中，Gas Price 为燃料单价；Gas Limit 为愿意支付的燃料上限。

一笔交易中，如果设置的最大费用没有消耗完，多余的费用会退回。无论执行到什么位置，一旦燃料被耗尽（如降为负值），将会触发一个 out-of-gas 异常。当前调用帧所做的所有状态修改都将被回滚，但是被消耗的费用将不会退回，因为这些已消耗的费用都已奖励给矿工了。计算都是要付费的，除此之外还有一些其他收费，费用构成包括以下三种：

1）计算操作的固定费用。

2）交易（合约创建或消息调用）费用。

3）存储（内存、存储账户合约数据）费用。

存储收费是因为假如合约使得状态数据库存储增大，则所有节点都会增加存储。以太坊鼓励尽量保持少量存储。但是如果有的操作是清除一个存储条目，则这个操作的费用不但会被免除，而且由于释放空间还会获得退款。

图 1.6 是以太坊燃料平均价格历史趋势图。

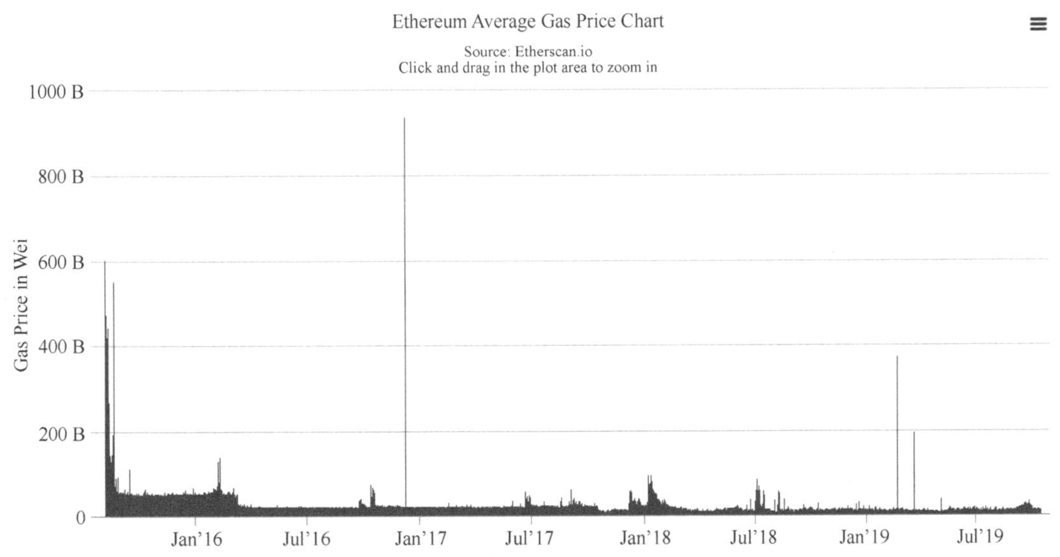

图 1.6 以太坊燃料平均价格历史趋势

注：本图实时信息来自 https://etherscan.io/chart/gasprice

1.3.1 为什么需要燃料?

以太坊之所以需要燃料，主要有三个原因：金融、理论和计算性。

金融方面的目的就是激励矿工去使用他们自己的时间和能源去执行交易和智能合约。很多复杂的操作需要更多的计算资源，这意味着更多的燃料。如果一个用户希望自己的交易优先被执行，就可以指定一个比较高的燃料价格。这样的话，交易就更容易被矿工快速处理。在实现权益证明（PoS）共识算法后，燃料作为挖矿能量的补偿就更重要了。因为矿工出块不再获得出块奖励，为挖矿而付出的能源成本提供金融奖励将来自于处理交易，这对矿工更重要。

理论方面来说，燃料可以用来兼顾在网络里所有参与者的利益。区块链里很多理论都在讨论在没有信任的环境里如何减轻有害或者恶意攻击的问题。可以说燃料部分地解决了这个问题，在用户和矿工之间建立了共赢的激励机制。矿工被激励去工作，同时用户也失去了不作为或者写恶意代码来攻击的动力，因为这将使自己付出的 ether（以燃料形式）置于险地。

设计燃料的计算方面的原因来自于一个古老的、基础的计算理论——停机问题。停机问题是指一个程序能从描述和程序输入方面确定是否能停止运行或者永远运行下去。在 1936 年，Alan Turing 确定任何机器都不可能解决停机问题。在 EVM 里，这意味着一个矿工在开始一个交易的时候，不会百分之百知道这个交易会不会永远执行。通过使用燃料和燃料上限（一个交易带有的有限数目的燃料），即使一个矿工执行一个不确定的交易（不确定性来自一个编程错误或者一次网络攻击，如故意的无限循环），燃料终将被耗尽，而且矿工终将被补偿。

每一个在 EVM 上执行的操作其实在以太网络的每个节点都会同时执行。这就是燃料存在的原因。数据读写，执行昂贵的计算，如使用密码原语，调用（或者发消息）其他合约等操作产生的费用都会从以太坊的账户里扣除。交易还有一个燃料上限（Gas Limit）的参数，指定了交易消耗燃料的上限，用来作为对程序错误的一种防护措施，因为程序错误可能导致账户资金被耗尽。

如果所提交的交易尚未完成，但所消耗的燃料就已经超过设定的燃料上限，那么这次交易就会被取消，而已经消耗的手续费同样会被扣取——因为需要奖励已经付出劳动的矿工。而如果交易已经完成，消耗的燃料未达到燃料上限，那么只会按实际消耗的燃料收取交易服务费。换句话说，一个交易可能被收取的最高服务费就是燃料上限（Gas Limit）×燃料价格（Gas Price）。

最后值得一提的是燃料价格越高，提交的交易就会越快被矿工接纳。但通常人们都不愿意多支付手续费，那么究竟应该将燃料价格设置为多少，才可以在正常时间（如 10min）内确保交易被确认到区域链上呢？建议访问 ethgasstation. info 网站，历史数据表明，1Gwei 的燃料价格就可以确保交易在约 50s 被接纳。

1.3.2 燃料组成

燃料组成（Components of Gas）可以被分为燃料成本（Gas Cost）、燃料价格（Gas Price）和燃料上限（Gas Limit）。以太坊的手续费计算公式为

交易手续费(Tx Fee) = 实际运行步数(Actual Gas Cost) × 单步燃料价格(Gas

Price)

例如，交易需要以太坊执行 50 步完成运算，假设设定的燃料价格为 2Gwei，那么整个交易的手续费为 50 × 2Gwei = 100Gwei。

1. 燃料成本

燃料成本（Gas Cost）代表每个操作需要的燃料单位数。在以太坊的黄皮书里已经预先定义好了以太坊链上每个操作的燃料成本。例如，运行一个加法（addition）操作所需的燃料成本是 3Gas，而且不随 ether 的法币价值发生变化，一直保持 3Gas。这也就是为什么使用燃料而不使用 ether 来直接计算运行一个操作的成本的原因。运行一个操作需要的燃料数量不会被轻易地改变，但是以 ether 计算的燃料价格很容易被 ether 法币价格的起伏和网络流量所影响。

2. 燃料价格

燃料价格（Gas Price）指一单位的燃料等于多少 ether，一般用 Gwei 作为单位。$1\text{Gwei} = 10^{9}\text{wei} = 10^{-9}\text{ether}$，而 wei 是 ether 的最小度量单位。所以，当设定燃料价格为 20Gwei，就意味着单步运算支付的费用为 0.00000002ether。燃料价格越高，就表示交易中每运算一步会支付更多的 ether。类似 ethgasstation.info 这类网站经常发布燃料的平均价格，但是用户可能愿意付出更高的价格来吸引矿工优先处理他们的交易。矿工获得用户交易里指定的燃料费，他们会按优先级排序，因此，有较高燃料价格的交易会排在有较低燃料价格的交易前面。

3. 燃料上限

燃料上限（Gas Limit）就是一次交易中燃料的可用上限，也就是交易中最多会执行多少步运算。燃料上限会比交易实际所需要的燃料数量要大。由于交易复杂程度各有不同，确切的燃料消耗量是在完成交易后才会知道，因此在用户提交交易之前，需要为交易设定一个燃料用量的上限。如果一个用户为交易设置的燃料上限太低（如交易里所有操作综合所需的燃料超过用户为这个交易指定的 Gas 数量），一个矿工会尝试完成交易直到燃料耗尽为止，并且在燃料耗尽的那个时间节点，矿工获得费用激励（因为他们付出了时间和能源来执行尽量多的操作），然而交易失败，区块链就会记录该交易失败。燃料上限的设计是为了保护用户和矿工，防止他们因为错误的编码问题和恶意攻击而丢失资金和能量。

1.4 ether

ether 是以太坊的加密数字货币通证，是真的可以买卖的加密数字货币。ether 主要用来支付在以太坊上操作的最终费用，费用的计算公式是燃料成本 × 燃料价格，最后以 ether 支付。用户可以设定燃料价格，但如果用户设定的燃料价格太低的话，可能没有矿工愿意执行该代码。

1.5 账户

每个账户（Accounts）都有地址。在同样的地址空间里有两类的账户：第一类是外部账户（External Owned Account，EOA），由公钥/私钥来控制，通常情况下是外部账户用来存储

ether；另一类是合约账户，由代码来控制。两类账户有一些区别，但只有外部账户才能发起交易。

1.6 交易

一个交易（Transaction）是从一个账户发送到另一个账户的消息。用户可以发送一个交易给外部账户来传送 ether。如果目的账户是一个合约账户，它的代码就将被执行。注意：每个交易都要在网络上的所有节点上运行。所以，每次代码的运行或者交易执行，都会被以太坊区块链记录。

第 2 章 预备知识

2.1 简单的例子

下面来看一个简单的例子：

```
pragma solidity 0.4.20;

contract Basic Token{
    uint256 totalSupply_;
    mapping(address = >uint256)balances;
    constructor(uint256_initialSupply)public{
        totalSupply_ =_initialSupply;
        balances[msg.sender] =_initialSupply;
    }
    function totalSupply()public view returns(uint256){
        return totalSupply_;
    }
    function balanceOf(address_owner)public view returns(uint256){
        return balances[_owner];
    }
    function transfer(address_to,uint256_value)public returns(bool)
    {
        require(_to!=address(0));
        require(_value <=balances[msg.sender]);
        balances[msg.sender] =balances[msg.sender]-_value;
        balances[_to] =balances[_to] +_value;
        return true;
    }
}
```

这是一个发币的程序。从程序结构来看，Solidity 其实和传统的诸如 C ++、Java 等面向对象的编程语言并无不同，表现在：

1）有编译开关 Pragma；

2）有类名 BasicToken，Class 对应的关键字是 Contract；

3）有变量声明：uint256，mapping；

4）有构造函数：constructor；

5）有函数：function；

6）有形参，有返回值；

7）编程语句有 if 语句、循环语句，与 Java，C ++大同小异。

2.2 工具准备

在讨论以太坊应用编程之前，先进行准备工作，熟悉和安装必要的工具软件和框架。包括：

（1）编程环境

以太坊有很多语言版本的实现，如 C ++，Python，Go 等，可根据个人偏好选择编程语言。在本书中，主要用到的编程语言环境是 Go、Nodejs 和 Solidity。有时为了交互式的解释 Ethereum 的某些功能，还可能用到 py-ethereum 即 Ethereum 的 python 实现。

（2）编程工具

在以太坊应用程序编程中，可能用到的一些调试工具、钱包工具以及各种各样的插件。

（3）区块链浏览器

由于区块链数据是公开透明的，可用区块链浏览器来检查提交的交易。数据检查是以太坊应用编程中必备的技能。

2.2.1 编程环境准备

1. Node 环境的安装

Node 环境的安装有很多种方法，可以下载安装包，或者下载源程序编译，或者采用下面的方法：

```
Sudo apt-get install curl
curl-sL https://deb.nodesource.com/setup_10.x |sudo-E bash-
```

遵从提示信息进行操作。运行如下命令来安装 Node.js10.x 和 npm：

```
sudo apt-get install-y nodejs
sudo apt-get install npm
```

可能还需要为搭建本地的 Addon 而安装一些开发工具：

```
sudo apt-get install gcc g ++make
```

安装 Yarn 库包：

```
curl-sL https://dl.yarnpkg.com/debian/pubkey.gpg |sudo apt-key add-
echo"deb https://dl.yarnpkg.com/debian/stable main"|sudo tee/etc/apt/sources.list.d/yarn.list
```

```
sudo apt-get update && sudo apt-get install yarn
```

验证：

```
node-v
npm-v
```

图 2.1 表明已经成功安装了 nodejs v10.6.0 和 npm 库包管理器 v6.1.0

```
gavin@gavin-VirtualBox:~/dev/test$ node -v
v10.6.0
gavin@gavin-VirtualBox:~/dev/test$ npm -v
6.1.0
gavin@gavin-VirtualBox:~/dev/test$
```

图 2.1　检查 node 和 npm 的版本信息

2. Web3 安装

Web3 库是使用最广泛的以太坊的开发程序包。由于中国大陆地区上网有网站过滤环节，有些包需要设置代理才能下载。淘宝做了 nodejs 很多包的镜像，所以下载 cnpm 包安装相关软件会更快速、更稳定。

```
sudo npm install-g cnpm--registry=https://registry.npm.taobao.org
```

下面安装 Web3.js 包：

```
sudo cnpm install web3-g
```

也可以使用 npm 来安装，^0.20.0 表示指定安装 Web3 包 v0.20.0。

```
npm install web3@^0.20.0
```

3. Ganache 安装

Ganache 是一个独立的本地以太坊测试环境，用来测试智能合约编程。Ganache 以前叫 testprc，后来改名为 Ganache。用以下命令启动 testrpc：

```
npm install-g ethereumjs-testrpc
testrpc
```

或者安装 Ganache。以下均使用 Ganache 作为开发调试工具。

```
sudo npm install-g ganache-cli
```

启动 Ganache，如图 2.2 所示。

从图 2.2 可以看到，启动后自动创建了 10 个账户及其私钥。

4. Truffle 安装

Truffle 是一个优秀的开发环境、测试框架、以太坊的资源管理通道，图 2.3 为 Truffle 图标。Truffle 致力于让以太坊上的开发变得简单，Truffle 具有以下功能：

- 内置的智能合约编译、链接、部署和二进制文件的管理；
- 快速开发下的自动合约测试；
- 脚本化的、可扩展的部署与发布框架；
- 部署到不管多少的公网或私网的网络环境管理功能；
- 使用 EthPM&NPM 提供的包管理，使用 ERC190 标准；
- 与合约直接通信的直接交互控制台（编写完合约即可在命令行里验证）；
- 可配的构建流程，支持紧密集成；

❑ 在 Truffle 环境里支持执行外部的脚本。

```
gavin@gavin-VirtualBox:~/dev/test$ ganache-cli
Ganache CLI v6.1.8 (ganache-core: 2.2.1)

Available Accounts
==================
(0) 0x0b14c52e502146cf0c70f1a901ffb143e18484b6 (~100 ETH)
(1) 0x7a99ef9eb5211d114f8c4cc6054dad88d074c000 (~100 ETH)
(2) 0xde4e31939ebf5d25cbc99d47cc32e3a4ba6f568f (~100 ETH)
(3) 0x132d96d9132904bb2cb64d0b14a87559159fbb7d (~100 ETH)
(4) 0x5bbae6775891923eff76448688f4a7f89c970f84 (~100 ETH)
(5) 0x3d81178a6b868051783a49dffe7599ca8092615d (~100 ETH)
(6) 0xc6fd0bf1f04032afe7c796026b344a147316becb (~100 ETH)
(7) 0x77c6d76ae205c032236066edd12548fcc7792bbf (~100 ETH)
(8) 0x9838c11728150b70b81e3917f24bd0462134b87a (~100 ETH)
(9) 0x549228c4f67c40f353af0460c13c86c41ad2e695 (~100 ETH)

Private Keys
= Visual Studio Code =
(0) 0x31f4e261f1bf74e95b6a417573713fa157767c000adb21785e016198b474db6b
(1) 0xc54eb02a315b9187379434c2353029e155441889190f31404d61ea14feb7a739
(2) 0xceefcf452d0bcb5905f29d3839a1402736d7af4b1adb7575f6a814392f9d527c
(3) 0x025b34d43392a516590659e895263a15caaadf83ad7f490b167c69a8d93ccdfb
(4) 0xff9a3c0cd20fba76293f8c2c2a4a366faf5787e735a98536094b4dcb44cbe5a0
(5) 0x4e2a8dd36b099c342322d021ed41c25715c64ad74689d42083c30d8c8e1c4544
(6) 0xd8e5655f8fd5c938a86ed93d01182b4c0cf0c7ef690c4ce8f4e7899a811f6b0f
(7) 0x7671a8a9ed1b5a1520d9ead3c8a33efaa831310871b7ecc59d29f7139d5e1662
(8) 0xe5e60966695fa2ad12e26dabb14fbeab3cce20dc4f45209621e49c81b64ed88b
(9) 0xaa69cb99c155e5a04178340e2910069a52ad67b766c228f9c3ca542f53b46b75

HD Wallet
==================
Mnemonic:      rigid crop anxiety globe safe north salmon surge heavy lunar plastic aerobic
Base HD Path:  m/44'/60'/0'/0/{account_index}

Gas Price
==================
20000000000

Gas Limit
==================
6721975

Listening on 127.0.0.1:8545
```

图 2.2　Ganache 的启动画面

图 2.3　Truffle 图标

Truffle 项目的地址在 https://github.com/trufflesuite/truffle。在 Ubuntu 上安装 Truffle，请输入以下命令：

```
sudo npm install-g truffle
```

输入以下命令可以查看 Truffle 安装是否成功，以及版本信息：

```
truffle v
```

结果如图 2.4 所示。

```
gavin@gavin-VirtualBox:~/dev/test$ truffle v
Truffle v4.1.14 (core: 4.1.14)
Solidity v0.4.24 (solc-js)
gavin@gavin-VirtualBox:~/dev/test$
```

图 2.4 Truffle 版本信息

接着用 Truffle 来生成一个 Project。先创建一个名为 test 的目录，然后在 test 目录下输入以下命令：

```
truffle init
```

然后通过检查会发现项目已经生成，如图 2.5 所示。

```
gavin@gavin-VirtualBox:~/dev/test$ ls -al
total 48
drwxr-xr-x   6 gavin gavin  4096 8月  22 10:45 .
drwxr-xr-x   5 gavin gavin  4096 8月  22 10:44 ..
drwxr-xr-x   2 gavin gavin  4096 8月  22 10:44 contracts
drwxr-xr-x   2 gavin gavin  4096 8月  22 10:44 migrations
drwxr-xr-x 105 gavin gavin 12288 8月  22 13:13 node_modules
-rw-r--r--   1 gavin gavin   386 8月  22 13:13 package.json
-rw-r--r--   1 gavin gavin   398 8月  22 10:45 package-lock.json
drwxr-xr-x   2 gavin gavin  4096 8月  22 10:44 test
-rw-r--r--   1 gavin gavin   545 8月  22 10:44 truffle-config.js
-rw-r--r--   1 gavin gavin   545 8月  22 10:44 truffle.js
gavin@gavin-VirtualBox:~/dev/test$
```

图 2.5 Truffle 项目目录结构

Truffle 目录结构如下：

```
test/
├── contracts/
│      └── Migrations.sol
├── migrations/
│      └── 1_initial_migration.js
├── test/
├── truffle.js
└── truffle-config.js
```

contracts 目录下存放的是智能合约源文件。Migrations 目录下存放的是用来部署智能合约的 JavaScript 文件。contracts 目录下还可能有一个 Migrations 合约，这个合约将会被存到链上，记录合约的迁移（migrations）历史。test 目录一开始是空目录，用来保存所有的测试文件。在项目的根目录下，有 truffle.js 和 truffle-config.js 文件。这是用来部署智能合约的一些参数。具体信息可以看 Truffle 的官方文档。归纳如下：

- ❑ contracts/：Solidity 合约目录；
- ❑ migrations/：可编程部署脚本文件；

- test/：用来测试 App 和合约的测试文件目录；
- truffle. js：Truffle 配置文件。

Truffle 使用 Mocha 作为测试框架，使用 Chai 来执行断言（Assertion）。可以在 https://mochajs. org/找到 Mocha 的官方文档。下面是一个测试案例：

```
const MyToken = artifacts. require('MyToken')
contract('MyToken',accounts => {
    it('has a total supply and a creator',async function(){
        const owner = accounts[0]
        const myToken = await MyToken. new({from:owner})
        const creator = await myToken. creator()
        const totalSupply = await myToken. totalSupply()
        assert(creator === owner)
        assert(totalSupply. eq(10000))
    })
})
```

下面是一些常用的 Truffle 命令：

```
truffle migrate
truffle compile
truffle test
```

Truffle 让程序员可以迅速进入“写代码—编译—部署—测试—打包 DApp”这个流程。

2. 2. 2　编程工具准备

1. Remix 介绍

Remix 是一个智能合约编程语言 Solidity 的集成开发环境。下面用两个样例合约来介绍 Remix：Callee 和 Caller。其中，Callee 是被调用的合约，而 Caller 是调用者的合约。

Callee 合约源代码：

```
pragma solidity^0. 4. 24
contract Callee{
    uint[]public values;
    function getValue(uint initial)returns(uint){
        return initial +150;
    }
    function storeValue(uint value){
        values. push(value);
    }
    function getValues()returns(uint){
        return values. length;
    }
}
```

Caller 合约源代码：

```
pragma solidity^0.4.24;
contract Caller{
    function someAction(address addr)returns(uint){
        Callee c=Callee(addr);
        return c.getValue(100);
    }
    function storeAction(address addr)returns(uint){
        Callee c=Callee(addr);
        c.storeValue(100);
        return c.getValues();
    }
    function someUnsafeAction(address addr){
        addr.call(bytes4(keccak256("storeValue(uint256)")),100);
    }
}
contract Callee{
    function getValue(uint initialValue)returns(uint);
    function storeValue(uint value);
    function getValues()returns(uint);
}
```

打开浏览器，访问 https://remix.ethereum.org/。复制粘贴上面的程序到 Remix，单击“Deploy”来部署 Callee 合约，如图 2.6 所示。

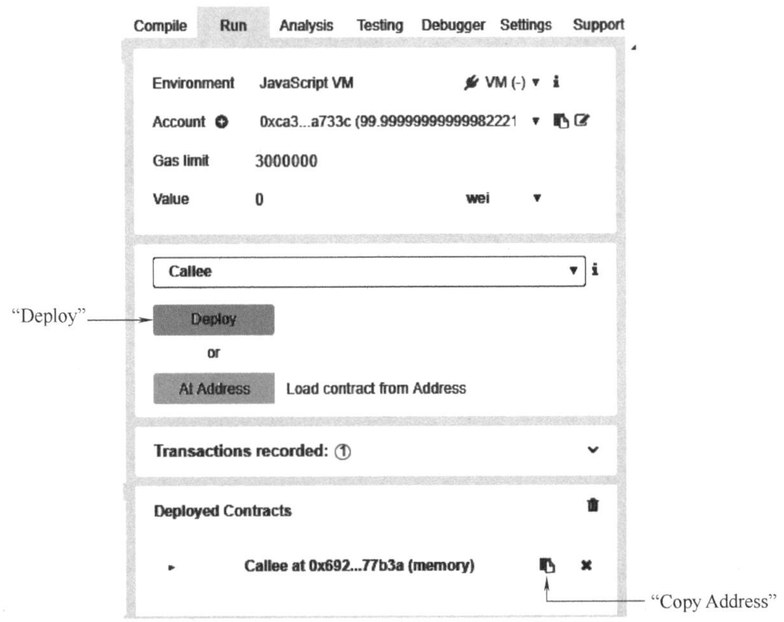

图 2.6　Remix 智能合约部署 Callee 合约

然后，单击右下方的“Copy address”按钮来复制部署的合约地址到剪贴板。上例中，地址是 0x692a70d2e424a56d2c6c27aa97d1a86395877b3a（注意：不同时间实验地址可能不同）其次，创建 Caller 合约。单击“Deploy”按钮部署 Caller 合约，如图 2.7 所示。

在操作面板里调用 someAction 方法，传给它 Callee 合约的地址作为参数，如图 2.8 所示。

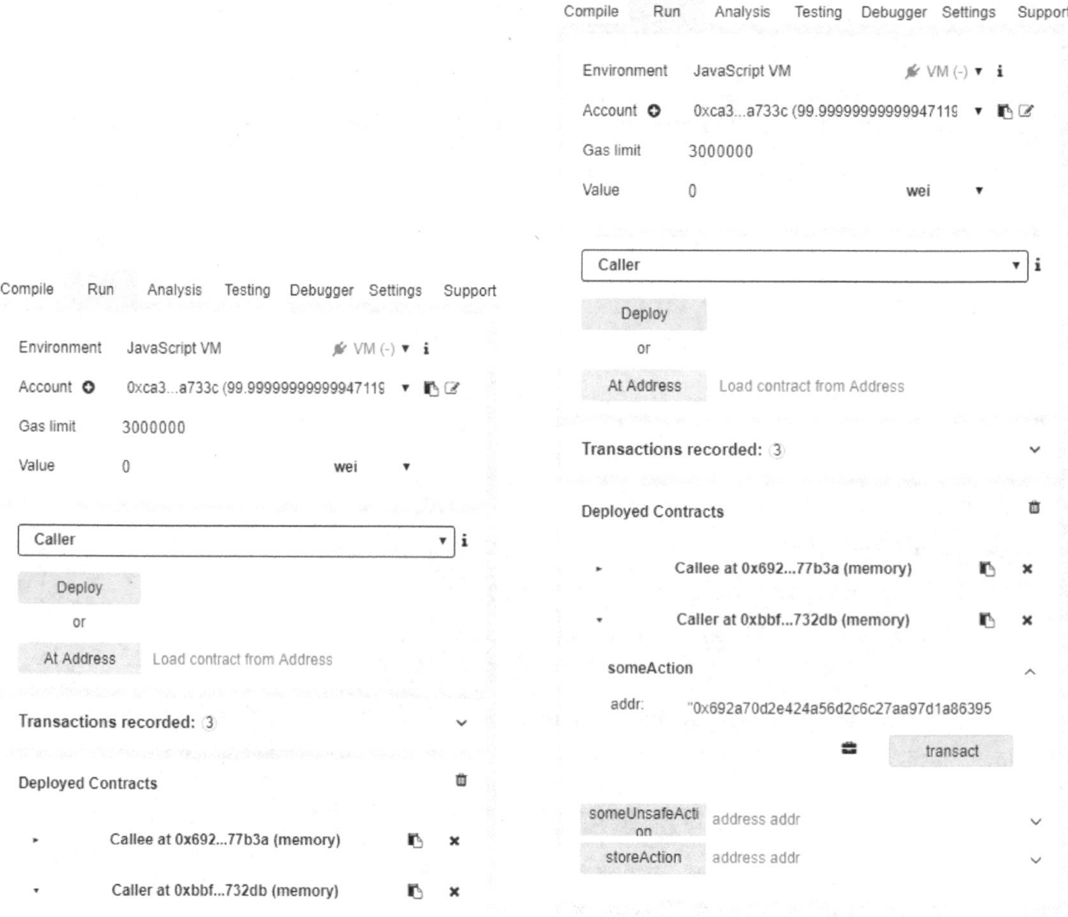

图 2.7　Remix 智能合约部署 Caller 合约

图 2.8　Remix 调用智能合约方法 someAction

图 2.9 表明函数返回了所期望的值 250。

[vm] from:0xca3...a733c to:Caller.someAction(address) 0xbbf...732db value:0 wei data:0xfba...77b3a logs:0 hash:0xd27...81d1b

status	0x1 Transaction mined and execution succeed
transaction hash	0xd275eaadd53729ce2bb5a6e477214631a87db641781b465172bfe64493581d1b
from	0xca35b7d915458ef540ade6068dfe2f44e8fa733c
to	Caller.someAction(address) 0xbbf289d846208c16edc8474705c748aff07732db
gas	3000000 gas
transaction cost	24917 gas
execution cost	2237 gas
hash	0xd275eaadd53729ce2bb5a6e477214631a87db641781b465172bfe64493581d1b
input	0xfba...77b3a
decoded input	{ "address addr": "0x692a70D2e424a56D2C6C27aA97D1a86395877b3A" }
decoded output	{ "0": "uint256: 250" }
logs	[]
value	0 wei

图 2.9　Remix 调用智能合约 someAction 方法返回结果

接下来，可以用同样的方法来测试 someUnsafeAction 和 storeAction 函数，如图 2.10 所示。

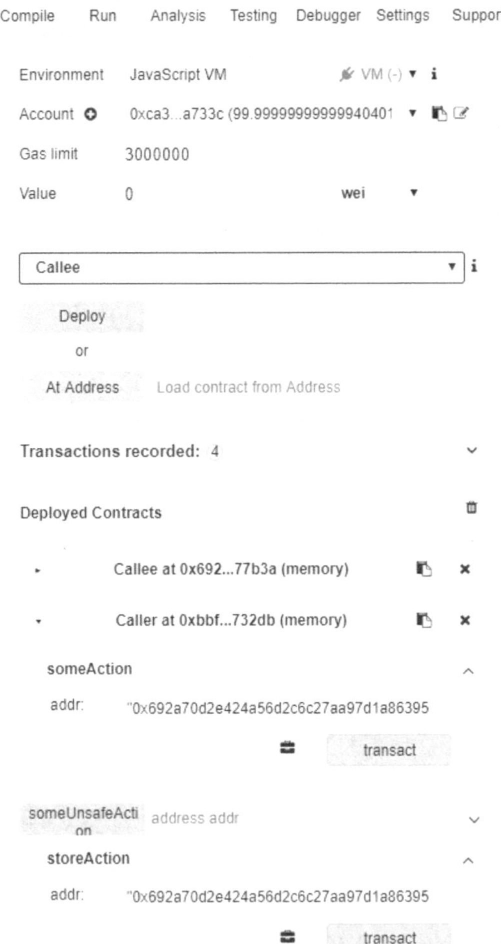

图 2.10　Remix 调用智能合约 someUnsafeAction 和 storeAction 方法

storeAction 函数调用将返回 Callee 合约里当前值的数量（本例中返回 1），如图 2.11 所示

[vm] from:0xca3...a733c to:Caller.storeAction(address) 0xbbf...732db value:0 wei data:0xe8a...77b3a logs:0 hash:0xa85...ff6ec

status	0x1 Transaction mined and execution succeed
transaction hash	0xa85ccece74b22fd49e03d51caa26220fe1efc4854b103ddcf91e9e47337ff6ec
from	0xca35b7d915458ef540ade6068dfe2f44e8fa733c
to	Caller.storeAction(address) 0xbbf289d846208c16edc8474705c748aff07732db
gas	3000000 gas
transaction cost	67181 gas
execution cost	44501 gas
hash	0xa85ccece74b22fd49e03d51caa26220fe1efc4854b103ddcf91e9e47337ff6ec
input	0xe8a...77b3a
decoded input	{ "address addr": "0x692a70D2e424a56D2C6C27aA97D1a86395877b3A" }
decoded output	{ "0": "uint256: 1" }
logs	[]
value	0 wei

图 2.11　Remix 调用智能合约 someUnsafeAction 和 storeAction 函数返回结果

注意：在运行程序前一定要选用合适的编译器版本，否则就会出现错误，如图 2.12 所示。这里只简单介绍 Remix，详细内容可以参考 10.4 节。

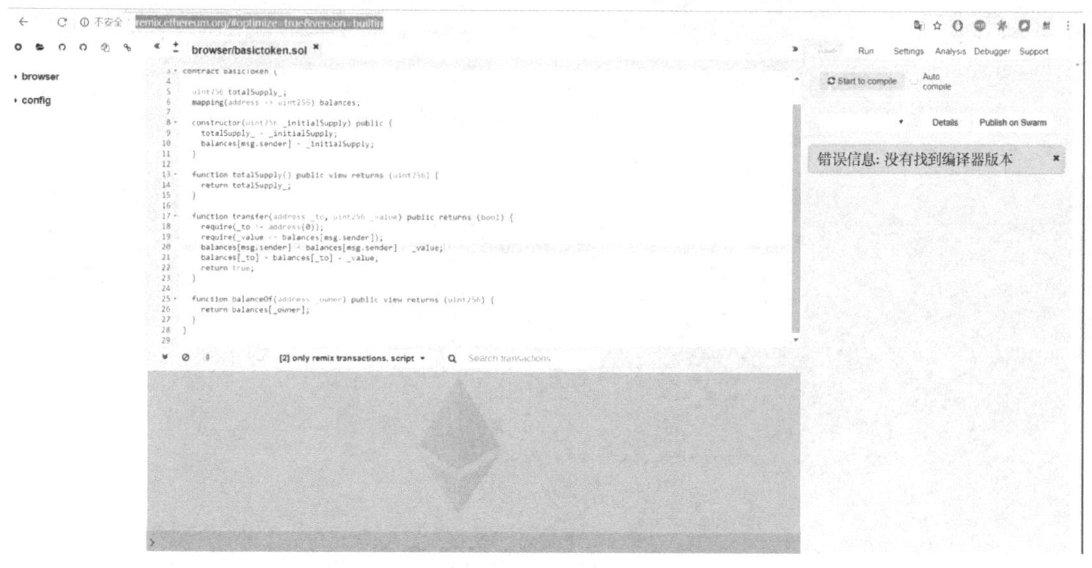

图 2.12　Remix 编译程序版本错误提示

2. Infura 介绍

Ganache 可以用于智能合约的本地测试。但是如果想向生产环境（公网）或者测试网部署智能合约，就必须要连接到一个全节点。有以下两种选择：

（1）在本地运行一个全节点

该方案对开发者要求较高。需要合约开发者在本地配置、编译并运行一个以太坊的全节点。同时还必须同步所有的区块。现在以太坊的区块同步比较困难，一是因为以太坊的全节点数据比较大，已经逼近 TB 级别；二是因为带宽和硬盘等种种限制，根据经验，实现全节点同步使用 SSD 固态硬盘比较好。该方案导致准备工作的工作量巨大，部署时间延长。

（2）托管节点

智能合约开发者也可以选择连接网上的一些托管节点。该托管节点本身是一个全节点，开发者只需要通过相应的接口连接即可。Infura（http://infura.io）就是比较流行的托管节点。该方案的缺憾是开发者必须相信 Infura，安全性上会存在问题。但对于开发和测试而言，Infura 是快速而有效率的方案。

为了在 Trufffle 里使用 Infura，需要安装下面的包：

```
npm install truffle-hdwallet-provider
```

3. MetaMask 介绍

MetaMask 是一个浏览器插件，同时扮演以太坊浏览器和钱包的角色。通过 MetaMask，用户可以和 Dapp 以及智能合约交互而不需要安装任何软件或者下载区块链。用户只需要安装插件，创建钱包然后就可以交易，接受和发送 ether。MetaMask 最大的缺点是同其他的线上钱包一样，用户必须相信 MetaMask。因为信息都是在线存储，而 MetaMask 被恶意攻击或者泄露信息的可能性确实存在。

（1） MetaMask 的安装

这款插件的官方地址为 https://metamask. io/，也可以直接进入到 Chrome 的网上应用下载。进入 Chrome Web Store，如图 2. 13 所示。

chrome web store
MetaMask
Offered by: https://metamask.io
Add to Chrome
Productivity
Overview
Reviews
Support
Related
UNLOCK

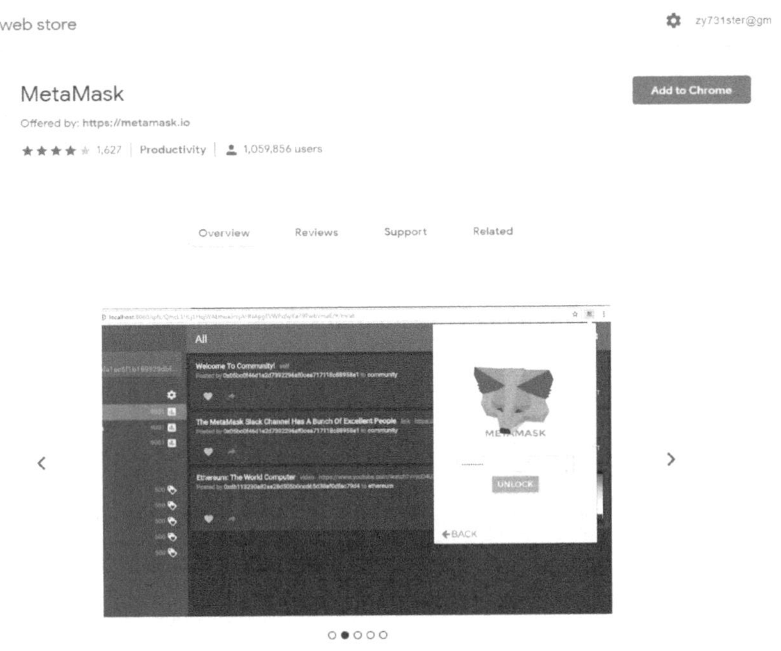

图 2. 13　从 Google 的 Web 应用市场安装 MetaMask 提示

单击“Add to Chrome”进行安装。安装成功后，提示如图 2. 14 所示。

下一步 MetaMask 会要求用户输入密码，如图 2. 15 所示。

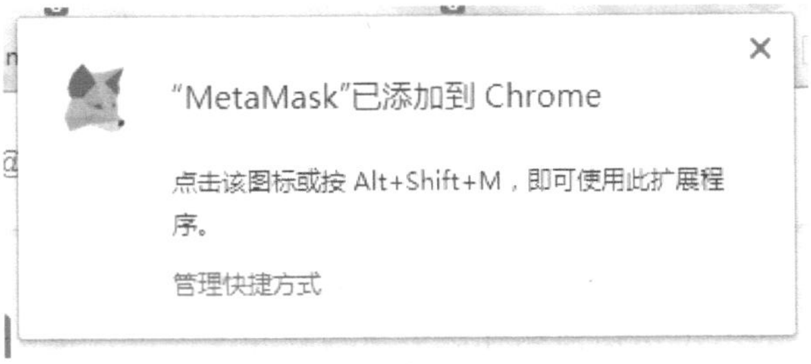

"MetaMask"已添加到 Chrome
点击该图标或按 Alt+Shift+M，即可使用此扩展程序。
管理快捷方式

图 2. 14　MetaMask 安装成功提示

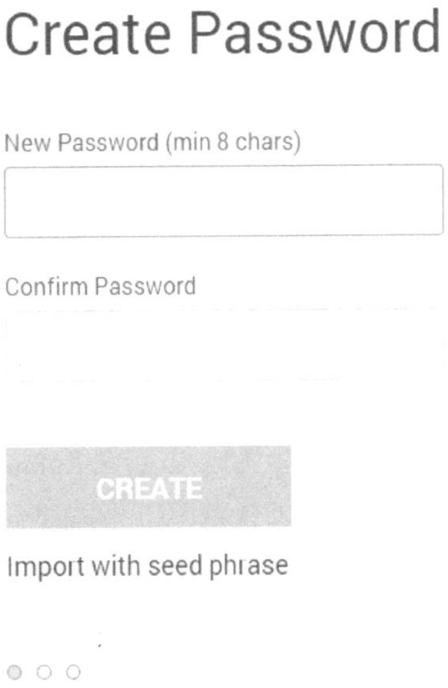

Create Password
New Password (min 8 chars)
Confirm Password
CREATE
Import with seed phrase

图 2. 15　MetaMask 创建密码页面

（2）MetaMask 的使用

MetaMask 会为用户创建 12 个英文助记词，一定要保存好这些助记词，在其他钱包导入这个新创建的账户时有可能需要这些助记词。如图 2.16 所示。

单击红色的密钥即可将其复制到剪贴板，用户一定将其保存好，不要丢失，也不要告诉别人。进入钱包页面，如图 2.17 所示。

图 2.16　MetaMask 保存助记词页面

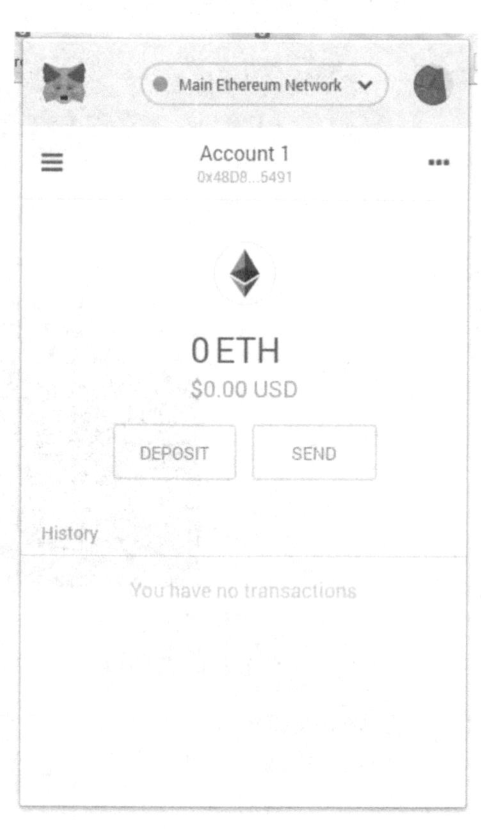

图 2.17　MetaMask 账户详情页

MetaMask 已经自动为用户创建了一个钱包地址，单击右上侧的三个小圆点，可以打开一个钱包地址相关的菜单，如图 2.18 所示。

从图 2.18 可以看出，菜单中有两项：第一项是显示钱包的二维码，在“Account Details”里还可以导出私钥；第二项是在 Etherscan 上查看该钱包地址的所有转账信息。如图 2.19 所示。

在文本框输入创建钱包时输入的密码，然后单击“confirm”按钮。

单击钱包首页上方的“Main Ethereum Network”按钮或选择钱包使用的网络，MetaMask 提示用户其默认情况下是连接到测试网络。

单击钱包左上角三条短横杠的设置图标，显示设置菜单，如图 2.20 所示。

MetaMask 设置下拉菜单里主要有三个功能：创建账户、导入账户和连接冷钱包。单击设置下拉菜单下方的“Setting”，可以设置钱包中虚拟币的计价方式包括法币和虚拟货币，用户可以根据自己的习惯选择，如图 2.21 所示。

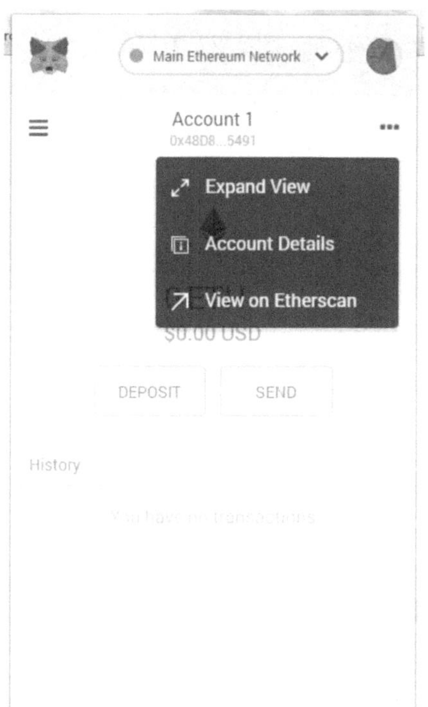

图 2.18　MetaMask 钱包功能下拉菜单

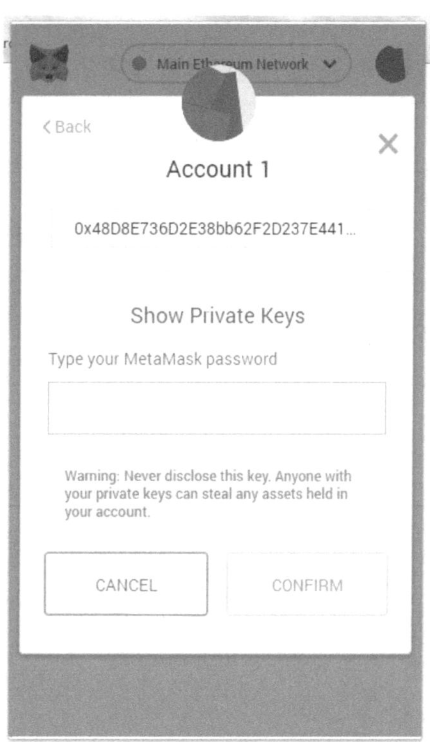

图 2.19　MetaMask 钱包查看私钥页面

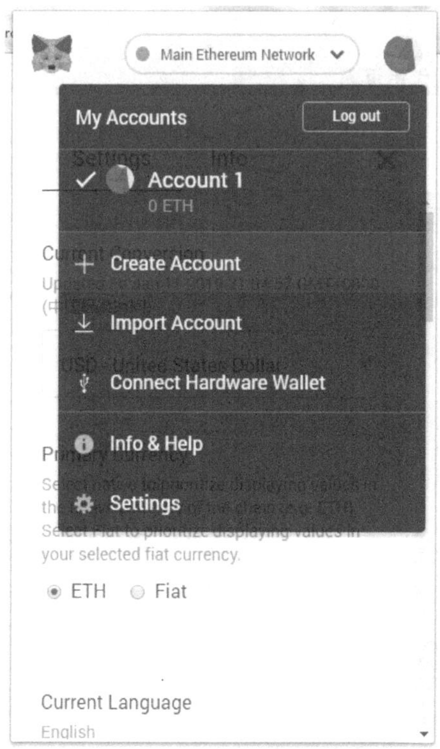

图 2.20　MetaMask 设置下拉菜单

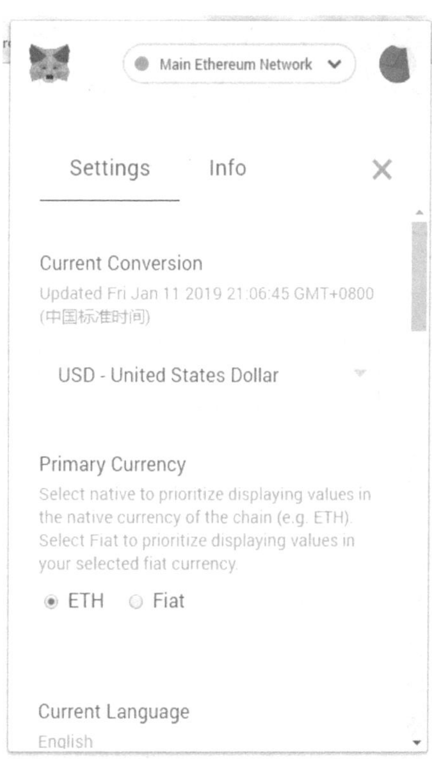

图 2.21　MetaMask 设置页面

（3）MetaMask 功能

MetaMask 的主要功能就是充值（Deposit）和送币（Send）。图 2.22 为发送代币的页面。

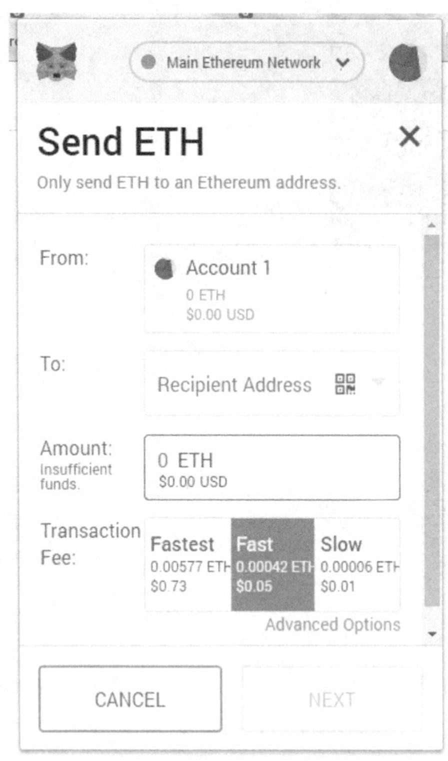

图 2.22　MetaMask 发送代币页面

4. Mist 介绍

Mist 是一个基于 electron（一个使用 JavaScript、HTML 和 CSS 来开发跨平台桌面应用的框架）的应用程序，这意味着它是一个桌面应用，同时还有 Web 接口。Mist 包括一个在后台运行的 Geth 节点。Mist 启动时，与以太坊区块链的连接就已经被建立。Project 地址：https://github.com/ethereum/mist。在 Ubuntu 里，也可以用下面的命令安装：

```
sudo dpkg -i. /Downloads/Ethereum-Wallet-linux64-0-11-1.deb
```

安装包的下载地址：https://github.com/ethereum/mist/releases。

如果在不带任何参数的情况下运行 Mist，那么就会启动一个内部的 Geth 节点。另一方面，如果已经运行了一个本地的 Geth 节点，就可以提供 ipc 路径来启动 Mist。这种情况下，Mist 会连接到本地的 Geth 节点。

```
mist --rpc <test-chain-directory>/geth.ipc
```

一旦 Mist 启动，必须确认 Mist 是否连接到 Geth 节点。如图 2.23 所示。

现在 Mist 集成了浏览器、钱包、测试节点/网络、Remix 等多种功能于一体，其账户页面如图 2.24 所示。使用钱包，可以发送交易、检查账户余额等。

5. 其他

在深入理解 Solidity 合约的运行机理时，可能会用到 Solc 命令行编译器。如果已经安装

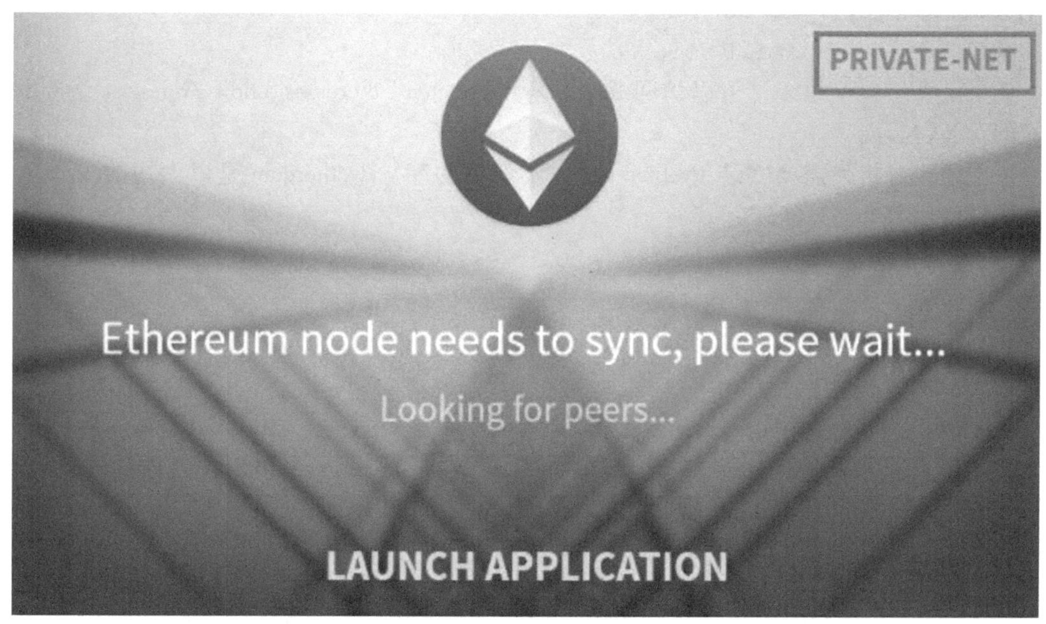

图 2.23　Mist 启动页面

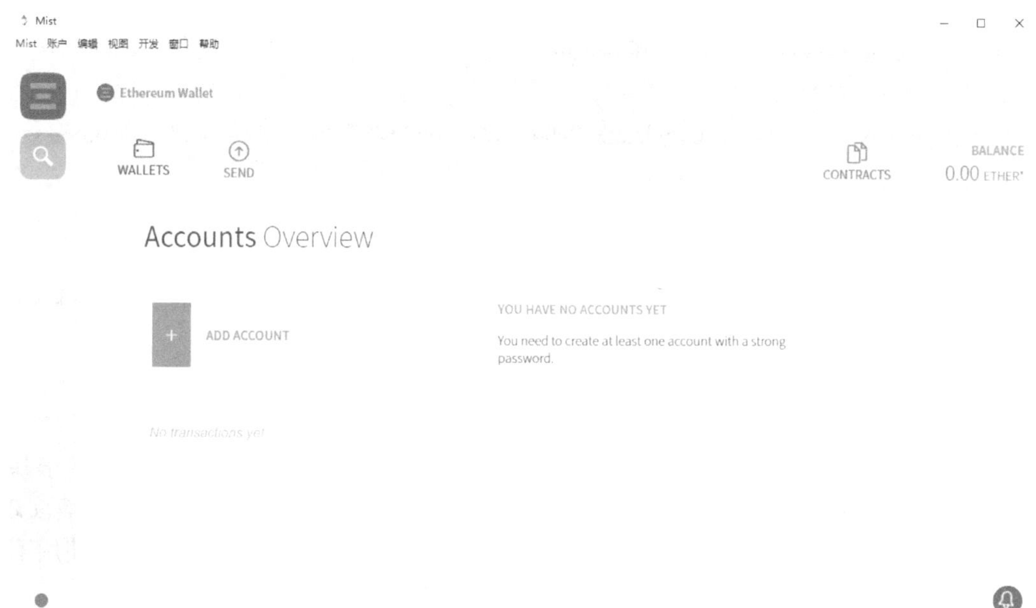

图 2.24　Mist 账户页面

了 nodejs，可以用下面的命令来安装 Solc。安装前可能需要先安装 node-gyp 库包。

```
npm install -g solc
npm install -g solc-cli
```

如果操作系统是 Ubuntu 系统，安装程序如下：

```
sudo add-apt-repository ppa:ethereum/ethereum
```

```
sudo apt-get update
sudo apt-get install solc
```

如果是 Windows 系统，可以访问 https://github.com/ethereum/solidity/releases 直接下载相应的安装包。

为了便于分析，需要安装 Pyethereum 以及相关的库。Pyethereum 是以太坊的 Python 实现。本书使用 Python3.6。

```
sudo apt-get install libssl-dev build-essential automake pkg-config libtool
libffi-dev libgmp-dev libyaml-cpp-dev
git clone https://github.com/ethereum/pyethereum/
cd pyethereum
python setup.py install
```

为了分析以太坊里的加密函数原理以及地址计算，需要安装 SHA3 库：

```
pip3 install pysha3
```

2.2.3 区块链浏览器

区块链上的数据都是公开透明的，这意味着上传到链上的数据，如交易、合约等，都可以通过编程或者区块链浏览器来检查。比较流行的区块链浏览器有好几种。下面简单介绍 etherscan 浏览器。

etherscan 浏览器地址：https://etherscan.io

通过合约地址查询：

https://etherscan.io/token/0x6ebeaf8e8e946f0716e6533a6f2cefc83f60e8ab#readContract

通过地址查询：

https://etherscan.io/address/0x73d5c5f6a8925c817c7e5518592fe0b0a7cdf0af

通过交易 ID 查询：

https://etherscan.io/tx/0x837bf52f3a7eaa115fee9dde783b617976c907d59e2bd79014339f54c2b8decd

2.3 测试环境

以太坊目前有三个测试环境：Rinkeby，Ropsten 和 Kovan。Rinkeby 和 Ropsten 用于基于 Geth（以太坊的 Go 语言实现）的测试，而 Kovan 用于基于 Parity（以太坊的 Rust 语言实现）的测试。不同的测试环境使用不同的区块链浏览器地址，同时，领取测试用币时也使用不同的水龙头地址。测试环境的具体信息见表 2.1。

表 2.1 以太坊测试环境信息表

以太坊类型		浏览器	水龙头
Rinkeby	Geth	https://rinkeby.etherscan.io/	https://www.rinkeby.io/#faucet
Ropsten	Geth	https://ropsten.etherscan.io/	http://faucet.ropsten.be:3001/
Kovan	Parity	https://kovan.etherscan.io/	https://app.chronologic.network/faucet

除了主网络，以太坊社区还提供了测试网络供 DApp 开发者进行开发调试。由于运行 DApp 需要消耗一定的燃料，在测试网络中进行开发调试，可以帮助开发者降低经济成本。以太坊的第一个测试网络 Morden 从 2015 年 7 月开始运行，直至 2016 年 11 月，由于不同客户端之间不能取得共识，导致区块链分叉而被弃用。以太坊的第二个测试网络 Ropsten 与此同时被部署，运行至 2017 年 2 月，由于测试网络本身计算能力不足，恶意攻击者在网络中传递巨大的区块数据，导致整体网络瘫痪，造成区块链分叉，测试网络再次不可用。

2.3.1　MetaMask 访问测试环境

MetaMask 插件可以自由地在不同的测试网络之间切换。如图 2.25 所示。

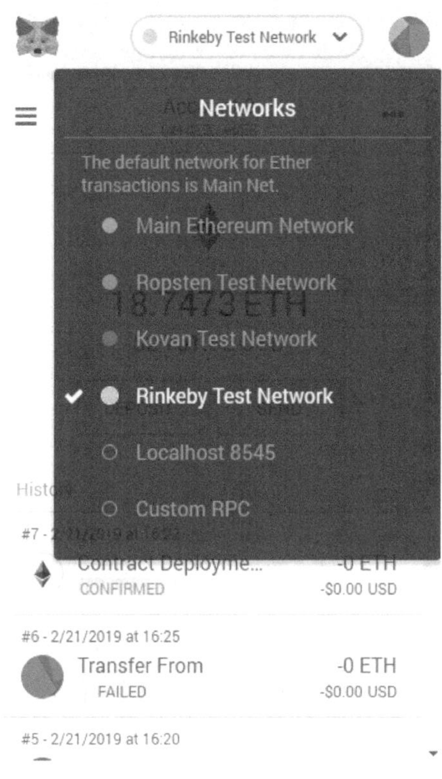

图 2.25　MetaMask 网络切换下拉菜单

2.3.2　测试环境领取测试用币

测试开始前，有可能需要去水龙头处领取一些免费的测试用币，因为 Solidity 编程实验需要耗费燃料。同时，每个测试网都有自己的区块链浏览器。下面以 Rinkeby 测试网络为例，简单介绍如何领取免费的测试用币。

1）首先在一个公共网站发一个帖子，如 Facebook、Twitter、Weibo 等，帖子里必须包含钱包地址。图 2.26 为一个 Twitter 的帖子。

2）复制发帖的 URL。

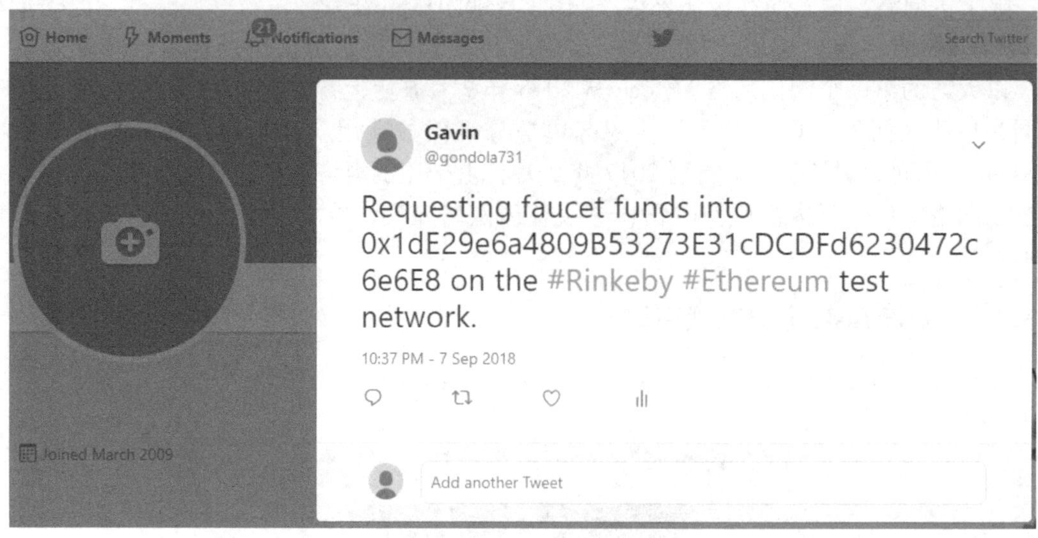

图 2.26　用 Twitter 发一个 tweet

3）然后去 https://www.rinkeby.io/#faucet，如图 2.27 所示，粘贴发帖的 URL，选择充值多少 ETH，然后单击“Give me ether”按钮。不出意外，很快就能收到测试用的免费 ETH。

图 2.27 所示为 Rinkeby 测试网络代币水龙头页面。

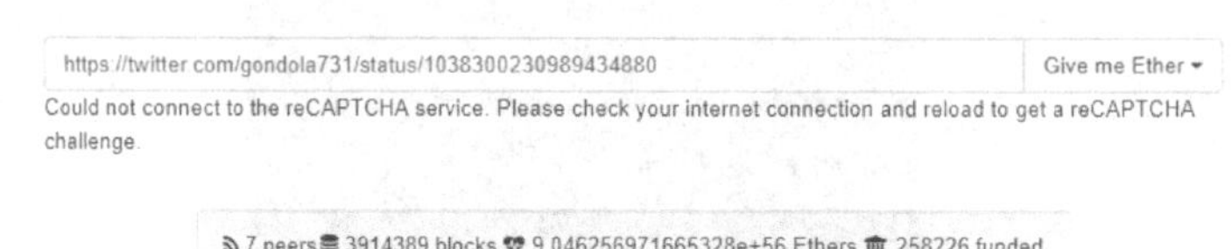

图 2.27　Rinkeby 测试网络代币水龙头页面

2.3.3　开发时连接测试环境

以使用 Truffle 框架为例连接 Rinkeby 测试网络。首先需要修改 truffle-config.jsfile，修改如下：

```
module.exports = {
  networks: {
```

```
    development:{
      host:"localhost",
      port:8545,
      network_id:"*"//Match any network id
    },
    rinkeby:{
      host:"localhost",
      port:8545,
      network_id:"4",//RinkebyID4
       from:"0xf6e9dc98fe5d2951744967133b3c31765be657c1"//用来部署的
账户
     }
   }
 };
```

2.4 以太坊源码编译

下面以 Ubuntu 为例，介绍如何编译以太坊源代码。具体可参见 https://github.com/ethereum/go-ethereum/wiki/Installing-Go#ubuntu-1404。该网址包含了其他平台（如 Windows、MacOS）的编译指导。

首先，下载 Go 语言包，并在本地解压。以太坊要求 Go 语言版本在 1.8 以上。本示例下载 Go v1.9.4。注意：访问下面的 storage.googleapis.com 网址时，如果不会设置代理，可以在网上可以找到 Go 语言包的镜像。

```
wget https://storage.googleapis.com/golang/go1.9.4.linux-amd64.tar.gz
sudo tar zxvf go1.9.4.linux-amd64.tar.gz
```

下面将 Go 语言包移到/usr/local 下。

```
mkdir dev
sudo mv go/usr/local
```

其次，修改环境配置文件，使 Go 语言包在当前用户环境下可用：

```
sudo vi.bashrc
```

在文件尾追加以下内容：

```
export GOROOT=/usr/local/go
export GOPATH=/opt/goworkspace
export PATH=$PATH:$GOROOT/bin:$GOPATH/bin
```

使环境配置文件生效，并验证 Go 语言版本：

```
source.bashrc
go version
```

再次安装编译必需的依赖包：

```
sudo apt install-y build-essential
```

创建以太坊源代码目录。如果没有预装的话，需要安装 Git：

```
mkdir geth
cd geth
```

下载源代码：

```
git init
git remote add origin https://github.com/ethereum/go-ethereum.git
git pull origin master
```

最后，编译 geth：

```
make geth
```

完成上述操作，即可开始运行 Geth。

第 3 章 Solidity 编程基础

3.1 sol 文件结构

3.1.1 编译开关

编译开关：

```
pragma solidity ^0.4.0;
```

该编译开关表明编译器版本需要高于 0.4.0 才可以编译。“^”号表示如果编译器版本低于 0.4.0 则不可编译。也可以指定编译器的版本范围：

```
pragma solidity > =0.4.22 <0.6.0;
```

3.1.2 引用其他源文件

全局引入：

```
import"filename";
```

自定义命名空间引入符号“ * ”：

```
import * as symbolName from "filename"
```

也可以分别定义引入：

```
import {symbol1 as alias,symbol2} from "filename"
```

3.1.3 注释

1. 代码注释

Solidity 代码注释有两种方式：单行（//）；多行（/ * ... * /）。

```
//单行注释
/ *
这是
多行注释
*/
```

2. 文档注释

文档注释是为了写文档用（可以用各种自动化工具自动生成文档），表示为三个斜杠（///）或/ * *... */，可使用 Doxygen 语法，以支持生成对文档的说明，参数验证的注解，或者是在用户调用这个函数时弹出来的确认内容。

```
pragma solidity ^0.4.0;
/**@title 面积计算器*/
contract shapeCalculator{
    /**
    *@dev 计算矩形的面积和周长
    *@param w 矩形宽度
    *@param h 矩形高度
    *@return s 矩形的面积
    *@return p 矩形周长
    */
    //计算面积和周长
    function rectangles(uint w,uint h) returns(uint s,uint p){
        s=w*h;
        p=2*(w+h);
    }
}
```

3.1.4 合约

```
pragma solidity ^0.4.11;
contract Contractexample{
  uint256 obj;
  function setObj(uint256_para){
    obj=_para;
  }
  function getA() returns(uint256){
    return obj;
  }
}
```

这里 Contract 可以理解为一个类。Contract 有构造函数、成员函数和成员变量。

3.1.5 库

库（Library）和合约（Contract）的区别在于库不能有 Fallback 函数以及 payable 关键字，也不能定义 storage 变量。但是库可以修改和它们相链接的合约的 storage 变量。如在合约里调用库里的函数时，把合约里的 storage 变量作为引用传给库函数，那么在库里就可以修改这个变量，而且修改的结果将反映在调用的合约里。可以想象为一个函数传入一个 C 的指针。

另外，库不能有日志（Event），但是库可以分发事件。库函数触发的事件会被记录在调用合约的 Event 日志中。下面是一个示例：

```
library EventEmitterLib{
    function emit(strings){
        Emit(s);
    }
    event Emit(string s);
}
contract EventEmitterContract{
    using EventEmitterLib for string;
    function emit(string s){
        s.emit();
    }
    event Emit(string s);
}
```

在用 Web3 库函数开发 DApp 时，监听 EventEmitterContract. Emit 会收到库函数触发的事件。但是如果监听的是 EventEmitterLib. Emit 事件，则什么也不会收到。

3.1.6　接口

接口（Interface）：

```
pragma solidity ^0.4.11;
interface XXX{
    function cal(uint256 para) external view returns(uint256);
}
```

与 Java、C ++ 一样，Solidity 接口只定义行为，没有实现。

3.2　合约文件结构

一个普通的合约有如下组成部分：

1）状态变量（State variables）；

2）结构定义（Structure definitions）；

3）修饰符定义（Modifier definitions）；

4）事件声明（Event declarations）；

5）枚举定义（Enumeration definitions）；

6）函数定义（Function definitions）。

下面分别详细说明。

3.3　变量类型

与传统编程语言一样，Solidity 可以定义基础类型（如 int，uint，struct）、数组类型以及映射。变量类型也可以分成两类：固定大小的变量（Static）和动态变量（Dynamic）。状态变量（State Variable）最重要的属性是它会被矿工永久地存储到区块链/以太坊的账本上。在合约里声明而不属于任何函数的都是状态变量。为状态变量分配的内存是静态指定的，不可改变。

3.3.1 值类型

1. 布尔型

布尔型（Bool）：值为 true 或 false。与 C 语言不一样，1 并不是 true。Bool 类型也不能和整数进行隐性的强制类型转换，但可以进行显式类型转换。

2. 整型

整型（int/uint）：变长的有符号整型和无符号整型。支持从 unit8，uint16，uint24，uint32，int40，…，uint256，以及从 int8，int16，int24，int32，int40，…，int256。unit 和 int 默认代表的是 unit256 和 int256。

整数字面量由包含 0 ~ 9 的数字序列组成，默认为十进制。在 Solidity 中不支持八进制，前导 0 会被默认忽略，如 0300 会被认为是 300。

小数由“.”组成，在其左边或右边至少要包含一个数字。如 1.、.1、1.3 均为有效的小数。

3. 地址

以太坊地址（Address）的长度大小为 20B，160bit，所以可以用一个 uint160 编码。

```
address addr = 0x692a70d2e424a56d2c6c27aa97d1a86395877b3a;
```

与 Address 相关的属性和方法，请参见 3.10.1 节。

4. 定长字节数组

固定大小的字节数组（Bytes），如 bytes1，bytes2，bytes3，…，bytes32。byte 等同于 bytes1。可以通过 16 进制字面量或者数字字面量来设定 bytes*i*：

```
bytes1 aa = 0x75;              //16 进制字面量
bytes1 bb = 10;                //数字字面量
bytes1 ee = -100;
bytes2 cc = 256;
```

也可以通过字符来设定 bytes*i*：

```
bytes1 dd = 'a';
```

可以对字节数组类型进行位操作，如 and、or、xor、not、左移和右移操作。

5. 有理数和整型字面量

字面量（Literal）本身是值。Solidity 支持以下规范的字面量：

- 整数字面量，如 1，10，-1，-100。
- 字符字面量，如"test"。字符串字面量可以用单引号也可以是双引号。
- 地址字面量，如 0xfa35b7d915458ef540ade6078dfe2f44e8fa733c。
- 16 进制字面量，以 0x 为前缀。如 0x9A5C2F。
- Solidity 支持数字字面量，如 7.5，0.18。

6. 枚举类型

枚举类型（Enums）是 Solidity 中的一种用户自定义类型。它可以显式地与整数进行转换，但不能进行隐式转换。

```
pragma solidity ^0.4.0;
contract test{
    enum Direction{East,South,West,North}
    Direction choice;
…
}
```

7. 函数

函数类型（Function Types）即是函数这种特殊的类型。

- 可以将一个函数赋值给一个变量，该变量即为一个函数类型的变量；
- 还可以将一个函数作为参数进行传递；
- 也可以在函数调用中返回一个函数。

完整的函数定义如下：

```
function XXX(<parameter types>){internal(默认)|external}[constant]
[payable][returns(<return types>)]
```

若不说明类型，默认的函数类型是 Internal。如果函数没有返回结果，则必须省略 returns 关键字。

（1）内部函数

内部函数（Internal）只能在当前合约内被使用，不能在当前合约的上下文环境以外的地方执行。如在当前的代码块内，包括内部库函数和继承的函数中，函数的默认类型就是 Internal。

（2）外部函数

外部函数（External）由地址和函数方法签名两部分组成。可作为外部函数调用的参数，或者由外部函数调用返回。

3.3.2　引用类型

不同于之前的值类型，复杂类型占用的空间更大，超过 256B。占用空间较大的类型，在复制时的占用空间也较大，所以考虑通过引用传递。常见的引用类型有：

1）不定长字节数组（Bytes）；

2）字符串（String）；

3）数组（Array）；

4）结构体（Struct）。

1. 不定长字节数组

不定长字节数组（Bytes）是一个动态数组，能够容纳任意长度的字节。它与 byte [ ] 不同。byte [ ] 数组为每个元素分配 32 字节，而 Bytes 则是把所有的字节都打包在一起。Bytes 可以声明为一个设定长度的状态变量，如下面的代码：

```
bytes localBytes = new bytes(0);
```

Bytes 也可以直接赋值如下：

```
localBytes = "This is a test";
```

元素可以被压入字节数组：

```
localBytes.push(byte(10));
```

Bytes 也提供长度属性：

```
return localBytes.length;//reading the length property
```

2. 字符串

C 语言中，字符串以“\0”结尾。但在 Solidity 中，字符串并不像 C 语言那样包含结束符，如实际用来存储字符串“test”就是 4B。

3. 数组

可使用 new 关键字创建一个 memory 的数组。与 storage 数组不同，不能通过 .length 的长度来修改数组大小属性。示例如下：

```
pragma solidity ^0.4.0;

contract example{
    function f(){
        //创建一个 memory 的数组
        uint[]memory a = new uint[](7);
        //不能修改 memory 数组的长度
        //错误信息:表达式必须是个左值表达式
        //a.length = 100;
    }
    //storage 数组
    uint[]b;
    function g(){
        b = new uint[](7);
        //可以修改 storage 的数组
        b.length = 10;
        b[9] = 100;
    }
}
```

在上面的代码中，f（）方法尝试调整数组 a 的长度，编译器报错 Error：Expression has to be an lvalue.。但在 g（）方法中可以修改数组大小。

bytes：动态大小字节数组，不是一个值类型。

string：动态大小 UTF-8 编码字符串，不是一个值类型。

4. 结构体

结构（Struct）被用来实现用户定义的数据类型。结构是一个组合数据类型，包含多个不同数据类型的变量。但是结构体里没有任何代码，仅仅由变量构成。

```
struct Funder{
    address addr;
    uint amount;
}
```

3.3.3 字典/映射

字典是一种 Key/Value 对。定义方式为 mapping（_KeyType = > _KeyValue）。Key 的类型允许是除字典外的所有类型，如数组，合约，枚举，结构体。示例如下：

```
mapping(address = >uint)public balances;
```

3.3.4 特殊情况

变量定义是放在栈上的。因为栈的容量限制，只能容纳 16 层。如果定义太多的本地变量将会导致栈溢出的异常。下面是程序示例：

```
pragma solidity ^0.4.13;
contract overflowContract{
    function testoverflow(address a1,address a2,address a3,address a4,address a5,address a6){
        address a7;
        address a8;
        address a9;
        address a10;
        address a11;
        address a12;
        address a13;
        address a14;
        address a15;
        address a16;
        address a17;
    }
}
```

上述程序将出现如下错误：

```
browser/overflow.sol:4:5:CompilerError:Stack too deep,try removing local variables.
    function testoverflow(address a1,address a2,address a3,address a4,address a5,address a6){
    ^
Spanning multiple lines.
```

这个错误是因为当栈深超过 16 时发生了溢出。Solidity 官方推荐的“解决方案”是建议开发者减少变量的使用，并使函数尽量小。当然还有其他几种变通方法，如把变量封装到结构体或数组中，或是采用关键字 memory。图 3.1 显示输入过多（>16）的参数和变量，导致栈深超过 16，Remix 内置编译器发出的错误信息。

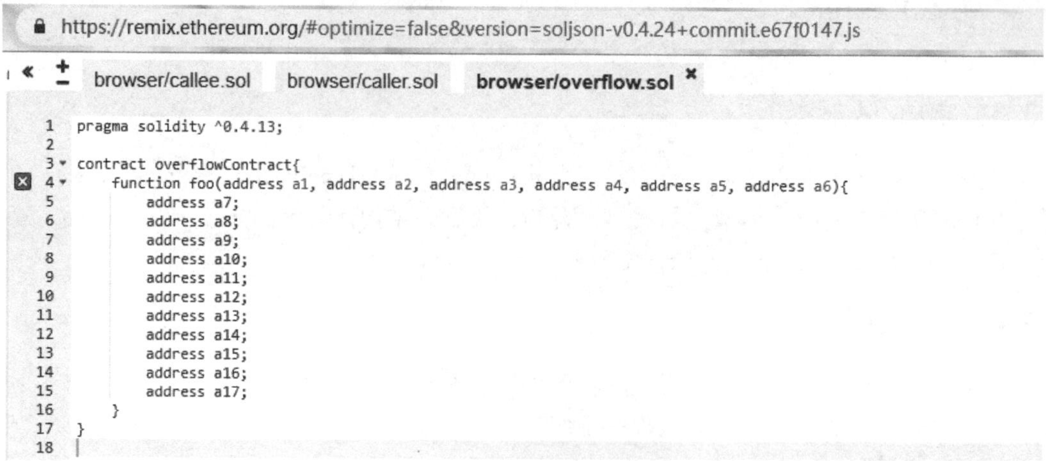

```
https://remix.ethereum.org/#optimize=false&version=soljson-v0.4.24+commit.e67f0147.js
browser/callee.sol   browser/caller.sol   browser/overflow.sol

pragma solidity ^0.4.13;

contract overflowContract{
    function foo(address a1, address a2, address a3, address a4, address a5, address a6){
        address a7;
        address a8;
        address a9;
        address a10;
        address a11;
        address a12;
        address a13;
        address a14;
        address a15;
        address a16;
        address a17;
    }
}
```

图 3.1　overflow. sol

Remix 的编译错误信息如图 3.2 所示。

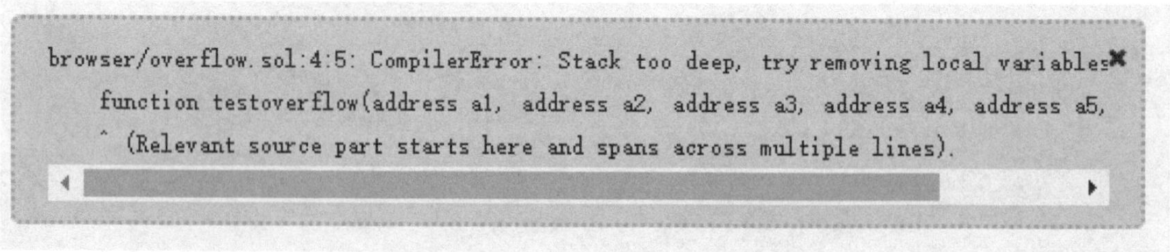

```
browser/overflow.sol:4:5: CompilerError: Stack too deep, try removing local variables
    function testoverflow(address a1, address a2, address a3, address a4, address a5,
    ^ (Relevant source part starts here and spans across multiple lines).
```

图 3.2　Remix 编译错误信息

3.4　操作符

Solidity 操作符（operator）见表 3.1。

表 3.1　Solidity 操作符表

序号	变　量	说　明
1	后缀加一和减一	++, --
2	函数调用	<func>(<args...>)
3	数组寻址	<array>[<index>]
4	成员访问	<object>.<member>
5	括号	(<statement>)
6	前缀加一和减一	++, --
7	一元加减	+, -
8	一元删除	delete

（续）

<table>
<tr><th>序号</th><th>变　量</th><th>说　明</th></tr>
<tr><td>9</td><td>逻辑非</td><td>!</td></tr>
<tr><td>10</td><td>位操作非</td><td>~</td></tr>
<tr><td>11</td><td>指数</td><td>* *</td></tr>
<tr><td>12</td><td>乘，除，取模</td><td>*，/,%</td></tr>
<tr><td>13</td><td>加减</td><td>+，-</td></tr>
<tr><td>14</td><td>位移操作</td><td>< <，> ></td></tr>
<tr><td>15</td><td>位 And</td><td>&</td></tr>
<tr><td>16</td><td>位 XOR</td><td>^</td></tr>
<tr><td>17</td><td>位 OR</td><td>|</td></tr>
<tr><td>18</td><td>小于，大于，小于等于，大于等于</td><td><，>，< =，> =</td></tr>
<tr><td>19</td><td>等于，不等于</td><td>= =,! =</td></tr>
<tr><td>20</td><td>逻辑 AND</td><td>&&</td></tr>
<tr><td>21</td><td>逻辑 OR</td><td>||</td></tr>
<tr><td>22</td><td>三元操作</td><td><conditional>？ <if-true>： <if-false></td></tr>
<tr><td>23</td><td>赋值</td><td>=，| =，^=，&=，< < =，> > =，+ =，- =，* =，/ =,% =</td></tr>
<tr><td>24</td><td>逗号</td><td>,</td></tr>
</table>

3.5　语句

Solidity 不支持 switch 和 goto 语句。条件判断中的括号不可省略，但在单行语句中的大括号可以省略。

3.5.1　条件语句

if/else 条件语句和传统语言一样，如果 if/else 的字句只有一个语句，则 {} 可以省略。必须注意，if（1）{...} 在 Solidity 中是无效的，不过可以使用强制类型转换将 1 转化成布尔值。

```
if(totalPoints >bet.line)
    balances[bet.over] + =bet.amount *2;
else if(totalPoints <bet.line)
    balances[bet.under] + =bet.amount *2;
else{//refunds for ties
    balances[bet.under] + =bet.amount;
    balances[bet.over] + =bet.amount;
}
```

3.5.2 循环语句

While 语句示例：

```
//While 循环
uint insertIndex = stack.length;
while(insertIndex > 0&&
        bid.limit < = stack[insertIndex-1].limit){
        insertIndex--;
}
```

for 语句示例：

```
address[] public addressIndices;
//给地址数组增加新的地址
addressIndices.push(newAddress);
⋮
//获得数组长度
uint arrayLength = addressIndices.length;
for(uint i = 0;i < arrayLength;i + +){
  //do something
}
```

3.5.3 其他

下面的语句与 Java、C ++ 都很相似：

1） Break：用来跳出现有的循环。

2） Continue：用来退出当前的循环，跳到下一次的循环开始。

3） Return：用来从函数/方法中返回。

4）?:：三元操作符。如：a > b? a：b 表示如果 a > b 则返回 a，否则返回 b。

3.6 修饰符

下面是一个函数声明的模板，除了声明函数名和参数以外，还可以给函数加上修饰符。本节主要介绍 Solidity 里可用到的修饰符，以及它们的用法和区别。

```
function XXX(<parameter types>){internal(默认)|external}[constant]
[payable][returns(<return types>)]
```

3.6.1 标准修饰符

函数和状态变量一样，也有可见性修饰符。函数的可见性修饰符有：External，Internal（默认），Public（默认），Private。

函数还有一些修饰符，主要是针对对状态变量的修改能力做出规定：Constant，View，Pure，Payable。

1. Internal 修饰符

这样声明的函数和状态变量只能通过内部访问。如在当前合约中调用，或继承的合约里调用。需要注意的是不能加前缀 this，前缀 this 是表示通过外部方式访问。在不指定任何修饰符的情况下，Internal 就是默认的修饰符。Internal 类似 Java 或者 C ++ 里的 protected。Internal 函数不能从外部访问，而且它们不是合约接口的一部分。

2. External 修饰符

外部函数是合约接口的一部分，可以从其他合约或通过交易来发起调用。一个外部函数 f 不能通过内部的方式来发起调用，如 f（）不可以，但可以通过 this. f（）发起调用。外部函数在接收大的数组数据时更加有效。

3. Public 修饰符

公开函数是合约接口的一部分，可以通过内部或者外部消息来进行调用。对于 Public 类型的状态变量，会自动创建一个访问器。

4. Private 修饰符

私有函数和状态变量仅在当前合约中可以访问，在继承的合约内不可访问。私有函数不是合约接口的一部分。

5. Constant 修饰符

带有 Constant 修饰的函数没有能力改变区块链上的状态变量，它们可以读取状态变量并返回给调用者。但是函数本身并不能改变变量、调用事件、创建另一个合约以及调用其他可能改变状态的函数。

Constant 修饰符会被包含在函数的 JSON ABI 文件里，而且会被官方的 JavasCriptAPI 库包 web3. js 所使用。它可以被用来判断函数是通过一个交易调用还是通过 call 调用。

```
contract HelloVisibility{
    function hello() constant returns(string){
        return"hello";
    }
    function helloLazy() constant returns(string){
        return hello();
    }
    function helloAgain() constant returns(string){
        return helloQuiet();
    }
    function helloQuiet()constant private returns(string){
        return"hello";
    }
}
```

其他合约可以调用 hello 函数，也可以自己调用。helloLazy 函数演示仅调用 hello 函数的方法。helloAgain 函数演示了其他函数调用 helloQuiet 函数的方法，但是如果是通过外部调用，其他合约不能调用 helloQuiet 函数。

上例子中的所有的函数都被标记为 constant，因为它们都不会改变世界计算机的状态

(world state)。

6. View 修饰符

View 声明的函数不能修改状态变量，等同于 Constant 函数。

7. Pure 修饰符

Pure 函数给函数的能力设置了更多的限制。Pure 函数不能读写状态变量。Pure 声明的函数自身不能访问当前的状态和交易变量。

8. Payable 修饰符

Payable 声明的函数可以从调用者那里接受 ether。如果发送方没有提供 ether，则调用可能会失败。一个函数如果声明为 Payable，它就只能收取 ether。

9. 修饰符区别

(1) External 和 Public 修饰符

从可见性的角度，External 和 Public 基本一样，当一个合约中的 Public 或者 External 函数随着合约被部署到链上，这个函数就可以被其他合约通过调用或者交易的方式调用。

External 和 Public 的最主要的区别在于合约调用函数的方式和输入参数的传输方式。在合约中，从一个函数里直接调用一个 Public 函数，代码的执行会通过 JUMP 指令，像 Private 和 Internal 函数一样，而 External 函数必须通过 Call 指令。另外，External 函数并不从只读的 Calldata 里复制输入参数到内存或者栈上。

示例如下：

```
pragma solidity ^0.4.12;
contract Test{
    /*
    Cost:496 GAS
    可以被 internal 或者 external 调用
    因为 internal 调用会从内存里读取函数参数,Solidity 马上把数组参数复制到
内存里,
    而这个操作会耗费额外的燃料
    */
    function test(uint[20]a) public returns(uint){
        return a[10]*2;
    }
    /*
    Cost:261 GAS
    不允许 internal 调用,直接从 calldata 读取,不会用到复制到内存这一步骤
    */
    function test2(uint[20]a)external returns(uint){
        return a[10]*2;
    }
    /*
    代码通过 JUMP 调用,数组参数通过指向内存的参数来传递,函数会通过访问内存来
```

```
访问参数
    */
    function test(uint[20]a) internal returns(uint){
        return a[10]*2;
    }
}
```

上例中调用合约里的 test 和 test2 函数，Public 函数 test 使用了 496GAS，而 External 函数 test2 只使用了 261Gas（注意：消耗燃料的数量将随着 Solidity 编译器的升级以及 EVM 的升级发生变化）。造成燃料消耗差别的原因在于：在 Public 函数中，Solidity 马上把数组参数复制到 memory，而 External 函数则直接从 calldata 读取，而从 calldata 读取相比内存的分配比较便宜。

Public 函数为什么要把所有的参数复制到 memory 呢？这是因为 Public 函数可能被 Internal 函数调用，这个过程相对于 External 的调用而言，是在完全不同的过程里发生的。Internal 调用通过 JUMP 指令实现，数组参数是通过指向内存的指针来传递。因而，当编译器在为 Internal 函数产生指令时，函数是通过内存来访问参数。对于 External 函数，编译器不允许 Internal 调用，所以它允许从 calldata 来直接读取参数，而没有复制这个步骤。

总结如下：

1）Internal 调用永远消耗燃料最少，因为它是通过 JUMP 指令来实现，参数是以内存指针来传递。

2）因为 Public 函数不知道调用者是 External 或者 Internal，Public 函数都会像处理 Internal 函数一样将参数复制到 memory，而这个操作非常昂贵。

3）如果可以确信函数只能被外部调用，请使用 External 修饰符。

4）大多数情况下，this.f（）调用方式没有意义，因为它会引发一个昂贵的 Call 指令。

（2）Internal 和 External 修饰符

调用 Internal 和 External 的示例如下（注释很清楚地解释了调用方式的差异）：

```
pragma solidity ^0.4.5;
contract FuntionTest{
    function internalFunc()internal{}
    function externalFunc()external{}
    function callFunc(){
        //直接使用内部的方式调用
        internalFunc();
        //不能在内部调用一个外部函数,会报编译错误
        //错误:没有声明的标识符
        //externalFunc();
        //不能通过'external'的方式调用一个'internal'
        //错误信息:找不到成员函数"internalFunc"或者不可见
        //this.internalFunc();
        //使用'this'以'external'的方式调用一个外部函数
```

```
        this.externalFunc();
    }
}
contract FunctionTest1{
    function externalCall(FuntionTest ft){
        //调用另一个合约的外部函数
        ft.externalFunc();
        //不能调用另一个合约的内部函数
        //错误信息:在合约 FuntionTest 里找不到成员函数"internalFunc"或者不可见
        //ft.internalFunc();
    }
}
```

3.6.2 自定义修饰符

修饰符可以以用来改变函数的行为。如修饰符可以用来在执行一个函数前检查一个条件。修饰符可以继承，而且可以被派生合约重载。

```
pragma solidity >0.4.24;
contract owned{
    constructor()public{owner =msg.sender;}
    address payable owner;
    //这个合约只定义一个修饰符但是并没有用到它。它可以在派生合约里使用
    //函数体会被加入到修饰符定义里的特殊符号'_;'之后
    //这意味着如果合约所有者调用值这个函数时,函数在这里执行,否则就会引发异常
    modifier onlyOwner{
        require(
            msg.sender = =owner,
            "Only owner can call this function."
        );
        _;
    }
}
contract mortal is owned{
    //这个合约从 Owned 合约继承'onlyOwner'修饰符并用在'close'函数
    //起到的作用是只有所有者/owner 才能调用'close'
    function close()public onlyOwner{
        selfdestruct(owner);
    }
```

```
    }
    contract priced{
        //修饰符可接受参数
        modifier costs(uint price){
            if(msg.value >=price){
                _;  //_表示函数体
            }
        }
    }
    contract Register is priced,owned{
        mapping(address =>bool)registeredAddresses;
        uint price;
        constructor(uint initialPrice)public{price=initialPrice;}
        //必须注意的是:'payable'关键字是必须要的,否则函数会自动拒绝送给它的
ether
        function register()public payable costs(price){
            registeredAddresses[msg.sender]=true;
        }
        function changePrice(uint _price)public onlyOwner{
            price=_price;
        }
    }
    //对合约的攻击有重入攻击。Mutex 合约相当于设置了一个合约互斥锁
    //Mutex 合约通过修饰符来保护合约,防止重入攻击
    contract Mutex{
        bool locked;
        modifier noReentrancy(){
            require(
                !locked,
                "Reentrant call."
            );
            locked=true;
            _;  //被修饰的函数体
            locked=false;
        }
        ///这个函数是被 Mutex 互斥锁保护的。这意味着'msg.sender.call'里不能再
调用 f
        ///从而防止了重入攻击
        ///'return7'语句将 7 设为返回值,然后再执行语句在修饰符里的'locked =
```

```
false'
        function f()public noReentrancy returns(uint){
            (bool success,) =msg.sender.call("");
            require(success);
            return 7;
        }
    }
```

3.7 数据位置

在合约里声明的每一个变量都有一个数据位置。EVM 提供以下四种数据结构来存储变量:

(1) Storage

在合约中可以被所有函数访问的全局变量。Storage 是永久的存储，意味着以太坊会把它存到公链环境里的每一个节点上。

(2) Memory

在合约中的本地内存变量。它的生命周期很短，当函数执行结束后就被销毁了。

(3) Calldata

所有函数调用的数据，包括函数参数的保存位置。它是不可修改的内存位置。

(4) Stack

EVM 为了导入变量和以太坊的机器/汇编指令代码，维护了一个栈。这个栈是 EVM 的内存工作环境。它有 1024 级深。如果它存储了超过 1024 级的数据，就会触发一个异常。

默认的函数参数（包括返回的参数）是 memory；默认的局部变量是 storage；而默认的状态变量（合约声明的公有变量）是 storage。

外部函数的参数（不包括返回参数）被强制指定为 calldata，其效果与 memory 相似。

数据位置指定非常重要，因为不同数据位置变量赋值产生的结果也不同。在 memory 和 storage 之间，以及它们和状态变量（即便从另一个状态变量）中相互赋值，总是会创建一个完全不相关的复制。

将一个 storage 的状态变量赋值给一个 storage 的局部变量，是通过引用传递。所以对于局部变量的修改，将同时修改关联的状态变量。但另一方面，将一个 memory 的引用类型赋值给另一个 memory 的引用，则不会创建另一个复制。

需要考虑将数据存储在什么位置内存（memory，数据不是永久存在）或存储（storage，值类型中的状态变量）。复杂类型，如数组（arrays）和数据结构（struct）在 Solidity 中有一个额外的属性，数据的存储位置可选为 memory 和 storage。

memory 存储位置同普通程序的内存一致，即时分配，即时使用，越过作用域即不可被访问，等待被回收。而在区块链上，由于底层实现了图灵完备，会有非常多的状态需要永久记录下来，如参与众筹的所有参与者。因此需要使用 storage 类型存储，一旦使用这个类型，数据将永远存在。基于程序的上下文，大多数时候默认选择 storage，可以通过指定关键字 storage 和 memory 进行修改。

另外还有第三个存储位置 calldata。它存储的是函数参数，是只读的、不会永久存储的一个数据位置。

```
pragma solidity ^0.4.0;
contract DataLocation{
  uint valueType;
  mapping(uint = >uint) public refrenceType;
  function changeMemory(){
    var tmp =valueType;
    tmp =100;
  }
  function changeStorage(){
    var tmp =refrenceType;
    tmp[1] =100;
  }
function getAll() returns(uint,uint){
    return(valueType,refrenceType[1]);
  }
}
```

总结：

（1）强制的数据位置（Forced data location）

1）外部函数（External function）的参数（不包括返回参数）强制为 calldata。

2）状态变量（State variables）强制为 storage。

（2）默认数据位置（Default data location）

1）函数参数（包括返回参数）：memory。

2）所有其他的局部变量：storage。

（3）不同存储的消耗（燃料消耗）不同

1）storage 会永久保存合约状态变量，消耗燃料最大。

2）memory 仅保存临时变量，函数调用之后释放，消耗燃料很小。

3）stack 保存很小的局部变量，免费使用，但有数量限制（16 个变量）。

4）calldata 的数据包含消息体的数据，其计算需要增加 n×68（n 为 calldata 里的非零字节数）的 Gas 费用。

3.8　事件

事件是以太坊虚拟机（EVM）日志基础设施提供的一个便利接口。用于获取当前发生的事件。

```
pragma solidity ^0.4.0;
contract SimpleAuction{
    event aNewHigherBid(address bidder,uint amount);
```

```
    function bid(uint bidValue)external{
        aNewHigherBid(msg.sender,msg.value);
    }
}
```

最多可以有三个参数被设置为 indexed，用来设置是否被索引。设置为索引后，可以允许通过这个参数来查找日志，甚至可以按特定的值来过滤。如果数组（包括 string 和 bytes）类型被标记为索引项，会用它对应的 Keccak-256 哈希值作为 topic。除非是匿名事件，否则事件签名（如：Deposit（address，hash256，uint256））是其中一个 topic，同时也意味着对于匿名事件无法通过名字来过滤。通过函数 log0，log1，log2，log3，log4，可以直接访问底层的日志组件。log*i* 表示总共带有 $i+1$ 个参数（i 表示可带参数的数目，从 0 开始计数）。其中第一个参数会被用来作为日志的数据部分，其他的会作为主题（topics）。

事件和日志主要有三个用途：

- 智能合约返回值给用户接口；
- 异步的带数据的触发器；
- 一种比较便宜的存储。

3.8.1 智能合约返回值给用户接口

一个事件的最简单的用法是从智能合约返回值给 App 的前端。示例如下：

```
contract ExampleContract{
  //一些状态变量
  function foo(int256_value)returns(int256){
    //改变状态...
    return_value;
  }
}
```

假设 exampleContract 就是 ExampleContract 的一个实例，一个前端使用 web3.js，通过模拟函数的执行可以获得返回值：

```
var returnValue=exampleContract.foo.call(2);
console.log(returnValue)//2
```

但是一旦提交合约调用成为一个交易，则无法得到返回值。

```
var returnValue=exampleContract.foo.sendTransaction(2,{from:
        web3.eth.coinbase});
console.log(returnValue)//交易哈希值
```

sendTransaction 函数的返回值总是创建交易的哈希。交易并不返回值给前端，这是因为交易没有马上被打包，从而没有上链。如果想获得一个返回值，推荐的方案是使用事件，而这也是设计事件/Event 的初衷。

```
contract ExampleContract{
  event ReturnValue(address indexed_from,int256_value);
  function foo(int256_value)returns(int256){
```

```
    ReturnValue(msg.sender,_value);
    return _value;
  }
}
```

前端可以返回值：

```
var exampleEvent =exampleContract.ReturnValue({_from:web3.eth.coinbase});
exampleEvent.watch(function(err,result){
  if(err){
    console.log(err)
    return;
  }
  console.log(result.args._value)
  //检查 result.args._from 是否是 web3.eth.coinbase,如果是,则在 UI 上显示
  //result.args._value 并且调用 exampleEvent.stopWatching()
})
exampleContract.foo.sendTransaction(2,{from:web3.eth.coinbase})
```

当调用 foo 的交易被挖出，在 watch 里的回调函数就会被触发，使得允许前端能从 foo 获得返回值。

3.8.2 异步的带数据的触发器

事件可以被认为是异步的带数据的触发器。如果一个合约需要去触发前端，合约会发送一个事件。前端在监听事件时，就会采取行动，如显示一个消息等。

3.8.3 一种比较便宜的存储

第三种用法是把事件作为一个便宜的存储。在 EVM 和以太坊的黄皮书里，事件被认为是日志（有 LOG opcodes），数据可以被存储到日志。任何时候当一个事件被发送，相应的日志被写到区块链。注意：Events 和 Logs 两个术语之间的差异容易引起疑惑。

Logs 被设计用来成为一种存储，它花费的燃料要远小于合约 storage。Logs 基本上每个字节会花费 8Gas，而合约 storage 会花费大概每 32bytes 20000Gas。尽管 Logs 很省燃料，但 Logs 不能被任何合约访问。

除了作为前端的触发器，还可以使用 Logs 作为一个便宜的存储器。如可以存储历史数据到 Logs，然后由前端来显示历史数据。

一个加密数字货币的交易平台可能需要给一个用户显示他在交易平台上所有的充值记录。存储所有的充值记录到 Logs，与存储到合约里相比非常便宜。交易平台需要知道用户余额的状态，这个信息可以存储到合约里，但是用户充值的历史信息保存到 Logs 即可。

```
contract CryptoExchange{
    event Deposit(uint256 indexed _market, address indexed _sender,
uint256_amount,uint256_time);
```

```
    function deposit(uint256_amount,uint256_market)returns(int256){
        Deposit(_market,msg.sender,_amount,now);
    }
}
```

假设当用户在充值时需要更新 UI。下面演示一个用 event 作为带数据的触发器，假设 cryptoExContract 是一个 CryptoExchange 的实例。

```
var depositEvent = cryptoExContract.Deposit({_sender:userAddress});
depositEvent.watch(function(err,result){
  if(err){
    console.log(err)
    return;
  }
})
```

_sender 参数被 indexed 是为了提高为用户获取所有 event 的效率。

```
event Deposit(uint 256 indexed_market,address indexed_sender,uint256
_amount,uint256_time)
```

监听 events 这个动作默认在 event 被实例化后才开始。当 UI 首先被导入，deposit 还没有生效。所以需要从 block0 开始获取所有的信息，这可以通过给 event 加一个 fromblock 参数来实现。

```
var depositEventAll = cryptoExContract.Deposit({_sender:userAddress},
{fromBlock:0,toBlock:'latest'});
depositEventAll.watch(function(err,result){
  if(err){
    console.log(err)
    return;
  }
  //append details of result.args to UI
})
```

如果需要描述 UI，需要调用 depositEventAll.stopWatching（）。

3.8.4 事件里的 Indexed 参数

一个事件可以有最多三个 indexed 参数。例如，如果一个 token 标准有：

```
event Transfer(address indexed_from,address indexed_to,uint256_value).
```

这意味着一个前端应用可以监听以下的 token 转移：

- 从一个地址/address 送出 tokenContract.Transfer（{_from：senderAddress}）；
- 一个地址/address 接受 tokenContract.Transfer（{_to：receiverAddress}）；
- 从一个地址/address 到一个特定的地址 address tokenContract.Transfer（{_from：senderAddress，_to：receiverAddress}）。

3.9　继承

3.9.1　单继承

Solidity 通过复制包括多态的代码来支持多重继承。所有函数调用是虚拟（virtual）的，这意味着最远的派生方式会被调用，除非明确指定了合约。派生的合约需要提供所有父合约需要的所有参数，示例如下：

```
pragma solidity ^0.4.0;
contract Base {
    uint x;
    function Base(uint _x) {x = _x;}
}
contract Derived is Base(7) {
    function Derived(uint _y) Base(_y * _y) {
    }
}
```

通过两种方式实现：

1）直接在继承列表中使用 is Base（7），适用于构造器是常量的情况。

2）作为派生构造器定义头的一部分 Base（_y * _y），适用于构造的参数值由派生合约指定的情况。

上述两种方式都可用的情况下，第二种方式优先（一般情况只用其中一种方式即可）。

3.9.2　多重继承

同时，在多重继承中，基类合约的次序是非常重要的。当一个合约从多个其他合约那里继承，在区块链上仅会创建一个合约，通过复制父合约里的代码来形成继承合约。当继承最终导致一个合约同时存在多个相同名字的修改器或函数，它将被视为一个错误。同新的如果事件与修改器重名，或者函数与事件重名都将产生错误。

实现多继承的编程语言需要解决几个问题，其中一个是菱形继承问题，又称钻石问题，如图 3.3 所示。

Solidity 的解决方案参考 Python，使用 C3_linearization 来强制将基类合约转换一个有向无环图 DAG。

```
pragma solidity^0.4.0;
contract base {}
contract A is base {}
contract C is A,base {}
```

上述定义引起错误的原因是 C 会请求 base 来重写 A（因为继承定义的顺序是 A，base），但 A 自身又是重写 base 的，所以这是一个不可解决的矛盾。

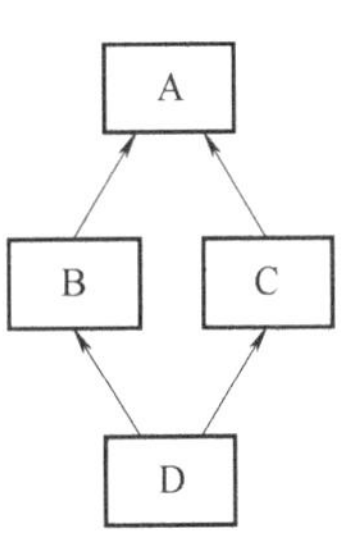

图 3.3　多重继承的菱形继承关系图

3.10 其他

3.10.1 内置

1. 特殊变量

表 3-2 列出了合约里可以用到的与区块相关的特殊变量。

表 3-2 合约里可用的与区块相关的变量

序号	变　量	说　明
1	block. blockhash (uint blockNumber) returns (bytes32)	给定区块号的哈希值，只支持最近 256 个区块，且不包含当前区块
2	block. coinbase (address)	当前块矿工的地址
3	block. difficulty (uint)	当前块的难度
4	block. gaslimit (uint)	当前块的 gaslimit
5	block. number (uint)	当前区块的块号
6	block. timestamp (uint)	当前块的时间戳
7	msg. data (bytes)	完整的调用数据 (calldata)
8	msg. gas (uint)	当前还剩的 gas
9	msg. sender (address)	当前调用发起人的地址
10	msg. sig (bytes4)	调用数据的前 4 个字节（函数标识符）
11	msg. value (uint)	这个消息所附带的货币量，单位为 wei
12	now (uint)	当前块的时间戳，等同于 block. timestamp
13	tx. gasprice (uint)	交易的燃料价格
14	tx. origin (address)	交易的发送者（完整的调用链）

2. 数学和加密函数

表 3-3 列出了合约里可以用到的数学和加密函数（Mathematical and Cryptographic Functions）。

表 3-3 合约里可用的数学和加密函数

序号	变　量	说　明
1	keccak256 (...) returns (bytes32)	使用以太坊的（Keccak-256）计算哈希值。紧密打包
2	sha3 (...) returns (bytes32)；	等同于 keccak256 ()。紧密打包
3	sha256 (...) returns (bytes32)；	使用 SHA-256 计算哈希值。紧密打包
4	ripemd160 (...) returns (bytes20)	使用 RIPEMD-160 计算哈希值。紧密打包
5	ecrecover (bytes32 hash, uint8 v, bytes32 r, bytes32 s) returns (address)；	通过签名信息恢复非对称加密算法公匙地址。如果出错会返回 0，见附录例 1
6	revert ()；	事务回退

这里澄清一个误区，Keccak 和 SHA-3 并不是一回事。2007 年，美国国家标准与技术研

究院（NIST）发起了一个 SHA-3 海选。2012 年，Keccak 团队的提案被采纳。从那时起，程序员用这个提案实现了很多 sha3 的方案。但是，在 2014 年，NIST 对 Keccak 的提案做了一些修改并发布了 FIPS 202，而这个修改后的提案在 2015 年 8 月变成了官方的 SHA-3 标准。但是有很多老的代码还在使用 Keccak，没有升级到官方的 SHA-3 标准。SHA-2/KECCAK/SHA-3 时序图如图 3.4 所示。

图 3.4　SHA-2/KECCAK/SHA-3 时序图

下面解释 SHA-3 和 KECCAK 的不同之处。必须明白，老的基于 Keccak 的代码并不会产生和 SHA-3 一样的哈希。使用一个 sha3 库包时，必须要清楚它是基于 Keccak 还是基于标准的 SHA-3。一个简单的 SHA3-256 测试是对于空输入 KECCAK-256 代码与 SHA-3 标准的输出各不相同。

符合 SHA-3 标准的输出是

a7ffc6f8bf1ed76651c14756a061d662f580ff4de43b49fa82d80a4b80f8434a

而很多老的 KECCAK-256 代码的输出是

c5d2460186f7233c927e7db2dcc703c0e500b653ca82273b7bfad8045d85a470

所以要正确的使用术语 SHA-3 和 KECCAK。除非通过 SHA-3 验证，否则不要贸然就说某个库包是 SHA-3。如果盲目假定所使用的编程语言为“标准”sha3 库包 SHA-3，则可能就会导致错误。例如，在 Javascript、NPM 中的 sha3 库包就不符合 SHA-3 标准。

对以太坊的社区而言，以太坊使用 SHA-3 里定义的算法，从而享受了协议带来的安全性。但是以太坊的协议和标准的 FIPS 202 有所区别。在以太坊的黄皮书里注明了“Keccak-256 哈希函数（SHA-3 竞赛的胜出者）”。

3. 地址相关

表 3-4 列出了合约里可以和地址相关的函数。

表 3-4　合约里和地址相关的函数

序号	变　量	说　明
1	<address>.balance (uint256)	Address 的余额，以 wei 为单位
2	<address>.transfer (uint256 amount)	发送给定数量的 ether，以 wei 为单位，到某个地址，失败时抛出异常
3	<address>.send (uint256 amount) returns (bool)	发送给定数量的 ether，以 wei 为单位，到某个地址，失败时返回 false
4	<address>.call (...) returns (bool)	发起底层的 call 调用，失败时返回 false
5	<address>.callcode (...) returns (bool)	发起底层的 callcode 调用，失败时返回 false
6	<address>.delegatecall (...) returns (bool)	发起底层的 delegatecall 调用，失败时返回 false

4. 合约相关

每个合约都包含有下列三个全局的函数：

- this：当前合约对象，可以显式转换成 Address 类型。
- selfdestruct：合约自毁程序，将合约内的资金自动发送到指定的地址。
- suicide：等同于 selfdestruct。

3.10.2 特殊单位

Solidity 会使用一些特定的货币单位和时间单位。具体说明如下。

1. 货币单位

一个字面量的数字，可以使用后缀 wei、finney、szabo 或 ether 来在不同面额中转换。不同的以太币单位转换关系如下：

```
1 ether =10^3 finney =1000 finney
1 ether =10^6 szabo
1 ether =10^18 wei
```

说明：以太币单位其实是以密码学家的名字命名的，是以太坊创始人为了纪念他们在数字货币领域的贡献。他们分别是：wei：Wei Dai（戴伟），密码学家，发表 B-money；finney：Hal Finney（芬尼），密码学家，提出工作量证明机制（POW）。szabo：Nick Szabo（尼克萨博），密码学家，智能合约的提出者。

除了基本单位 wei，为了使用方便，以太坊还有其他的单位，它们之间的关系见表 3-5。

表 3-5 以太坊货币单位列表

序号	变量	说明
wei	1wei	1
kwei（babbage）	10^3 wei	1000
Mwei（lovelace）	10^6 wei	1000000
Gwei（shannon）	10^9 wei	1000000000
microether（szabo）	10^{12} wei	1000000000000
milliether（finney）	10^{15} wei	1000000000000000
ether	10^{18} wei	1000000000000000000

2. 时间单位

seconds，minutes，hours，days，weeks，years 均可作为后缀，并进行相互转换，默认是 seconds 为单位。默认规则如下：

```
1 =1 second
1 minute $ =60 seconds
1 hour $ =60 minutes
1 day $ =24 hours
1 week $ =7 days
1 year $ =365 days
```

如果需要使用这些单位进行日期计算，需要注意闰年、闰月、闰秒。

3.10.3　类型转换及推断

```
uint24 x =0x123;
var y =x;
```

函数的参数（包括返回参数），不可以使用 var 这种不指定类型的方式。需要特别注意的是，由于类型推断是根据第一个变量进行的赋值。所以下面的代码 for (var i =0; i <2000; i + +) {} 将是一个无限循环，因为一个 uint8 的 i 的最大值为 255，将始终小于 2000。

```
pragma solidity ^0.4.4;
contract deadloop{
    function a() returns (uint){
      uint count =0;
        for (var i =0; i <2000; i + + ) {
            count + +;
            if(count > =2100){
                break;
            }
        }
        return count;
    }
}
```

1. 隐式转换

如果运算符支持两边不同的类型，编译器会尝试隐式转换类型，同理，赋值时也类似。通常，隐式转换需要能保证不会丢失数据，且语义可通。如 uint8 可以转化为 uint16、uint256。但 int8 不能转为 uint256，因为 uint256 不能表示 -1。

此外，任何无符号整数，可以转换为相同或更大大小的字节值。例如，任何可以转换为 uint160 的类型，也可以转换为 address。

2. 显式转换

如果编译器不允许隐式的自动转换，但在可以确认隐式转换不会出现问题时，可以进行强转。需要注意的是，不正确的转换会带来错误，所以需要进行谨慎的测试。

```
pragma solidity ^0.4.0;
contract DeleteExample{
    uint a;
    function f() returns (uint){
                int8 y = -3;
                uint x =uint(y);
                return x;
    }
}
```

如图 3.5 所示，上面的函数 f () 运行后，x 变成了一个 uint256 类型的很大的数："uint256:

115792089237316195423570985008687907853269984665640564039457584007913129639933"。

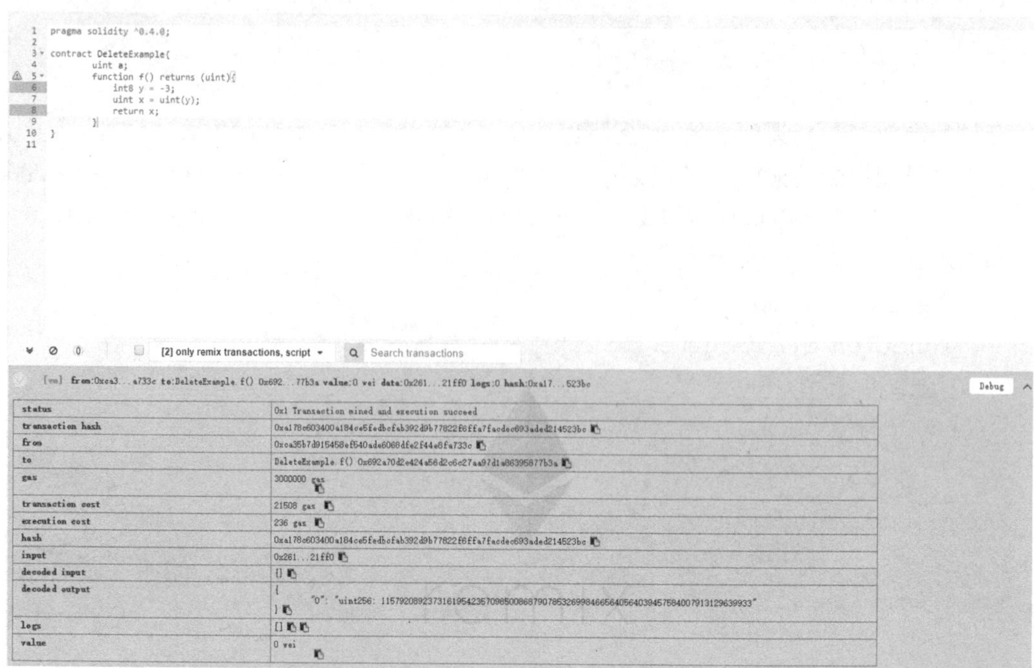

图 3.5 显式转换负值为 uint 的执行结果

如果转换为一个更小的类型，高位将被截断。

```
uint32 a =0x12345678;
uint16 b =uint16(a);//b 就是 0x5678
```

3.10.4 异常

抛出异常的效果是当前的执行被终止且被撤销（值的改变和账户余额的变化都会被回退）。异常还会通过 Solidity 的函数调用向上冒泡（bubbled up）传递。当一个用户通过下述方式触发一个异常：

- 调用 throw；
- 调用 require，但参数值为 false。

通过 assert 判断内部条件是否达成，require 验证输入的有效性。

3.10.5 汇编

本节将详细介绍内联编译（inline assembly）语言。具体的汇编指令请参考文献［20］。下面是一些常用的指令。

允许函数风格的操作码：mul（1，add（2，3））等同于 push1 3 push1 2 add push1 1 mul

内联局部变量：let x：=add（2，3）let y：=mload（0x40）x：=add（x，y）

可访问外部变量：function f（uint x）{assembly{x：=sub（x，1）}}

标签：let x：=10 repeat：x：=sub（x，1）jumpi（repeat，eq（x，0））

循环：for{let i：=0} lt（i，x）{i：=add（i，1）}{y：=mul（2，y）}

switch 语句：switch x case 0 {y：=mul（x，2)} default {y：=0}

函数调用：function f（x）->y {switch x case 0 {y：=1} default {y：=mul（x，f（sub（x，1)))}}

需要注意的是，内联编译是用一种非常底层的方式来访问 EVM 虚拟机。它没有 Solidity 提供的多种安全机制。

下面的例子提供了一个库函数来访问另一个合约，并把它写入到一个 bytes 变量中。有一些不能通过常规的 Solidity 语言完成，内联库可以用来在某些方面增强语言的能力。

```
pragma solidity ^0.4.0;

library GetCode {
    function at(address _addr) returns (bytes o_code) {
        assembly {
            //获得 code 的大小
            let size:=extcodesize(_addr)
            //分配输出的字节数组
            //by using o_code=new bytes(size)
            o_code:=mload(0x40)
            //new "memory end" including padding
            mstore(0x40,add(o_code,and(add(add(size,0x20),0x1f),not
(0x1f))))
            //将栈上大小为 size 的数据存储到内存 o_code 处
            mstore(o_code,size)
            //获取代码,需要汇编
            extcodecopy(_addr,add(o_code,0x20),0,size)
        }
    }
}
```

内联编译在当编译器无法得到有效率的代码时非常有用。但内联编译语言编写难度大，因为编译器不会进行一些检查，所以适用于复杂的，且在程序员百分之百确定逻辑正确的情况下使用它。

```
pragma solidity ^0.4.0;
library VectorSum {
    //该函数的效率比较低,因为当前的优化器在访问数组时不能移除边界检查
    function sumSolidity(uint[] _data) returns (uint o_sum) {
        for (uint i=0; i<_data.length; ++i)
            o_sum +=_data[i];
    }

    //在确信不会越界的情况下,可以避免边界检查,从而提高效率
```

```
    //需要加入 0x20,因为第一个存储槽位置要存数组长度
    function sumAsm(uint[] _data) returns (uint o_sum) {
        for (uint i = 0; i < _data.length; ++i) {
            assembly {
                o_sum := mload(add(add(_data, 0x20), mul(i, 0x20)))
            }
        }
    }
}
```

第 4 章 Solidity 编程的高级话题

本章讨论一些 Solidity 编程的高级话题。包括：

- 以太坊上 Solidity 编程的一些特性；
- 以太坊上一些知名的 EIP 协议，如 ERC20，ERC721；
- 智能合约之间调用的方式；
- 智能合约里一些常见的应用，如投票、彩票等。

4.1 This 关键字

同 C++ 里的 this 关键字、Python 语言里有 Self 关键字一样，Solidity 里也有 this 关键字。

```
pragma solidity ^0.4.21;
contract Impossible {
  function Impossible() public {  //构造函数
    this.test();
  }
  function test() public pure returns(uint256) {
    return 2;
  }
}
```

This 是一个关键字。但是在构造函数里调用 this 会存在一些问题，这是因为在构造函数里，this 的对象尚未生成，像上面的程序那样直接调用 this.test（）会引起异常。

4.2 ERC20 标准接口

ERC20 通证的发行已经风靡一时。下面具体分析其实现过程。

```
pragma solidity ^0.4.0;
contract MyToken {
address public creator;  //合约创建者
uint256 public totalSupply;  //Token 总供应量
```

```
mapping (address => uint256) public balances;  //账户余额
function MyToken() public {
    creator = msg.sender;
    totalSupply = 10000;
    balances[creator] = totalSupply;
}
function balanceOf(address owner) public constant returns(uint256){
    return balances[owner];
}
function sendTokens(address receiver, uint256 amount)
public returns(bool){
    address owner = msg.sender;
    require(amount > 0);
    require(balances[owner] >= amount);
    balances[owner] -= amount;
    balances[receiver] += amount;
    return true;
  }
}
```

- ❑ creator 是一个地址/address 变量，记录合约的拥有者。
- ❑ totalSupply 是一个 256 位的无符号整数，存储将要发布给投资者的通证数量。
- ❑ balances 是一个地址到无符号整数的字典。存储的内容是对应地址里的通证/Token 的数量。

随后，是一个与合约同名的构造函数。它只会在合约实例部署到网络上的时候一次性被调用。在构造函数里设置了合约的所有者变量。因为每一个合约的函数调用，都可能要知道合约的所有者是不是函数的调用者 msg.sender。最后，合约定义了一个总供应量为 10000 tokens，并将这个数额归到合约创建者的余额地址里。

下一个函数 balanceOf 就是保有一个指定地址的余额。这里使用了 constant 关键字。Solidity 有两种函数：constant 和 non-constant。

non-constant 函数会用来改变状态。另外，constant 函数是只读，这意味着函数不能执行任何状态改变。实际上，有两类函数：

- ❑ view 关键字声明函数可以读状态变量但是不会改变状态（等同于 constant）；
- ❑ pure 关键字声明函数不会读也不会改变状态。

最后一个函数允许在不同的地址之间交易 token。它是 non-constant 函数，因为函数可能改变余额。它接受接收者的地址和 token 的数量作为参数，并且返回一个布尔变量，表明交易是否成功执行。

下面是两个前置条件：

```
⋮
require(amount > 0);
```

```
require(balances[owner] > =amount);
⋮
```

require 是一个用来校验的方法。它会评估一个条件并且在条件不符合的情况下回退。所以，需要传输 token 的数量（amount）必须要大于 0，并且要确保发送者有足够的余额来发送指定的数量。

最后，需要将发送的 token 的数量从所有者（owner）的余额里减除并且加到接收方（receiver）的余额里，即

```
⋮
balances[owner] - =amount;
balances[receiver] + =amount;
return true;
}
```

ERC20 合约的官方说明请参考文献［34］。

4.2.1　方法

注意：调用者必须要处理返回值为 false 的情况。调用者不应该假设所有的函数都能成功。

1. totalSupply 方法

该方法用来获得 token 的总供应量。

```
function totalSupply() constant returns (uint256 totalSupply)
```

2. balanceOf 方法

该方法用来显示地址为_owner 的账户的余额。

```
function balanceOf(address _owner) constant returns (uint256 balance)
```

3. transfer 方法

该方法用来发送_value 数量的 token 给地址_to。

```
function transfer(address _to,uint256 _value) returns (bool success)
```

4. transferFrom 方法

该方法用来从地址_from 发送_value 数量的 token 给地址_to。

```
function transferFrom(address _from,address _to,uint256 _value) returns
(bool success)
```

transferFrom 方法被用在一个提现的工作流汇总，允许合约按用户意愿发送 token，如充值到一个合约地址或者以派生的货币收费；函数必须失败除非_from 账户通过某种方式授权 msg. sender。建议在获得授权后再使用该 API。

5. approve 方法

该方法允许_spender 从用户账户里多次提取额度到_value 数量的 token。如果这个函数再次被调用，后一次的授权额度就会重置前一次的授权。

```
function approve(address _spender,uint256 _value) returns (bool success)
```

6. allowance 方法

该方法用来返回_spender 还可以从_owner 提取 token。

```
function allowance(address_owner,address_spender) constant returns
(uint256 remaining)
```

4.2.2 事件

Transfer：当 Token 被传输时被触发。

```
event Transfer(address indexed_from,address indexed_to,uint256_value)
```

Approval：当 approve（address_spender，uint256_value）被调用时被触发。

```
event Approval (address indexed _ owner, address indexed _ spender,
uint256_value)
```

4.2.3 OpenZepplin 框架

OpenZepplin 是一个开源的框架，提供可复用的智能合约模板来开发分布式的应用、协议和 DAO（去中心化的自治组织），通过使用标准的、经过完整测试和整个社区检视的代码，减少产生漏洞的风险。

```
$ npm install zeppelin-solidity
```

下面是通过使用一些 OpenZeppelin 合约的新的实现方法：

```
import'zeppelin-solidity/contracts/token/BasicToken.sol';
import'zeppelin-solidity/contracts/ownership/Ownable.sol';
contract MyToken is BasicToken,Ownable {
    uint256 public constant INITIAL_SUPPLY =10000;
    function MyToken() {
      totalSupply = INITIAL_SUPPLY;
      balances[msg.sender] = INITIAL_SUPPLY;
    }
}
```

上面的程序看似移除了一些核心功能的实现。但实际上核心功能并没有被移除，而只是让 OpenZeppelin 合约来代理这些核心功能。复用安全的设计过的代码非常有意义，这意味着会大大减少合约被攻击的风险。

合约派生自两个 OpenZeppelin 合约：Ownable 和 BasicToken。Solidity 支持多重继承，而且派生合约里的基类合约的顺序至关重要。

MyToken 派生自 Ownable。Ownable 合约如下：

```
OpenZeppelin Ownable contract
```

Ownable 提供三个功能：

- ❑ 它定义了一个特殊的地址变量"owner"；
- ❑ 它允许转换一个合约的所有权；
- ❑ 它提供了一个非常有用的 onlyOwner 修饰符，这个修饰符保证一个函数只能被所有者调用。

另外，MyToken 也继承了 BasicToken 合约。BasicToken 合约如下：

```
OpenZeppelin BasicToken contract
```

BasicToken 合约与 MyToken 合约非常相似。差别在于：这里调用的 sendTokens 使用了 transfer，实现了除触发 Transfer 事件以外的同样的功能。

另外重要的就是要使用 SafeMath。OpenZeppelin 建议使用 SafeMath 库来做数学操作，并带有安全性检查。SafeMath 也是被使用次数最多的库包之一，因为它能保证数学操作不会上溢。

4.3 ERC721 标准接口

2017 年，Cryptokitties 游戏验证了不可细分的资产如何产生，以及如何在以太坊上交易。在游戏中，玩家可以喂养和交易猫。但最重要的是，所有的猫都只存在在区块链上，也只能在链上被它们的拥有者来喂养和交易。与传统的游戏相比，数据都是存储在中心化的服务器上，游戏的管理者可以按照自己的意愿对数据进行修改。在 Cryptokitties 游戏里，玩家可以在一个去中心化的、去信任的网络上，他们对猫的所有权可以毫无疑问地被验证：如果你拥有一只猫，区块链就能证明猫是你的，而不是他人的。

图 4.1 所示为以太猫图标。

图 4.1 以太猫图标

4.3.1 ERC721 接口定义

ERC721 标准实际上包含四个不同的接口：一个是主要的 ERC721 合约；一个是能够接收 ERC721 Token 的标准；另外两个是可选的扩展。每个 ERC721 标准合约必须实现 ERC721[35] 和 ERC165 接口[36]。

总体上来说，ERC721 Tokens 标准必须满足相应的条件，总结如下：

- 所有权——如何处理 token 的所有权？
- 创建——如何创建 token？
- 转账与授权—— token 如何转账以及如何允许其他地址（合约或者外部拥有的账户）具有转账的能力？
- 销毁——如何销毁 token？

下面的示例都遵循 OpenZeppelin 开发的 ERC721 token 的实现。具体实现请参考文献[44]。

1. Token 所有权

现在新的 token 提议都会拿来与 ERC 20 标准比较。ERC20 很容易理解。从所有权来看，ERC20 保有了一个映射（mapping），映射 token 余额到用户相应的地址：

```
mapping(address = >uint256) balances
```

如果用户购买了 ERC20 token，用户最终对 token 的所有权可以通过合约来验证，因为在用户购买 token 时，合约里保有了一条记录表明每个地址拥有多少 tokens。如果用户准备转发 ERC20 tokens，那么可以通过 balances 映射来验证账户余额，这样才不会发送合约不具备的 token 数量。如果用户从来都没有和 token 合约交互过，则上面的 mapping 将初始化为 0，所以如果用户没有和合约交互过，余额会是 0。

需要强调的是 ERC721 是不可分的。这也意味着，同一类的 token 或者合约会有不同的值。一个 ERC721 以太猫的值不等于另外一个 ERC721 以太猫的值，因为每个以太猫都是唯一的。所以，ERC721 不能像 ERC20 一样，映射余额到一个地址，而必须知道拥有的每一个唯一的 token。

因为这个原因，在 ERC721 标准中，所有权是由映射到一个地址的一个 token 索引/ID 的数组决定。因为每个 token 的值唯一，而不能只看 token 的余额，必须仔细检查合约创建的每一个 token。主合约必须保有所有合约创建的 token 的列表。每个 token 都有各自的索引号，定义在合约的 allTokens 数组。

```
uint256[] internal allTokens
```

但是程序员需要知道某个地址拥有哪些 token 而不是合约有哪些 token。除了在合约里有一个所有 token 的索引的数组以外，还需要知道每个地址拥有哪些 token（token 索引，或者 ID）以及数量。所以需要把 token 的索引和数量映射到一个地址上。这个映射是一个地址对一个数组，因为一个地址可能拥有多于一个的 token。这就是需要数组的原因。

```
mapping (address = >uint256[]) internal ownedTokens
```

上述需求会为 ERC721 token 增加很多附加的需求。对于 ERC20 token，可以直接检查地址余额；而对于 ERC721 token，则需要检查一个特定的 token 索引来确定 token 的所有权。在需要的情况下，必须重组整个数组。

是否有必要在每次检查一个特定 token 所有权的时候遍历整个 token 的数组呢？答案是不需要，因为有更简单和安全的方法。相应地，除了一个地址拥有的 token 数组以外，还可以将每个 token 的 ID 映射到所有者上。通过这种方法，每次需要知道谁拥有一个特定的 token时，只需要在 mapping 里以 token ID 检查相应的映射是否存在即可（这个变量定义在 ERC721BasicToken. sol，继承自 ERC721Token. sol. ）。

```
mapping (uint256 = >address) internal tokenOwner
```

为什么要这样做？为什么不遍历 token 的数组来确认用户对特定 token 的所有权？转发 token 的时候，是否能简单地加入或删除 token 的索引呢？答案是不行。回顾 Solidity 编程语言的实现，如果从一个数组删除一个成员，这个成员实际上并没有被完全删除，它仅仅是被 0 替换而已。例如，一个数组 myarray = ［2 5 47］，长度为 3，然后调用一个函数来删除 myarray ［myarray. length. sub （1）］，并且可能期望看到删除后 myarray = ［2 5］，但实际上得到的是 myarray = [2 5 0]，而且它的长度还是为 3。因为账户并不拥有 token ID 为 0 的 token。所以针对要把一个 token 从一个地址拥有列表里删除的需求，除了把 token ID 从数组里删除这种做法以外，可能还需要重排数组（在传输 token 和销毁 token 时也会有这样的需求），所以必须追踪以下信息。ownedTokensIndex 映射把每个 token ID 映射到它们所有者数组相应的位置/索引上。同时，把 token ID 映射到全局的 allTokens 数组上。

```
//Mapping from token ID to index of the owner tokens list
mapping(uint256 = >uint256) internal ownedTokensIndex;
//Mapping from token id to position in the allTokens array
mapping(uint256 = >uint256) internal allTokensIndex;
```

另外我们可能需要知道我们到底拥有多少 ERC721 token。这里引入另一个变量来追踪所有权（这个变量定义在 ERC721BasicToken. sol，继承自 ERC721Token. sol. ）。

```
mapping (address = >uint256) internal ownedTokensCount
```

将地址映射到一个数字（代表地址拥有 token 的数量）上。当我们购买 token 时，ownedTokensCount 会被更新，传输和销毁 token 时也会被相应地更新。为了校验，需要检查拥有的 ERC721 token 的数量。例如，需要传输一个地址拥有的所有 ERC721 token 去一个新地址，或者只是想检查是否拥有一定数量的 token。

由上可知，引入一个唯一的 token 的所有权给 token 拥有权的判定增加了复杂性。

2. Token 创建

在 ERC20 标准里，有一个 token 余额的数组。在创建 ERC20 token 的时候，我们只需要设置或者增加可用 tokens 的总额。在 ERC20 的设计中，有一个变量 totalSupply_ 来记录所有可用 token 的供应量。某些情况下，可能一个 ERC20 token 合约会在构造函数里设置总供应量。构造函数只在合约创建的时候执行一次。构造函数代码是合约的一部分，但是在部署的地址上并不包含构造函数的代码。构造函数被用来设置变量初始值、所有权等。在下面的例子中，MyToken 被用来设置 totalSupply_ 的值。为了应对 ERC20 标准不断变化的需求，ERC20 标准引入了 mint () 函数，用来处理增加 token 发行的需求，在更新 totalSupply_ 的同时保证余额被正确地更新。Transfer 是一个事件/event，而不是一个函数。在 mint () 函数里，需要更新余额。

```
    uint256 totalSupply_
    //Example of setting token supply via constructor
contract MyToken {
    function MyToken(uint_setSupply)
        {totalSupply_ = _setSupply_}
...
    //Example of maintaining a variable token supply via minting
function mint(address_to,uint256_amount)
onlyOwner
canMint
public
returns (bool)
{
```

```
        totalSupply_=totalSupply_.add(_amount);
        balances[_to]=balances[_to].add(_amount);
        Mint(_to,_amount);
        Transfer(address(0),_to,_amount);
        return true;
    }
```

对 ERC721 来说，因为每个 token 都是唯一的，所以必须手工创建每一个 token。对于 ERC20，则可以批处理地创建 100 个 token 或者更多，并把新创建的 token 数量加到 totalSupply_。但是，因为我们保有了一个 ERC721 标准的 token 数组，所以必须要手工依次把每个创建的 token 加入到 token 数组。

在 ERC721 合约里有关于总供应量的两个函数 addTokenTo（）和_mint（）. 调用合约里的 addTokenTo（）函数，然后通过 super. addTokenTo（）先调用基类 ERC721 合约里的 addTokenTo（）函数，通过这两个函数，就可以更新所有全局的所有权变量。函数接受两个参数：_to 或者拥有 token 的账户地址和_tokenId 或者 token 的唯一 ID。大部分情况下会限定仅有合约的拥有者才能调用这个函数。此时，用户可以使用任何唯一的数字 ID。首先，在 ERC721BasicToken 合约里，检查到 token ID 没有被合约拥有，然后设置所请求的 token ID 的所有者，并且更新那个账户拥有 token 的数量。同时，把这个新的 token 添加到 ownedTokens 数组的最后并且保存新 token 的索引。同时更新所有者的数组。

```
    //在 ERC721Token.sol 里调用本函数
      function addTokenTo(address_to,uint256_tokenId) internal {
        super.addTokenTo(_to,_tokenId);
        uint256 length=ownedTokens[_to].length;
        ownedTokens[_to].push(_tokenId);
        ownedTokensIndex[_tokenId]=length;
      }
      //在 ERC721BasicToken.sol 里调用本函数
      function addTokenTo(address_to,uint256_tokenId) internal {
        require(tokenOwner[_tokenId]==address(0));
        tokenOwner[_tokenId]=_to;
        ownedTokensCount[_to]=ownedTokensCount[_to].add(1);
      }
```

从上面可以看到，用 addTokenTo（）函数来更新地址到了某一个用户。那么，对于 allTokens 数组，_mint（）函数就是用来处理 allTokens。_mint（）函数首先跳到基类的合约实现里，保证铸币地址不是 0，然后调用 addTokenTo（），来回调派生合约里的addTokenTo（）函数。当基类合约里的_mint（）函数完成了，再把_tokenId 加到 allTokensIndex mapping 及 allTokens 数组。在派生的 ERC721 合约里，使用_mint（）来创建新 token。

```
    function_mint(address_to,uint256_tokenId) internal {
        super._mint(_to,_tokenId);
        allTokensIndex[_tokenId]=allTokens.length;
```

```
        allTokens.push(_tokenId);
    }
    function_mint(address_to,uint256_tokenId) internal {
        require(_to ! =address(0));
        addTokenTo(_to,_tokenId);
        Transfer(address(0),_to,_tokenId);
    }
```

但是 ERC721 的元数据做什么用呢？已经创建了 token 和 token ID，但是还没有任何数据。OpenZeppelin 提供了一个例子，说明如何将一个 token ID 映射到 URI 字符串。

```
//Optional mapping for token URIs
mapping(uint256 = >string) internal tokenURIs;
```

为了设置 token 的 URI 数据，这里引入了_setTokenURI（）函数，首先通过_mint（）函数得到 token ID 和 URI 信息，便可以设置数据，在 tokenURI 里映射到一个 token ID。注意：在设置数据前，必须要确认一个 token ID 存在（这意味着该 token 被某些账户拥有）。

```
function_setTokenURI(uint256_tokenId,string_uri) internal {
    require(exists(_tokenId));
    tokenURIs[_tokenId] = _uri;
}
function exists(uint256_tokenId) public view returns (bool) {
    address owner =tokenOwner[_tokenId];
    return owner ! =address(0);
}
```

尽管创建一个 struct 来存储数据比用 mapping 来存储数据更复杂而且更频繁地消耗燃料，但是前一种方法还是比较有用，这是因为通过大量的变量来创建不可细分的 token 比为每个资产创建一个合约要便宜得多。

3. 传输和授权

下面分析在 ERC20 里如何传输和授权 token。可以直接使用 transfer（）函数来传输 ERC20 token。在 transfer（）函数里，首先指定一个希望发送到的地址以及 token 的数量，然后再更新 ERC20 contract。

```
function transfer(address_to,uint256_value) public returns (bool)
{
    require(_to ! =address(0));
    require(_value < =balances[msg.sender]);
    balances[msg.sender] =balances[msg.sender].sub(_value);
    balances[_to] =balances[_to].add(_value);
    Transfer(msg.sender,_to,_value);
    return true;
}
```

那么什么是授权呢？当需要另外一个合约或者地址能传输 tokens，则需要授权 ERC20

合约地址。这个场景会发生在很多分布式应用场合，如代管支付、游戏、拍卖等。因此，需要一种方法来授权其他地址来花费账户的 token。授权以后的 transfer（）函数就要求合约检查授权先。

在 ERC20 标准里，有一个全局变量 allowed，表示一个所有者的地址被映射到一个已授权的地址并且同时被映射到 token 的数量。为了设置这个变量，在 approve（）函数里，可以映射授权到期望的_spender 和_value。注意：并没有检查发送者拥有的 token 数量是否满足请求的数量（检查在 transfer 函数里实现）。另外 Approval 是一个事件而不是函数。

```
//Global variable
mapping (address = >mapping (address = >uint256)) internal allowed
//允许其他地址来花费账号的 token
function approve(address_spender,uint256_value)
public
returns (bool)
{
    allowed[msg. sender][_spender] =_value;
    Approval(msg. sender,_spender,_value);
    return true;
}
```

一旦允许另外一个地址来传输 token，具体传输过程如下：已授权的 spender 使用 transferFrom（）函数，其中，函数的参数_from 代表原始的所有者地址；_to 代表接收者地址和 token 数量_value。首先，要检查最初的所有者确实拥有请求数量的 token：

```
require(_value ≤ balances[_from])
```

然后检查 msg. sender 是不是被授权来传输 token，即检查 allowed 变量，最后再更新映射的 balances 和 allowed 的数量。有两个函数用来提升 increaseApproval（）和减少 decreaseApproval（）授权的额度。

```
function transferFrom(address_from,address_to,uint256_value) public
    returns (bool) {
        require(_to ! =address(0));
        require(_value < =balances[_from]);
        require(_value < =allowed[_from][msg. sender]);
        balances[_from] =balances[_from]. sub(_value);
        balances[_to] =balances[_to]. add(_value);
        allowed[_from][msg. sender] =allowed[_from][msg. sender]. sub(_
value);
        Transfer(_from,_to,_value);
        return true;
}
```

对于 ERC721 标准，也可以授权一个地址来传输某个 token（通过指定的 token ID）或者拥有的所有的 token。通过 token ID 来授权，则使用 approve（）函数。tokenApprovals 是一个全局变量，把一个 token 索引或者 ID 映射到一个地址上，而这个地址是获得授权可以传输 token 的。在 approve（）函数里，首先检查一下所有权或者 msg. sender 是不是 isApprovedForAll（），然后可以使用 setApprovalForAll（）函数来授权一个地址去传输和处理所有的 token。Token 必须被一个特定地址所拥有。在全局变量 operatorApprovals 中，所有者的地址被映射到一个被授权的 spender 的地址，然后再被映射到一个 bool 变量，这个变量被设置为 0 或者默认为 false，但使用 setApprovalForAll（）函数可以设置这个映射为 true，并且允许该地址来处理所有拥有的 ERC721。如果一个 spender 被授权来处理所有的 tokens，还可以设定更多的花费权限。然后，使用 getApproved（）函数来检查没有给地址 address（0）授权。最后，tokenApprovals 映射做相应的调整，即设定到所期望的地址。

```
mapping (uint256 = >address) internal tokenApprovals;
mapping (address = >mapping (address = >bool)) internal operatorApprovals;
function approve(address_to,uint256_tokenId) public {
    address owner = ownerOf(_tokenId);
    require(_to ! =owner);
    require(msg.sender = =owner || isApprovedForAll(owner,msg.sender));
    if (getApproved(_tokenId) ! =address(0) || _to ! =address(0)) {
      tokenApprovals[_tokenId] = _to;
      Approval(owner,_to,_tokenId);
    }
  }
function isApprovedForAll (address _owner, address _operator) public
view returns (bool) {
    return operatorApprovals[_owner][_operator];
  }
function getApproved(uint256_tokenId) public view returns (address) {
    return tokenApprovals[_tokenId];
  }
function setApprovalForAll(address_to,bool_approved) public {
    require(_to ! =msg.sender);
    operatorApprovals[msg.sender][_to] =_approved;
    ApprovalForAll(msg.sender,_to,_approved);
  }
```

下面来解释实际上如何传送 ERC721 token。在完整的实现中，提供了两种方法来传输 token。第一种方法：在 transferFrom（）函数中，发送者和接收者的地址以及传输的_ tokenId 都被设定，用一个修饰符 canTransfer（）来确保 msg. sender 是获得授权的或者就是 token 的所有者。当确认发送者和接收者的地址都是合法之后，clearApproval（）函数被用来删除 token 原来的拥有者的授权，也就是原来的拥有者不再拥有授权的权限，从而使以前获得授权的 spender 不再能够传输 token。其后，在 ERC721 合约的完整实现中，调用 removeTokenFrom（）函数，与在 ERC721 的基类合约实现中类似，调用 addTokenTo（）函数来调用基类合约里的 removeTokenFrom（）函数，可以看到，指定的 token 被从 ownedTokensCount mapping，tokenOwner mapping 里删除。另外，需要把所有者的 ownedTokens 数组里的最后一个 token 移到被传输的 token 的索引位置，同时将数组长度减一。最后，使用 addTokenTo（）函数来把 token 的索引/id 加到新的所有者名下。

```
    modifier canTransfer(uint256_tokenId) {
        require(isApprovedOrOwner(msg.sender,_tokenId));
        _;
    }
    function isApprovedOrOwner(address_spender,uint256_tokenId) internal
view returns (bool) {
        address owner=ownerOf(_tokenId);
        return_spender = = owner || getApproved(_tokenId) = = _spender ||
isApprovedForAll(owner,_spender);
    }
    function transferFrom(address_from,address_to,uint256_tokenId) pub-
lic canTransfer(_tokenId) {
        require(_from ! =address(0));
        require(_to ! =address(0));
        clearApproval(_from,_tokenId);
        removeTokenFrom(_from,_tokenId);
        addTokenTo(_to,_tokenId);
        Transfer(_from,_to,_tokenId);
    }
    function clearApproval(address_owner,uint256_tokenId) internal {
        require(ownerOf(_tokenId) = =_owner);
        if (tokenApprovals[_tokenId] ! =address(0)) {
          tokenApprovals[_tokenId]=address(0);
          Approval(_owner,address(0),_tokenId);
        }
    }
    //Full ERC721 implementation
    function removeTokenFrom(address_from,uint256_tokenId) internal {
        super.removeTokenFrom(_from,_tokenId);
        uint256 tokenIndex=ownedTokensIndex[_tokenId];
        uint256 lastTokenIndex=ownedTokens[_from].length.sub(1);
        uint256 lastToken=ownedTokens[_from][lastTokenIndex];
        ownedTokens[_from][tokenIndex]=lastToken;
        ownedTokens[_from][lastTokenIndex]=0;
        ownedTokens[_from].length--;
```

```
        ownedTokensIndex[_tokenId] =0;
        ownedTokensIndex[lastToken] =tokenIndex;
    }
    //Basic ERC721 implementation
    function removeTokenFrom(address_from,uint256_tokenId) internal {
        require(ownerOf(_tokenId) = =_from);
        ownedTokensCount[_from] =ownedTokensCount[_from].sub(1);
        tokenOwner[_tokenId] =address(0);
    }
```

那么，如何保证发送 ERC721 token 到一个合约，并且这个合约可以处理随后更多的传输呢？众所周知，一个外部拥有的账户可以使用 ERC721 的完整合约来交易 token；但是，如果发送 token 到一个合约而这个合约没有函数通过原有的 ERC721 合约来交易和传输 token 的话，token 就会丢失且没有办法再找回。针对这个问题，提出了 ERC223，ERC223 是在 ERC20 基础上进行了改进来防止这种错误的传输。

为了防止上述传输问题，ERC721 标准的完整实现引入了一个 safeTransferFrom（）函数。在讨论这个函数之前，首先来看实现了 ERC721Receiver. sol 接口的 ERC721Holder. sol 里的一些需求。ERC721Holder. sol 合约是钱包的一部分，也是一个拍卖或者经纪人合约。EIP165 的目标是创建一个标准用来发布和发现一个智能合约实现了哪些接口。那么如何来发现一个接口？这里使用了一个魔术值 ERC721_RECEIVED，它是 onERC721Received（）函数的函数签名。一个函数签名是标准签名字符串的前 4 个字节。这种情况下，可通过 bytes4（keccak256（“onERC721Received（address，uint256，bytes）”））来计算。使用函数签名来验证在合约的字节代码中是否被使用，从而判断函数是否被调用。合约里的每一个函数都有独有的签名，并且当调用合约时，EVM 使用一系列的 switch/case 语句来找到函数签名，通过函数签名来找到所匹配的函数，然后执行相应的函数。结果，在 ERCHolder 合约里，可以发现只有 onERCReceived（）函数的函数签名与 ERC721Receiver 接口里的 ERC721_RECEIVED 变量相匹配。

```
    contract ERC721Receiver {
      /**
       *@dev 如果接收到 NFT 则返回魔术值,魔术值等于
       *'bytes4(keccak256("onERC721Received(address,uint256,bytes)")',
       *也可以通过'ERC721Receiver(0).onERC721Received.selector'获取
       */
      bytes4 constant ERC721_RECEIVED =0xf0b9e5ba;

      /**
       *@notice 处理函数当收到一个
       *@devERC721 合约在'safetransfer'后调用这个函数在收到 NFT 的时候
       *这个函数可能抛出异常,导致回退以及拒绝 Transfer
       *这个函数可能使用 50,000 GAS。如果返回的不是魔术值,则必须回退
```

```
    * Note:合约地址是 msg.sender
    * @param_from 发送地址
    * @param_tokenId 被传送的 NFT ID
    * @param_data 额外数据,没有指定的数据格式
    * @return 'bytes4(keccak256("onERC721Received(address,uint256,bytes)"))'
    */
    function onERC721Received(address _from, uint256 _tokenId, bytes _da-
ta) public returns(bytes4);
  }
  contract ERC721Holder is ERC721Receiver {
    function onERC721Received(address, uint256, bytes) public returns
(bytes4) {
      return ERC721_RECEIVED;
    }
  }
```

现在 ERC721Holder 合约还不是一个处理 ERC721 token 的完整的合约。这个模板用来提供一种标准的办法来验证 ERC721Receiver 标准接口是否被使用。需要继承或者派生 ERC721Holder 合约来调用钱包或者拍卖合约里的代码来处理 ERC721 token。甚至对于代管的 token 合约，也需要这样的功能来调用合约函数来在需要的时候从合约里转出 token。

```
  //Option 1
  function safeTransferFrom(address _from, address _to, uint256 _tokenId)
public canTransfer(_tokenId) {
      safeTransferFrom(_from, _to, _tokenId, "");}
  //Option 2
  function safeTransferFrom(address _from, address _to, uint256 _tokenId,
bytes _data) public canTransfer(_tokenId) {
      transferFrom(_from, _to, _tokenId);
      require(checkAndCallSafeTransfer(_from, _to, _tokenId, _data));}
  function checkAndCallSafeTransfer(address _from, address _to, uint256 _
tokenId, bytes _data) internal returns (bool) {
      if (!_to.isContract()) {
        return true;
      }
      bytes4 retval = ERC721Receiver(_to).onERC721Received(_from, _to-
kenId, _data);
      return (retval == ERC721_RECEIVED);}
  }
  //判断一个地址是不是一个合约账户
  function isContract(address addr) internal view returns (bool) {
```

```
        uint256 size;
        assembly {size: =extcodesize(addr)}
        return size >0;
    }
```

下面讨论 safeTransferFrom（）函数的工作原理。可以选择选项 1 来传输 token，这种情况下调用 safeTransferFrom（）函数不需要任何参数；也可以选择选项 2，用参数 bytes_ data。与此类似，transferFrom（）函数被用来把 token 的所有权从_from 地址转到_to 地址。同时还调用了 checkAndCallSafeTransfer（）函数，首先通过 AddressUtils. sol 库包来检查_to 地址是否是一个合约地址。可以通过 isContract（）函数来理解实现过程。在确认_to 是否是一个合约地址后，检查 onERC721Received（）的函数签名是否符合期望的接口的标准接口。如果不匹配的话，则 transferFrom（）函数就会吊销，因为判定_to 地址上的合约没有实现所期望的接口。

4. 销毁

对于 ERC20 标准，因为只是操作一个映射的余额，因此只需要销毁一个特定地址的 token。地址可以是一个用户地址或者是合约地址。在下面的 burn（）函数中，通过_value 变量来指定准备销毁的 token 的数量。要销毁的 token 的拥有者由 msg. sender 指定，所以必须要更新他们的地址余额，然后减少 token 的总供应量 totalSupply_。这里 Burn 和 Transfer 是 events。

```
function burn(uint256_value) public {
    require(_value < =balances[msg. sender]);
    address burner =msg. sender;
    balances[burner] =balances[burner]. sub(_value);
    totalSupply_ =totalSupply_. sub(_value);
    Burn(burner,_value);
    Transfer(burner,address(0),_value);
}
```

而对于 ERC721 tokens，必须确保特定的 token ID 或者索引被移除。与 addTokenTo（）和_mint（）函数类似，_burn（）函数使用 super 来调用基本的 ERC721 实现。首先，调用 clearApproval（）函数，然后通过 removeTokenFrom（）删除 token 的所有权，并且触发 Transfer 事件来通知前端；然后删除和 token 相关联的元数据；最后，就像删除 token 的所有权，重排 allTokens 数组，用数组里的最后一个 token 代替了_tokenId 索引位置。

```
function_burn(address_owner,uint256_tokenId) internal {
    super._burn(_owner,_tokenId);
    //清除 metadata (if any)
    if (bytes(tokenURIs[_tokenId]).length ! =0) {
      delete tokenURIs[_tokenId];
    }
    //重排所有 Token 的数组
    uint256 tokenIndex =allTokensIndex[_tokenId];
```

```
        uint256 lastTokenIndex = allTokens.length.sub(1);
        uint256 lastToken = allTokens[lastTokenIndex];
        allTokens[tokenIndex] = lastToken;
        allTokens[lastTokenIndex] = 0;
        allTokens.length--;
        allTokensIndex[_tokenId] = 0;
        allTokensIndex[lastToken] = tokenIndex;
      }
    }
    function_burn(address_owner,uint256_tokenId) internal {
        clearApproval(_owner,_tokenId);
        removeTokenFrom(_owner,_tokenId);
        Transfer(_owner,address(0),_tokenId);
    }
```

目前已有很多应用，如著名的 Cryptokitties，Cryptogs，Cryptocelebrities，Decentraland，还可以在 OpenSea 上找到很多数字资产和可收藏/collectibles。

5. 钱包接口

钱包应用必须要实现钱包接口[35]。一个合法的 ERC721TokenReceiver 需要实现函数：

```
function onERC721Received(address_operator,address_from,uint256
_tokenId,bytes_data) external returns(bytes4);
```

并且返回：

```
bytes4(keccak256("onERC721Received(address,address,uint256,bytes)"))
```

一个非法的 Receiver 要么不实现那个函数，或者返回其他任何内容，下面是一个合法的返回：

```
contract ValidReceiver is ERC721TokenReceiver {
    function onERC721Received(address_operator,address_from,uint256_
tokenId,bytes_data) external returns(bytes4){
        return bytes4(keccak256("onERC721Received(address,address,
uint256,bytes)"));
    }
}
```

下面的示例是一个非法的返回：

```
contract InvalidReceiver is ERC721TokenReceiver {
    function onERC721Received(address_operator,address_from,uint256_
tokenId,bytes_data) external returns(bytes4){
        return bytes4(keccak256("some invalid return data"));
    }
}
```

4.3.2　元数据扩展

元数据（Metadata）扩展给代币合约一个名字和代号（如 ERC20 token），并且给每个代币一些额外的数据使代币独一无二。可枚举的扩展使对代币的排序更容易，而不是仅仅通过 tokeID 来排序。元数据扩展是可选的。元数据接口允许智能合约获得不可分通证（Non-Fungible Token，NFT）的元数据，如名字以及其他详细信息。ERC721Metadata 的具体定义参考文献［35］。

下面是 " ERC721 Metadata JSON Schema" 格式：

```
{
    "title":"Asset Metadata",
    "type":"object",
    "properties":{
        "name":{
            "type":"string",
            "description":"Identifies the asset to which this NFT repre-
sents",
        },
        "description":{
            "type":"string",
            "description":"Describes the asset to which this NFT repre-
sents",
        },
        "image":{
            "type":"string",
            "description":"A URI pointing to a resource with mime type
image/ * representing the asset to which this NFT represents. Consider mak-
ing any images at a width between 320 and 1080 pixels and aspect ratio be-
tween 1.91:1 and 4:5 inclusive. ",
        }
    }
}
```

这里声明合约是继承自 TokenERC721. sol 合约和 ERC721Metadata 扩展的接口。

```
contract TokenERC721Metadata is TokenERC721,ERC721Metadata {
```

Metadata 扩展由以下三个函数组成：

```
function name() external view returns (string_name);
function symbol() external view returns (string_symbol);
function tokenURI(uint256_tokenId) external view returns (string);
```

构造函数：

```
constructor(uint_initialSupply,string_name,string_symbol,string
```

```
_uriBase)
public TokenERC721(_initialSupply){
    _name = _name;
    _symbol = _symbol;
    _uriBase = bytes(_uriBase);

    //Add to ERC165 Interface Check
    supportedInterfaces[
        this.name.selector ^
        this.symbol.selector ^
        this.tokenURI.selector
    ] = true;
}
function name() external view returns (string_name){
    _name = _name;
}

function symbol() external view returns (string_symbol){
    _symbol = _symbol;
}
function tokenURI(uint256_tokenId) external view returns (string){
    require(isValidToken(_tokenId));
    uint maxLength = 78;
    bytes memory reversed = new bytes(maxLength);
    uint i = 0;
    //循环并且将字节加入数组
    while (_tokenId ! =0) {
        uint remainder = _tokenId%10;
        _tokenId/ =10;
        reversed[i + +] = byte(48 + remainder);
    }
    //分配生成最终数组
    bytes memory s = new bytes(_uriBase.length + i);
    uint j;
    //将基本部分加入最后的数组
    for (j =0; j < _uriBase.length; j + +) {
        s[j] = _uriBase[j];
    }
    //将 tokenId 加入最后的数组
```

```
    for (j =0; j <i; j + +) {
        s[j + _uriBase. length] =reversed[i -1 -j];
    }
    return string(s);
}
```

4.3.3 可枚举扩展

1. 接口定义

枚举扩展（Enumberable extension）也是可选的。它让智能合约能够发布所有 NFT 的全列表，从而使 NFT 能够被外部发现。可枚举扩展提供以下三个函数，后两个函数可以通过索引来获取 token。

```
function totalSupply() external view returns (uint256);
function tokenByIndex(uint256_index) external view returns (uint256);
function tokenOfOwnerByIndex(address _owner, uint256 _index) external
view returns (uint256);
```

ERC721 标准可选的枚举扩展的接口定义参考文献［35］。

2. 实例

TokenERC721Enumerable 合约继承自 TokenERC721. sol 合约并实现了 ERC721Enumerable 扩展接口。

```
contract TokenERC721Enumerable is TokenERC721,ERC721Enumerable {
uint[] internal tokenIndexes;
```

如果合约里有销毁（burn）程序，必须在合约里加一个 mapping 来记录索引和 token 之间的映射。所以，需要加入下面的代码：

```
mapping(uint = >uint) internal indexTokens;
```

如果合约没有销毁程序，可以忽视下面用到 indexTokens 的地方。

另外一个列表是指对一个给定的地址，可能有一个列表记录与此地址相关的所有Token。tokenOfOwnerByIndex 函数需要用到这个列表。每个地址上至少有一个 Token，实际是由两个 mapping 来实现：

```
mapping(address = >uint[]) internal ownerTokenIndexes;
mapping(uint = >uint) internal tokenTokenIndexes;
```

第一个 mapping 将地址映射到一个数组上，数组里记录的是这个地址所拥有的所有 Token的 ID；第二个 mapping 把每个 TokenID 映射到在 ownerTokenIndexes 数组的位置索引。

```
ownerTokenIndexes[ownerAddress][tokenIndex] =tokenId;
tokenTokenIndexes[tokenId] =tokenIndex;
```

下面构造函数。注意：必须把接口/Interface 加入到 supportedInterfaces，同时要将_ initialSupply 传给 TokenERC721's 的构造函数。

```
constructor(uint_initialSupply) public TokenERC721(_initialSupply){
    for(uint i =0; i <_initialSupply; i + +){
        tokenTokenIndexes[i +1] =i;
```

```
        ownerTokenIndexes[creator].push(i+1);
        tokenIndexes.push(i+1);
        indexTokens[i+1]=i;
    }
    //Add to ERC165 Interface Check
    supportedInterfaces[
        this.totalSupply.selector ^
        this.tokenByIndex.selector ^
        this.tokenOfOwnerByIndex.selector
    ]=true;
}
```

3. totalSupply

totalSupply 函数很简单，它的功能就是返回 tokenIndexes 数组的长度．因为所有的 token 都记录在数组中，所以数组的长度就是 token 的数目。

```
functiontotalSupply() external view returns (uint256){
    returntokenIndexes.length;
}
```

4. tokenByIndex

tokenByIndex 函数同样很简单。Index 记录的是 token 在数组里的索引。另外，必须检查 index 的值，其值必须小于 tokens 数组的总数目。

```
functiontokenByIndex(uint256_index) external view returns(uint256){
    require(_index<tokenIndexes.length);
    return tokenIndexes[_index];
}
```

5. tokenOfOwnerByIndex

tokenOfOwnerByIndex 函数也很简单，与上述 tokenByIndex 的说明很相似。同时必须检查 index 的值，并且返回在 ownerTokenIndexes 数组里的指定位置的内容。

```
functiontokenOfOwnerByIndex(address_owner,uint256_index) external view
returns(uint256){
    require(_index<balances[_owner]);
    return ownerTokenIndexes[_owner][_index];
}
```

6. transferFrom

transferFrom 函数负责把相应的 Token（由 tokenID 指定）从_from 地址转移到_to 地址。

```
functiontransferFrom(address_from,address_to,uint256_tokenId) pub-
lic{
    address owner=ownerOf(_tokenId);
    require (owner==msg.sender
        || allowance[_tokenId]==msg.sender
```

```
        || authorised[owner][msg.sender]
    );
    require(owner = = _from);
    require(_to ! =0x0);
    emit Transfer(_from,_to,_tokenId);
    owners[_tokenId] = _to;
    balances[_from]--;
    balances[_to] + +;
    if(allowance[_tokenId] ! =0x0){
        delete allowance[_tokenId];
    }
    //= = =Enumerable Additions = = =
    uint oldIndex =tokenTokenIndexes[_tokenId];
    //If the token isn't the last one in the owner's index
    if(oldIndex ! =ownerTokenIndexes[_from].length -1){
    //Move the old one in the index list
        ownerTokenIndexes[_from][oldIndex] =ownerTokenIndexes[_from]
[ownerTokenIndexes[_from].length -1];
    //Update the token's reference to its place in the index list
        tokenTokenIndexes[ownerTokenIndexes[_from][oldIndex]] =oldIndex;
    }
    ownerTokenIndexes[_from].length--;
    tokenTokenIndexes[_tokenId] =ownerTokenIndexes[_to].length;
    ownerTokenIndexes[_to].push(_tokenId);
}
```

注意：在将 token 加入到_to mapping 前必须要减少 ownerTokenIndexes [_from]. length。这个操作看似无关紧要，但是在这种情况下先后顺序非常重要。如果不先将长度减一，那么 tokenTokenIndexes [_tokenId] 可能就被设置为一个不正确的值。

7. burnToken

burnToken 的编程和 transferFrom 的编程大致相似，唯一的区别在于 Token 加到 ownerTokenIndexes [_to] 的操作。同时还必须把它从 tokenIndexes 里删除。下面，和 transfrom 相似的实现以斜体字表示，以便更好地理解程序变化的部分。

```
functionburnToken(uint256_tokenId) external{
    address owner =ownerOf(_tokenId);
    require ( owner = =msg.sender
        || allowance[_tokenId] = =msg.sender
        || authorised[owner][msg.sender]
    );
    burned[_tokenId] =true;
```

```
        balances[owner]--;
        emit Transfer(owner,0x0,_tokenId);
            //= = =Enumerable Additions = = =
        uint oldIndex =tokenTokenIndexes[_tokenId];
            if(oldIndex ! =ownerTokenIndexes[owner].length -1){
                //将最后的 token 移到老的位置
             ownerTokenIndexes[owner][oldIndex] = ownerTokenIndexes[own-
er][ownerTokenIndexes[owner].length -1];
                //修改 token 自己的引用到新的位置
            tokenTokenIndexes[ownerTokenIndexes[owner][oldIndex]] =oldIndex;
        }
            ownerTokenIndexes[owner].length--;
        delete tokenTokenIndexes[_tokenId];
        //This part deals with tokenIndexes
        oldIndex =indexTokens[_tokenId];
        if(oldIndex ! =tokenIndexes.length -1){
            //将最后的 token 移到老的位置
            tokenIndexes[oldIndex] =tokenIndexes[tokenIndexes.length -1];
        }
        tokenIndexes.length--;
    }
```

8. issueTokens

最后来讨论 issueTokens 函数。即使合约允许发币，最好也不要批量地发币。因为无论发币逻辑如何，在发币的时候必须遵循创建合约时的流程。

```
    uintnewId =maxId.add(1);//Using SafeMath to prevent overflows.
        //将新 token 的 index 追加到 ownerTokenIndexes
    tokenTokenIndexes[newId] =ownerTokenIndexes[msg.sender].length;
        //将 tokenId 追加到 ownerTokenIndexes
    ownerTokenIndexes[creator].push(newId);
        //将 token 追加到 tokenIndexes 尾部
    indexTokens[thisId] =tokenIndexes.length;
    tokenIndexes.push(thisId);
```

同时注意：newId = maxId +1，确保在和创建新币的操作都完成以后再给 maxId 加 1。下面是一个 issueTokens 的示例实现：

```
    functionissueTokens(uint256_extraTokens) public{
        require(msg.sender = =creator);
        balances[msg.sender] =balances[msg.sender].add(_extraTokens);
        uint thisId;//We'll reuse this for each iteration below.
        for(uint i =0; i < _extraTokens; i + +){
```

```
        thisId = maxId.add(i).add(1);//SafeMath to be safe!
        //把新的 token 的 index 追加到 ownerTokenIndexes
        tokenTokenIndexes[thisId] = ownerTokenIndexes[creator].length;
        //将 tokenId 追加到 ownerTokenIndexes
        ownerTokenIndexes[creator].push(thisId);
        //将 token 追加到 tokenIndexes 尾部
        indexTokens[thisId] = tokenIndexes.length;
        tokenIndexes.push(thisId);
        emit Transfer(0x0,creator,thisId);
    }
    maxId = maxId.add(_extraTokens);
}
```

4.3.4 ERC165 标准

ERC165 只有一个函数，用来检查合约的指纹是否和指定的接口的指纹相符。

```
interface ERC165 {
///@notice 查询一个合约是否实现了某个接口
///@param interfaceID ERC165 标准里指定的接口 ID
///@dev 接口 ID 定义在 ERC165 标准中,这个函数使用的燃料费少于 30,000 Gas
///@return 如果合约实现了指定的接口,则返回'true'
///并且'interfaceID'不是 0xffffffff,否则返回'false'
function supportsInterface(bytes4 interfaceID) external view returns
(bool);
}
```

如果支持指定的 interface ID（byte4），则返回 True。在 ERC165 标准中，Interface ID 被定义为“the XOR of all function selectors in the interface”。也就是说是接口里所有函数选择子的异或值有两种方法得到函数选择子。这里以使用 balanceof 函数为例。定义如下：

```
function balanceOf(address_owner) external view returns (uint256){
//...
};
```

从上面的函数获得函数选择子的两种方法是：

```
this.balanceOf.selector
```

或者手动获得：

```
bytes4(keccak256("balanceOf(address)"))
```

两种方法都返回 0x70a08231。第一种方法看起来比较简便，在接口使用了重载（overload）函数的情况下也会用到第二种方法。可以很清楚地看到，函数选择子并不关心参数名、修饰符、mutability/可修改否以及 returns 和函数的内容，而只关心函数名和参数的类型。

但需要得到 InterfaceID，它被定义为接口中所有函数选择子的异或值。假设接口/interface 由以下三个函数组成：function1（），function2（）和 function3（），则 interfaceID 为：

```
interfaceID = this.function1.selector ^ this.function2.selector ^
    this.function3.selector;
```

要实现 ERC721，则必须实现 ERC165。下面演示如何实现 ERC165。如果用 Solidity 来实现，则需要使用最小化的燃料。非必要的计算会浪费网络资源且花费钱。ERC165 标准要求 supportsInterface 函数“使用少于 30000 Gas”，所以不需要每次 supportsIntreface 都计算 InterfaceID，可以将支持的 interfaceIDs 存在一个 mapping 变量里。

下面开始编写合约 CheckERC165：

```
contract CheckERC165 is ERC165 {
    mapping (bytes4 = >bool) internal supportedInterfaces;
```

supportsInterface 函数必须从 mapping 里返回一个值。下面是实现代码：

```
function supportsInterface(bytes4 interfaceID) external
    view returns (bool){
        return supportedInterfaces[interfaceID];
}
```

Solidity Version 0.4.22 之后，可以使用 constructor 函数名来做构造函数。下面的代码演示了在合约的构造函数里，如何将 ERC165 接口的 interfaceID 加入 mapping：

```
constructor() public {
    supportedInterfaces[this.supportsInterface.selector] = true;
}
```

如果任何人带着 ERC165 标准接口的 InterfaceID（0x01ffc9a7）调用 supportsInterface，则将返回 true。

4.4 合约间调用

有几种方法可以实现在合约间互相调用。一个已经被部署的合约会有一个地址，而这个地址对象提供了三种方式来调用其他合约：

- ❑ call——执行其他合约的代码；
- ❑ delegatecall——执行其他合约的代码，但是使用调用合约的存储；
- ❑ callcode——放弃。

delegatecall 方法是 callcode 方法的修正版；callcode 并不保存 msg.sender 和 msg.value，所以 callcode 已经过时并且以后会被移除。

4.4.1 函数调用

合约在调用其他合约时是通过消息调用实现的。每次一个合约调用另一个合约的函数，会产生一个消息调用（message call）。每个调用有发送者（a sender），接收者（a recipient），数据（a payload），传输的 ether 数量（a value），以及燃料的数量。

可以用如下方式给 call 调用提供燃料和 ether：

```
someAddress.call.gas(1000000).value(1 ether)("register","MyName");
```

其中，gas 是为执行调用将付的燃料费；address 是被调用的合约地址；value 是发送的 ether，以 wei 为单位；data 是要发送的负载。注意：value 和 gas 可选。

每个合约都可以确定一个调用用到的燃料数量。在可能发生燃料耗尽异常的情况下，为了防止安全问题，至少 1/64 的发送者剩余的燃料会被保留。这个设计允许发送者来处理内部调用的燃料耗尽异常错误，能够来停止代码的执行，不会因为燃料耗尽异常导致无法停止，而将异常向上传递。下面是 Caller 合约：

```
contract Implementation {
  event ImplementationLog(uint256 gas);
    function() public payable {
    emit ImplementationLog(gasleft());
    assert(false);
  }
}
contract Caller {
  event CallerLog(uint256 gas);
  Implementation public implementation;
  function Caller() public {
    implementation = new Implementation();
  }
  function () public payable {
    emit CallerLog(gasleft());
    implementation.call.gas(gasleft()).value(msg.value)(msg.data);
    emit CallerLog(gasleft());
  }
}
```

Caller 合约只有一个 fallback 函数，它将收到的每一个调用都转向到一个 Implementation 的实例。这个实例只是为每个调用运行一次 assert（false）语句，而这最终会导致燃料耗尽。所以，设计思想是记录在 Caller 之前和将调用传到 Implementation 之后的燃料。下面打开一个 truffle console：

```
truffle(develop) > compile
truffle(develop) > Caller.new().then(i = > caller = i)
truffle(develop) > opts = {gas:4600000}
truffle(develop) > caller.sendTransaction(opts).then(r = > result = r)
truffle(develop) > logs = result.receipt.logs
truffle(develop) > parseInt(logs[0].data)//4578955
truffle(develop) > parseInt(logs[1].data)//71495
```

可以看出，71495 大致是 4578955 的 1/64。上面的示例很清楚地演示了如何处理 inner 调用引发的 out-of-gas（OOG）异常。

Solidity 还提供下面的指令（opcode），允许用内联汇编来管理调用：

```
call(g,a,v,in,insize,out,outsize)
```

其中，g 是被提供的燃料数量；a 是被调用的地址；v 是被传输的以 wei 来计数的 ether 数量；in 表明了从内存位置开始的 insize 字节，被用来存储 call data；out 和 outsize 用来表明返回数据在内存的起始地址和大小。唯一的差别就是 opcode 允许处理返回的数据。不管它返回失败与否，函数只会返回 1 或者 0 。

必须注意，delegatecall 可能会给调用合约带来安全风险，因为被调用的合约能够访问/操纵调用合约的存储。由于 EVM 的限制，call 和 delegatecall 都不能接受返回值。

4.4.2 依赖注入

另外一种合约间的调用方法是使用依赖注入（dependency-injection）的方法。使用这种方法，调用者可以实例化一个他想调用的合约并且获得想调用函数的类型签名，获得被调用函数的返回值。下面是一个演示函数调用和依赖注入技术的例子。源程序可以参见本书 2.2.2 节里的 Caller 合约和 Callee 合约。

（1）Callee 合约

这个简单的合约带有一组整数，提供 getter/setter 方法来向整数数组里追加/获取值，它还定义了 getValues 方法，该方法有一个输入并返回一个输出，演示如何返回值和参数如何工作。

（2）Caller 合约

在程序的底部，可以看到 Callee 接口，具有和 Callee 合约一样的函数签名。这个 interface 也可以定义在一个单独的 .sol 文件并导入（imported），这样就会很干净地分离接口和实现。合约提供了三个函数，都接受 address 参数，这代表已经部署的 Callee 合约地址。首先用一个地址初始化合约，一段时间以后再修改地址是可能的。现实中的应用是给目标合约升级（Upgradable Contract）。

4.4.3 消息调用

EVM 支持一种特殊的消息调用 delegatecall。Solidity 也提供了一个汇编版本的相应的内置方法。区别在于，相比于低级的调用，被调用的代码是在调用合约的上下文里运行，msg.sender 和 msg.value 并没有随着调用的发生而改变。

下面通过分析 Greeter 合约进一步理解 delegatecall 是如何工作的。

```
contract Greeter {
    event Thanks(address sender,uint256 value);
    function thanks() public payable {
      emit Thanks(msg.sender,msg.value);
    }
}
```

Greeter 合约仅仅定义了一个 thanks 函数，这个函数唯一的功能就是触发 Thanks 事件，并将 msg.value 和 msg.sender 数据传送给事件。下面通过 Truffle 来调用这个方法：

```
truffle(develop) >compile
truffle(develop) >someone =web3.eth.accounts[0]
```

```
truffle(develop)>ETH_2=new web3.BigNumber('2e18')
truffle(develop)>Greeter.new().then(i=>greeter=i)
truffle(develop)>opts={from:someone,value:ETH_2}
truffle(develop)>greeter.thanks(opts).then(tx=>log=tx.logs[0])
truffle(develop)>log.event                          //Thanks
truffle(develop)>log.args.sender===someone          //true
truffle(develop)>log.args.value.eq(ETH_2)           //true
```

Wallet 合约只定义了一个 Fallback 函数，在 Fallback 函数里通过 delegatecall 方法来调用 Greeter 合约里的 Thanks 方法：

```
contract Wallet {
    Greeter internal greeter;
    function Wallet() public {
        greeter=new Greeter();
    }
    function () public payable {
        bytes4 methodId=Greeter(0).thanks.selector;
        require(greeter.delegatecall(methodId));
    }
}
```

下面通过 Truffle 命令进行验证：

```
truffle(develop)>Wallet.new().then(i=>wallet=i)
truffle(develop)>wallet.sendTransaction(opts).then(r=>tx=r)
truffle(develop)>logs=tx.receipt.logs
truffle(develop)>SolidityEvent=require('web3/lib/web3/event.js')
truffle(develop)>Thanks=Object.values(Greeter.events)[0]
truffle(develop)>event=new SolidityEvent(null,Thanks,0)
truffle(develop)>log=event.decode(logs[0])
truffle(develop)>log.event                          //Thanks
truffle(develop)>log.args.sender===someone          //true
truffle(develop)>log.args.value.eq(ETH_2)           //true
```

从上面的例子中可以看到，delegatecall 函数保留了调用合约的 msg.value 和 msg.sender。这意味着一个合约可以在运行时动态地导入另外一个地址的代码。所有的 Storage、当前地址和余额都是属于调用合约的，只有代码来自于被调用的地址。利用这个特点，可以在 Solidity 里实现库包的功能。下面通过 Calculator 合约来演示 delegatecall 的 Storage 的用法。

```
//基类存储合约
contract ResultStorage {
        uint256 public result;
}
//计算器合约,从 ResultStorage 派生
```

```
contract Calculator is ResultStorage {
  Product internal product;//Product 合约对象
  Addition internal addition;//Addition 合约对象
  function Calculator() public {
    product = new Product();
    addition = new Addition();
  }
  //将加法代理到相应的 Addition 合约
  function add(uint256 x) public {
    bytes4 methodId = Addition(0).calculate.selector;
    require(addition.delegatecall(methodId,x));
  }
  //将乘法代理到相应的 Product 合约
  function mul(uint256 x) public {
    bytes4 methodId = Product(0).calculate.selector;
    require(product.delegatecall(methodId,x));
  }
}
//加法合约,由 ResultStorage 派生
contract Addition is ResultStorage {
  function calculate(uint256 x) public returns (uint256) {
    uint256 temp = result + x;
    assert(temp >= result);
    result = temp;
    return result;
  }
}
//乘法合约,由 ResultStorage 派生
contract Product is ResultStorage {
  function calculate(uint256 x) public returns (uint256) {
    if (x == 0) result = 0;
    else {
      uint256 temp = result * x;
      assert(temp/result == x);
      result = temp;
    }
    return result;
  }
}
```

Calculator 合约有两个函数：add 和 product。Calculator 合约自己并不能实现做加法或者做乘法，它仅仅是一个代理，只能把加法或乘法请求转到 Addition 和 Product 合约。但是，所有的合约都共享同样的状态变量来保存每次计算的结果。通过 Truffle 演示如下：

```
truffle(develop)>Calculator.new().then(i=>calculator=i)
truffle(develop)>calculator.addition().then(a=>additionAddress=a)
truffle(develop)>addition=Addition.at(additionAddress)
truffle(develop)>calculator.product().then(a=>productAddress=a)
truffle(develop)>product=Product.at(productAddress)
truffle(develop)>calculator.add(5)
truffle(develop)>calculator.result().then(r=>r.toString())  //5
truffle(develop)>addition.result().then(r=>r.toString())    //0
truffle(develop)>product.result().then(r=>r.toString())     //0
truffle(develop)>calculator.mul(2)
truffle(develop)>calculator.result().then(r=>r.toString())  //10
truffle(develop)>addition.result().then(r=>r.toString())    //0
truffle(develop)>product.result().then(r=>r.toString())     //0
```

以上结果表明，使用 Delegatecall 实际上是在使用 Calculator 合约的 storage。真正执行代码存储在 Addition 和 Product 合约。

下面是汇编版的 delegatecall：

```
contract Implementation{
  event ImplementationLog(uint256 gas);
  function() public payable {
    emit ImplementationLog(gasleft());
    assert(false);
  }
}
//代理合约
contract Delegator {
  event DelegatorLog(uint256 gas);
  Implementation public implementation;

  //构造函数,保存 Implementation 合约对象
  function Delegator() public {
    implementation=new Implementation();
  }
function () public payable {
    emit DelegatorLog(gasleft());
    address_impl=implementation;
  assembly {
```

```
        let ptr: =mload(0x40)  //获取内存空闲指针
        calldatacopy(ptr,0,calldatasize)//把 calldata 复制到内存空闲指针处
        //通过 delegatecall 来调用_impl 地址上的合约
        let result: =delegatecall(gas,_impl,ptr,calldatasize,0,0)
        }

        emit DelegatorLog(gasleft());
    }
}
```

可以使用内联汇编来实现 delegatecall。需要强调的是，delegatecall 是从现在调用的合约发出，而不是被调用合约。被调用的代码可以读写调用合约的 Storage。

4.4.4 获取合约间调用的返回值

本节讨论在合约间调用方法时，如何获取被调用方法的返回值。假设已经部署了一个很简单的 Deployed 合约，这个合约唯一的函数允许用户来设定/修改合约里的一个成员变量：

```
pragma solidity ^0.4.18;
contract Deployed {
    uint public a =1;

    function setA(uint _a) public returns (uint) {
        a = _a;
        return a;
    }
}
```

同时，部署另一个 Existing 合约，来修改 Deployed 合约里的变量 a：

```
pragma solidity ^0.4.18;
contract Deployed {
    function setA(uint) public returns (uint) {}
    function a() public pure returns (uint) {}
}
contract Existing{
    Deployed dc;
    function Existing(address _t) public {
        dc = Deployed(_t);
    }
    function getA() public view returns (uint result) {
        return dc.a();
    }
    function setA(uint _val) public returns (uint result) {
```

```
        dc.setA(_val);
        return_val;
    }
}
```

这里不需要实现 Deployed 合约的所有的功能，只需要它的函数签名。这是 ABI 接口规范要求的。在 Existing 合约初始化时，就获取并保存了 Deployed 合约的地址，后续在Existing 合约里对 Deployed 访问时有 setA 和 getA 两个函数。这很容易理解而且也被推荐使用。但是，如果没有 Deployed 合约的 ABI，是否还能调用 Deployed 合约里的 setA 函数呢？答案是肯定的。

```
pragma solidity ^0.4.18;
contract ExistingWithoutABI  {
    address dc;
    function ExistingWithoutABI(address_t) public {
        dc = _t;
    }
    function setA_Signature(uint_val) public returns(bool success){
        require(dc.call(bytes4(keccak256("setA(uint256)")),_val));
        return true;
    }
}
```

函数签名的长度是 4B，生成规则如下：

```
bytes4(keccak256("setA(uint256)"))
```

在 Call 方法里调用 setA 方法时，可以传给它一个值。但是，因为 Call（以及 delegatecall）方法仅仅是传送值给合约地址而无法获取返回值，因此无法知道 setA 函数是否正确地完成了工作，除非去检查 Delegate 合约。可以使用 Solidity 的汇编代码来获取 setA 的返回值：

```
pragma solidity ^0.4.18;
contract ExistingWithoutABI  {
    address dc;
    function ExistingWithoutABI(address_t) public {
        dc = _t;
    }
    function setA_ASM(uint_val) public returns (uint answer) {
        //生成函数签名
        bytes4 sig = bytes4(keccak256("setA(uint256)"));
        assembly {
            //获得空闲内存指针
            let ptr: = mload(0x40)
            //把函数签名放到空闲内存指针处
            mstore(ptr,sig)
```

```
            //把函数的参数值放到函数签名后
            mstore(add(ptr,0x04),_val)
            //调用 call 指令
            let result: =call(
              15000,//燃料上限
              sload(dc_slot),  //调用的合约地址
              0,//不发送任何 ether
              ptr,//输入在 ptr
              0x24,//输入是 36B=4B 的函数签名 + 32B 的参数
              ptr,//函数输出放到 ptr
              0x20)//函数返回值是 32B 长
            if eq(result,0) {
                revert(0,0)
            }
            answer: =mload(ptr)//把内存空闲指针的内容放到 answer
            mstore(0x40,add(ptr,0x24))//修改内存空闲指针
        }
    }
}
```

Solidity 的内联汇编代码用 assembly 关键字标明，并包含在 {}。可以在 0x40 处获得空闲内存指针，然后把函数签名及其参数放到空闲内存指针处。函数签名是 4B（0x04），参数是 32B。

然后调用 call 指令，返回值放在空闲内存指针处。这里是一个 Boolean，有可能是 1 或者 0。如果返回值为 0，交易就要回退。可以在内存空闲指针处获得返回值。

4.5 基础算法

合约里也需要用到一些传统的算法，如排序（冒泡排序、二分排序等），树（默克尔树），图等。由于合约里的某些操作需要耗费燃料，所以传统的算法在合约里的实现必须要考虑消耗燃料的问题，具体的实现和传统的 Java、C++、Python 实现不同。

下面总结了需要和不需要消耗燃料的合约操作。

不需要耗费燃料的操作：

```
-读取状态变量
-读取 <address>.balance 或者 this.balance
-读取块的成员变量 tx,或者 sg
-调用任何标明为 Pure 的函数
-使用"read" opcodes 的内联汇编
```

所有改变状态的操作都需要耗费燃料：

```
-发送 ethers
```

```
-创建 contracts
-改变 state/状态 riables
-发送事件
-调用任何没有标明为 pure 或者 view 的函数
-调用 selfdestruct
-使用低级调用/low-level calls
-使用"write" opcodes 的内联汇编
```

在算法实现时必须考虑到耗费的燃料。下面以快速排序法为例来说明不同算法的考虑。首先，快速排序是一种常用的排序算法，它接受的输入是一个数组，然后通过某种规则（下面伪代码的 partition 函数，可以随机，也可以取中间数）在数组中选择一个翻转元素（Pivot），数组中比它小的都交换到该元素的左边，比它大的都交换到该元素的右边。然后递归执行该元素左边的数组和该元素右边的数组，直到数组只有一个元素或者为空。其逻辑可以参看下面的伪代码[24]：

```
/* low  -->数组的开始位置,  high  -->数组的结束位置 */
quickSort(arr[],low,high)
{
    if (low<high)
    {
        /* pi 是当前的分区位置,arr[pi]当前被归为右边的数组 */
        pi =partition(arr,low,high);

        quickSort(arr,low,pi -1);  //pi 以前的元素数组
        quickSort(arr,pi +1,high);//pi 以后的元素数组
    }
}
```

快速排序的示例如图 4.2 所示。

我们捕捉到了关键字“交换”。在传统的计算机语言中，交换两个数组元素很容易。最常用的方法是声明一个暂存变量（如下面的 temp），代码如下：

```
if (arr[j] <=pivot) {
    i++;
    //交换 arr[i]和 arr[j]
    int temp =arr[i];
    arr[i] =arr[j];
    arr[j] =temp;
}
```

因为创建 temp 变量也需要燃料，考虑到在 Solidity 中燃料的因素，所以，必须另外考虑如何在 Solidity 里以最小代价实现数组元素交换（swap）的功能。这里只介绍一个简单的解决办法：异或交换算法。上面的 arr［i］和 arr［j］元素的交换就变成：

```
//Solidity (XOR swap)
```

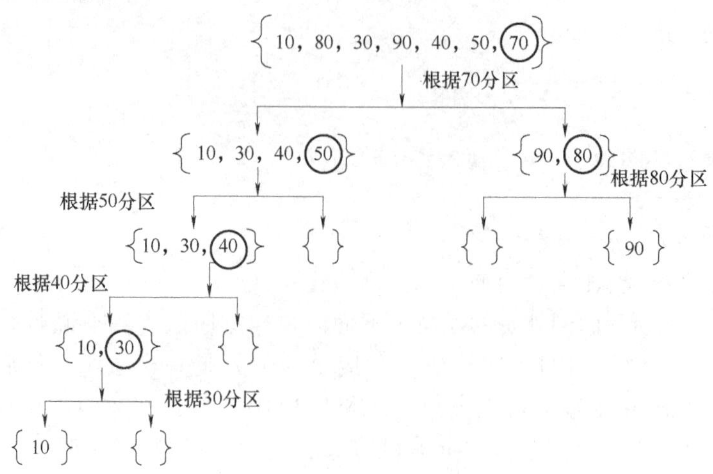

图 4.2 快速排序示例

```
arr[uint(i)] ^=arr[uint(j)];
arr[uint(j)] ^=arr[uint(i)];
arr[uint(i)] ^=arr[uint(j)];
```

上面的快速排序的伪代码还可以继续改进。在 Solidity 中方法调用也要耗费燃料。所以可以把 Partition 函数的内容直接复制到 Sort 函数里的调用 Partition 函数的位置，这样就不需要再调用 Partition 函数了，从而可以省去调用方法的燃料费用。上面的程序还有很多可以优化的地方，如如何去除强制类型转换，省去多余的 if 条件判断等。

下面是一个比较干净的快速排序的代码：

```
pragma solidity ^0.4.18;
contract QuickSort {
    function sort(uint[] data) public constant returns(uint[]) {
        quickSort(data,int(0),int(data.length -1));//递归调用
        return data;
    }
    function quickSort(uint[] memory arr,int left,int right) internal{
        int i =left;
        int j =right;
        if(i = =j) return;
        uint pivot =arr[uint(left + (right -left)/2)];//选择 Pivot 点
        while (i < =j) {
            while (arr[uint(i)] <pivot) i + +;
            while (pivot <arr[uint(j)]) j--;
            if (i < =j) {
                (arr[uint(i)],arr[uint(j)]) = (arr[uint(j)],arr[uint(i)]);
                i + +;
                j--;
```

```
            }
        }
        if (left < j)
            quickSort(arr,left,j);//左半部份递归调用
        if (i < right)
            quickSort(arr,i,right);//右半部份递归调用
    }
}
```

4.6　用 Go 与合约交互

上述都是利用 Remix、JavaScript 或者 Truffle 框架来部署和调试智能合约。利用框架的好处是快速、有效率，但也有可能会忽略很多细节。大部分程序员喜欢手工地走一遍过程，以便弄清楚其中的原理和细节。下面用程序来部署一个合约，基于 solc + Go[25]。

4.6.1　创建项目

下面将开发并部署一个简单的 Inbox 合约。首先设置项目的目录结构和文件结构：

```
#Navigate to your Go src directory. Mine looks like:
#$GOPATH/src/github.com/gosample
$cd $GOPATH/src/github.com/gosample
$mkdir -p inbox/contracts
$touch contracts/inbox_test.go fetch.go update.go deploy.go
$tree inbox/
inbox/
├── contracts
│    └── inbox_test.go
├── deploy.go
├── fetch.go
└── update.go
```

项目根目录是 inbox。在根目录下，创建了一个名为 contracts 的目录。该目录下存放着所有的 Solidity 代码，包括 inbox_test.go 文件（用来测试的文件），以及三个 Go 文件：deploy.go，fetch.go 和 update.go. 下面用这些文件来部署合约以太坊交互。

4.6.2　创建一个简单的以太坊合约

下面编写 Solidity 合约代码。在 inbox/contracts 目录下，创建一个名为 Inbox.sol 的文件：

```
$ tree inbox/
inbox/
└── contracts
        └── Inbox.sol
```

下面是 inbox. sol 文件里的源代码：

```
pragma solidity ^0.4.17;
contract Inbox {
    string public message;
    //构造函数
    function Inbox(string initialMessage) public {
        message = initialMessage;
    }
//setter 函数
    function setMessage(string newMessage) public {
        message = newMessage;
    }
}
```

Inbox 合约很直接，它有一个 public 的数据变量：message；合约还定义了一个 public 的函数 setMessage ，用来设置 message 变量的值。

4.6.3 用 Go 访问以太坊合约

下面需要在 Go 应用程序里访问和部署合约到以太坊上，并且要能够和部署的合约进行交互。Geth 提供了一个相当简单的代码生成工具，能够把一个 Solidity 的合约转换成一个类型安全的 Go 包。可以直接导入到我们的 Go 应用并被使用。工具的名字是 abigen，到 inbox/contracts 目录下，执行：

```
$ abigen -sol inbox.sol -pkg contracts -out inbox.go
$ tree inbox
inbox
└─── contracts
        ├── Inbox.sol
        └── inbox.go
```

上面的命令为 inbox. sol 自动生成 inbox. go 文件。inbox. go 文件包含 inbox 智能合约的链接。下面可以开始测试。

4.6.4 本地测试

在部署合约之前，首先需要确定它在本地工作正常。Geth 提供了一个有用的工具来模拟区块链。下面演示如何使用这个工具。

```
package contracts
import (
    "testing"
    "github.com/ethereum/go-ethereum/accounts/abi/bind/backends"
    "github.com/ethereum/go-ethereum/accounts/abi/bind"
```

```
        "github.com/ethereum/go-ethereum/crypto"
        "github.com/ethereum/go-ethereum/core"
        "math/big"
    )
    //Test inbox contract gets deployed correctly
    func TestDeployInbox(t *testing.T) {
        //Setup simulated block chain
        key,_:=crypto.GenerateKey()
        auth:=bind.NewKeyedTransactor(key)
        alloc:=make(core.GenesisAlloc)
        alloc[auth.From]=core.GenesisAccount{Balance:big.NewInt(1000000000)}
        blockchain:=backends.NewSimulatedBackend(alloc)
        //Deploy contract
        address,_,_,err:=DeployInbox(
            auth,
            blockchain,
            "Hello World",
    )
    //commit all pending transactions
    blockchain.Commit()
    if err != nil {
            t.Fatalf("Failed to deploy the Inbox contract:%v",err)
    }
    if len(address.Bytes()) ==0 {
             t.Error("Expected a valid deployment address. Received empty
address byte array instead")
            }
    }
```

TestDeployInbox 方法首先调用 crypto.GenerateKey 来生成一个私钥。这个私钥被用作交易签名函数，用来在模拟区块链上授权交易。通过调用 bind.NewKeyedTransactor 来创建签名函数和地址，然后用这个地址创建创世块，包含一个有一些初始余额的账户。该操作通过 make（core.GenesisAlloc 和 core.GenesisAccount）实现。最后，开始挖矿，显示提交所有待处理的交易，并验证 Inbox 合约被部署到了一个合法的地址。

进到 inbox\contracts 目录，执行 go test 命令，确认部署测试通过与否：

```
$ go test -v
===RUN   TestDeployInbox
---PASS:TestDeployInbox (0.01s)
PASS
ok github.com/sabbas/inbox/contracts 0.042s
```

下面测试已部署的合约是否包含正确的初始化消息：

```
package contracts
import (
	"testing"
	"github.com/ethereum/go-ethereum/accounts/abi/bind/backends"
	"github.com/ethereum/go-ethereum/accounts/abi/bind"
	"github.com/ethereum/go-ethereum/crypto"
	"github.com/ethereum/go-ethereum/core"
	"math/big"
)
//Test initial message gets set up correctly
func TestGetMessage(t * testing.T) {
	//Setup simulated block chain
	key,_: =crypto.GenerateKey()
	auth: =bind.NewKeyedTransactor(key)
	alloc: =make(core.GenesisAlloc)
	alloc[auth.From] = core.GenesisAccount{Balance:big.NewInt
(1000000000)}
	blockchain: =backends.NewSimulatedBackend(alloc)
	//Deploy contract
	_,_,contract,_: =DeployInbox(
		auth,
		blockchain,
		"Hello World",
	)
	//commit all pending transactions
	blockchain.Commit()
	if got,_: =contract.Message(nil); got ! ="Hello World" {
		t.Errorf("Expected message to be:Hello World. Go:%s",got)
	}
}
```

与上述 TestDeployInbox 函数类似，TestGetMessage 函数首先设置模拟区块链，然后调用 DeployInbox 函数，该函数从 Inbox 合约里自动生成。DeployInbox 函数返回一个指向已部署的 Inbox 合约的实例的指针，使用这个指针和已部署的 Inbox 合约进行交互。在测试案例里，需要查询和验证在合约实例里的初始化消息。

在 inbox \ contracts 目录下并执行 go test，确认测试案例都已通过。

```
$ go test -v
= = =RUN TestDeployInbox
---PASS:TestDeployInbox (0.01s)
```

```
=== RUN TestGetMessage
--- PASS:TestGetMessage (0.00s)
PASS
ok github.com/sabbas/inbox/contracts 0.045s
```

最后，测试和更改已部署的合约里的 message 值。

```
package contracts
import (
        "testing"
        "github.com/ethereum/go-ethereum/accounts/abi/bind/backends"
        "github.com/ethereum/go-ethereum/accounts/abi/bind"
        "github.com/ethereum/go-ethereum/crypto"
        "github.com/ethereum/go-ethereum/core"
        "math/big"
)
//Test message gets updated correctly
func TestSetMessage(t *testing.T) {
        //Setup simulated blockchain
        key,_:=crypto.GenerateKey()
        auth:=bind.NewKeyedTransactor(key)
        alloc:=make(core.GenesisAlloc)
        alloc[auth.From] = core.GenesisAccount{Balance:big.NewInt
(1000000000)}
        blockchain:=backends.NewSimulatedBackend(alloc)
        //Deploy contract
        _,_,contract,_:=DeployInbox(
                auth,
                blockchain,
                "Hello World",
        )
        //commit all pending transactions
        blockchain.Commit()
        contract.SetMessage(&bind.TransactOpts{
                From:auth.From,
                Signer:auth.Signer,
                Value:nil,
        },"Hello from Mars")
        blockchain.Commit()
        if got,_:=contract.Message(nil); got != "Hello from Mars" {
                t.Errorf("Expected message to be:Hello World. Go:%s",got)
```

```
        }
    }
```

TestSetMessage 函数开始是一些建立本地模拟区块链的模板代码，然后是 DeployInbox 函数返回已部署 Inbox 合约的实例。在 TestSetMessage 函数里，可以使用合约指针调用 SetMessage 函数来修改消息里的属性。这实际上产生了一个全新的交易。最后，传递一个 TransactOpts 结构的指针，结构内包含交易授权数据。因为在 SetMessage 调用中没有涉及资金，所以把 TransactOpts 里的 Value 属性设为 nil.

在 inbox \ contracts 目录下并执行 go test ，确认测试案例都已通过。

```
$ go test -v
= = =RUN TestDeployInbox
---PASS:TestDeployInbox (0.01s)
= = =RUN TestGetMessage
---PASS:TestGetMessage (0.00s)
= = =RUN TestSetMessage
---PASS:TestSetMessage (0.01s)
PASS
ok github.com/sabbas/inbox/contracts 0.051s
```

当合约通过了本地测试，就可以准备将合约部署到以太坊公链上了。此时需要用 MetaMask 来创建一个新的账户，并向这个账户转入一些钱。

4.6.5 连接到一个以太坊节点

需要运行 geth 并在 Rinkeby 测试网络上管理以太坊节点。这是一个资源和时间密集的需求，如 geth 对计算资源，如 CPU、网络、硬盘等的要求很高。较好的解决办法是连接到一个第三方的提供者，如 Infura。可以免费获得一个 infura 的账号，一旦注册完成，infura 就会把连接到运行在不同运行环境里的节点。

Rinkeby 测试网络的 URL 镜像：

https://rinkeby.infura.io/fYE8qC0WiMx4ZAX4Voff。

4.6.6 为账户创建加密的 JSON 钥匙

为了部署和在公共以太坊网络上的合约进行交互，如 Rinkeby 测试网络，需要为 MetaMask 账户生成加密的 JSON 密钥。使用该账户来部署合约 Inbox 合约进行交互，可以在 MetaMask 里单击“export private key”来导出私钥到一个文件，然后再导入 geth：

```
geth account import path/to/private/key/file
```

上述命令会生成一个加密的 JSON 密钥。下面会用到它来部署合约进行交互。

4.6.7 最后验证

首先来看 deploy.go 文件：

```
package main
import (
```

```
        "github.com/ethereum/go-ethereum/ethclient"
        "log"
        "github.com/sabbas/inbox/contracts"
        "github.com/ethereum/go-ethereum/accounts/abi/bind"
        "strings"
        "fmt"
        "os"
)
//这里放 JSON 密钥文件
const key = 'paste the contents of your JSON key file here'
func main() {
        //连接到 Infura 上运行的以太坊节点
        blockchain, err := ethclient.Dial("https://rinkeby.infura.io/fYe8qCnWi6TXZAXOVof9")
        if err != nil {
                log.Fatalf("Unable to connect to network:%v\n", err)
        }
        //获取部署合约的账户信息,需要提供密钥文件的密码
        auth, err := bind.NewTransactor(strings.NewReader(key), "passphrase associated with your JSON key file")
        if err != nil {
                log.Fatalf("Failed to create authorized transactor:%v", err)
        }
        //获取已部署的合约地址
        address, _, _, _ := contracts.DeployInbox(
                auth,
                blockchain,
                "Hello World",
        )
        fmt.Printf("Contract pending deploy:0x%x\n", address)
}
```

使用 ethclient.Dial 方法通过 Infura 来和 Rinkeby 测试网络的以太坊节点进行连接。然后，使用 bind.NewTransactor 方法从密钥文件创建一个授权的交易者，可以使用 geth account list 命令来找到 JSON 密钥文件的位置。通过 geth account import 命令来生成与之相连的密码。最后，如果顺利的话，打印部署合约的地址。

```
$ go run deploy.go
Contract pending deploy:0x491c7fd67ac1f0afeceae79447cd98d2a0e6a9ff
```

合约被挖矿打包需要一点时间。可以通过下面的区块链浏览器来检查交易状态：

https://rinkeby. etherscan. io/address/ [contract address]。

一旦部署的交易被挖矿打包上链，就可以使用已部署的 Inbox 合约地址与合约交互。例如，可以用下面的 fetch. go 代码来获取初始化的消息：

```
package main
import (
        "github.com/ethereum/go-ethereum/ethclient"
        "log"
        "github.com/sabbas/inbox/contracts"
        "fmt"
        "github.com/ethereum/go-ethereum/common"
)
func main(){
        //connect to an ethereum node  hosted by infura
        blockchain,err: = ethclient.Dial("https://rinkeby.infura.io/
fYe8qCnWiM9gh&ZAXOVoff")
        if err ! =nil {
                log.Fatalf("Unable to connect to network:%v\n",err)
        }
        //创建一个 Inbox 合约的实例,连接到一个已部署的合约
    contract,err: = contracts.NewInbox(common.HexToAddress("0x491c7fd67a
c1f0afeceae79447cd98d2a0e6a9ff"),blockchain)
        if err ! =nil {
                log.Fatalf("Unable to bind to deployed instance of con-
tract:%v\n")
        }
        fmt.Println(contract.Message(nil))
}
```

从上面的代码可以看出，使用 ethclient. Dial 方法通过 Infura URL 来连接 Rinkeby 测试网上的以太坊节点。然后，使用自动生成的 NewInbox 方法把一个 Inbox 的实例附着到特定地址上的已部署 Inbox 合约。最后，访问实例的 Message 属性并打印“Hello World”。

```
$ go run interact.go
Hello World<nil>
```

下面修改已部署 Inbox 合约的 Message 属性，首先把代码放到 update. go 文件：

```
package main
import (
        "github.com/ethereum/go-ethereum/ethclient"
        "log"
        "github.com/sabbas/inbox/contracts"
        "github.com/ethereum/go-ethereum/accounts/abi/bind"
```

```
        "strings"
        "fmt"
        "os"
)
const key = 'paste the contents of your JSON key file here'
func main(){
        //connect to an ethereum node hosted by infura
        blockchain,err: = ethclient.Dial("https://rinkeby.infura.io/
fYe8qCnWi6TXZAXOVof9")
        if err ! =nil {
                log.Fatalf("Unable to connect to network:%v\n",err)
        }
        //Get credentials for the account to charge for contract deployments
        auth,err: = bind.NewTransactor(strings.NewReader(key),"pass-
phrase associated with your JSON key file")
        if err!=nil {
                log.Fatalf("Failed to create authorized transactor:%v",
err)
        }
contract,err: = contracts.NewInbox(common.HexToAddress("0x491c7fd67a
c1f0afeceae79447cd98d2a0e6a9ff"),blockchain)
        if err!=nil {
                log.Fatalf("Unable to bind to deployed instance of con-
tract:%v\n")
        }
        contract.SetMessage(&bind.TransactOpts{
                From:auth.From,
                Signer:auth.Signer,
                Value:nil,
        },"Hello World")
}
```

上述用 SetMessage 函数来修改 Inbox 合约并生成一个交易。把一个指向 TransactOpts 的结构传入函数，结构中包含交易的授权数据。当交易被挖矿打包上链后，就可以用上述方法/程序来获取修改过的 Message 属性。

第 5 章 ABI 接口

Solidity 智能合约的开发工作一旦完成，编译正确，下面交由 EVM 来执行。对于 EVM 而言，交易的输入数据（calldata）只是一个字节序列，如何解释这个字节序列？如果 EVM 上的所有语言都同意用相同的方法来解释输入的数据，那么它们就很容易互相进行交互。这就是为什么以太坊有合约二进制接口规范（Application Binary Interface，ABI）。ABI 是以太坊指定的一个通用的数据交换格式，就像 Protocol Buffer。ABI 适用于外部调用和合约间的交互。

5.1 内存结构

合约执行时内存的结构如下：

```
0x00 ~ 0x3f:为哈希方法而保留空间
0x40 ~ 0x5f:当前分配的内存大小(如内存空闲指针)
0x60 ~ 0x7f:初始值为 0 的存储槽
```

5.2 函数选择子

Calldata 的前 4 个字节是函数选择子（Function Selector），参数的数据将从第五个字节开始。函数选择子的产生方式为：

```
bytes4(keccak256("函数名(函数参数)"))
```

例如，对于下面的函数：

```
function add(uint256_a,uint256_b) public view returns (uint256 result)
```

函数选择子为：

```
bytes4(keccak256("add(uint256,uint256)"))
```

5.3 类型的定义

以下来自 Solidity 的官方文档。Solidity 定义了下列类型，见表 5-1[26]。

表 5-1　Solidity 类型定义列表

函数名	解　　释	举　　例
uint < M >	M bits 的无符号整数类型，0 < M < =256，M%8 = =0	uint32，uint8，uint256
int < M >	Mbits 采用补码编码的有符号的整型类型，0 < M < =256，M%8 = =0	Int8，int256
Address	等同于 uint160	
uint，int	等同于 uint256，int256 类型	
bool	等同于 uint8，取值只能是 0 或者 1	
fixed < M > x < N >	Mbits 有符号定点浮点数，8 < =M < =256，M%8 = =0，0 < N < =80，v as v/ (10 * * N)	fixed128x18
ufixed < M > x < N >	fixed < M > x < N > 的无符号变种	ufixed128x18
fixed，ufixed	等同于 fixed128x18，ufixed128x18	
bytes < M >	M bytes 的二进制类型，0 < M < =32	
function	Address + 函数选择子（4B），编码等同于 bytes24	
< type > [M] 定长数组	M 个指定类型元素的定长数组，M > =0	
bytes	动态的字节序列	
string	动态长度的 UTF-8 编码的 unicode 字符串	
< type > [ ]	动态长度的指定类型的元素数组	
(T1，T2，…，Tn)	由类型 T1，…，Tn 组成的元组，n > =0 元组可以嵌套，可以有元组数组，甚至 0 元组	

不固定的类型包括下列类型：

- bytes;
- string;
- T [ ]，T 可以是任意类型；
- T [k]，任意的动态 T 和 k > =0 的情况；
- (T1，…，Tk)，Ti 是动态类型且 1 < =i < =k。

所有其他类型则称为固定大小的类型。

5.4　EVM 里的数据表示

要了解 Solidity 里的数据类型在 EVM 里的表示方法，首先需要了解数据的存储方式，以及相应的汇编实现，以便更好地理解 Solidity 的工作方式以及预估燃料费用。如：

- sstore 会耗费 20000Gas，大概是基本算数指令的 5000 倍；
- sload 会耗费 200Gas，大概是基本算数操作的 100 倍。

每个合约的 Storage 槽有 2^{256}，或者说≈10^{77}。为了说明这个数有多大，参照可知世界里的微观粒子数大约是 10^{80}。

5.4.1 固定长度数据类型的表示

本节讨论 Solidity 里固定长度的数据类型，包括基本类型、结构、固定长度的数组等。

1. 零值

请看下面的示例：

```
pragma solidity ^0.4.24;
contractvartest {
    uint256 a;
    uint256 b;
    uint256 c;
    function C() {
      c =0x519bef;
    }
}
```

一个存储变量的声明不需要任何成本，因为没有初始化的必要（也就是没有赋值）。Solidity 为存储变量保留了位置，但只有当数据存储进去的时候才需要进行付费。所以，对于上面的示例，由于没有用到 a 和 b，所以 a 和 b 不需要燃料，只需要为存储 0x2（变量 c）进行付费。

2. 结构体的表示

下面是一个复杂数据类型，一个拥有 3 个域的结构体：

```
pragma solidity ^0.4.24;
contract C {
    struct objstruct{
        uint256 a;
        uint256 b;
        uint256 c;
    }
    objstruct t;
    function C() {
        t.c =0x519bef;
    }
}
```

与上节一样，t.a 存储在 Storage 0x0 的位置，但由于没有赋值，所以没有任何费用，只需要为写入 t.c 付费。

3. 固定长度数组

下面是一个关于定长数组的示例：

```
pragma solidity ^0.4.24;
contract arraytest{
    uint256[3] numbers;
```

```
    function C() {
        numbers[2]=0x519bef;
    }
}
```

对于定长数组，规则同前两节。虽然声明了 6 个元素的数组，但只需要为第三个元素的写入付费。

5.4.2　动态长度数据类型的表示

Solidity 提供了一些随着数据的增加可以进行动态扩展的动态类型。动态类型的三大类包括：

- ❑ 映射（Mappings）：mapping（bytes32 = >uint256），mapping（address = >string）等；
- ❑ 数组（Arrays）：[ ] uint256，[ ] byte 等；
- ❑ 字节数组（Byte arrays）：只有两种类型：string；bytes。

1. 映射（Mapping）

映射也被称作字典。下面是一个关于 Mapping 的示例，将值 0x3f 存入到 Mapping，其键值为 0x5f0f9b3e。

```
pragma solidity ^0.4.24;
contract mappingtest {
    mapping(uint256 = >uint256) mapitems;
    constructor()  public {
      mapitems[0x5f0f9b3e]=0x3f;
    }
}
```

下面的汇编代码是从 Solmap 反编译而来。也可以从 Remix 获得：

```
20 {0x60} [c30] PUSH1 0x3f (dec 63)
21 {0x7f} [c32] PUSH32 0xc9d1063eb535bdb1d90a915b0e1c2b6e558bf2e7fd
754dd7e8fe6a4c4d94e3ce (dec 9.128419670285364e+76)
22 {0x55} [c65] SSTORE
```

SSTORE 命令就是在 Storage 地址为 0xc9d1063eb535bdb1d90a915b0e1c2b6e558bf2e7fd754dd7e8fe6a4c4d94e3ce 处存入 0x3f。那么 0xc9d1063eb535bdb1d90a915b0e1c2b6e558bf2e7fd754dd7e8fe6a4c4d94e3ce 是怎么得来的呢？

Map 地址的计算方式：

```
keccak256(bytes32(key)+bytes32(position))
```

在 python 的控制台里验证。先输入两个辅助函数：

```
>>>def bytes32(i):
...     return binascii.unhexlify('%064x'%i)
...
>>>def keccak256(x):
...     return sha3.keccak_256(x).hexdigest()
```

然后，输入上面的计算公式，填入相应的参数，结果如图 5.1 所示。

```
>>> keccak256(bytes32(0x5f0f9b3e) + bytes32(0))
'c9d1063eb535bdb1d90a915b0e1c2b6e558bf2e7fd754dd7e8fe6a4c4d
94e3ce'
```

图 5.1　生成函数签名结果图

这就是上面的 Map 键值为 0x5f 0f 9b3e 的存储地址（“0xc9d106…e3ce”）。0x5f 0f 9b3e 是键值，0 是 mapitems 在 storage 里的槽号（Slot Number）。上例中，Mapping 是将 uint256 映射到 uint256，但如果 mapping 里的值比较大的话，会发生什么情况呢？下面的示例是将 uint256 映射到结构体，结构体本身的大小超过 32B：

```
pragma solidity ^0.4.24;
contract mappingbig {
    mapping(uint256 = >Tuple) maptuples;
    struct Tuple {
        uint256 a;
        uint256 b;
        uint256 c;
    }
    constructor () public {
        maptuples[0x1].a =0x1A;
        maptuples[0x1].b =0x1B;
        maptuples[0x1].c =0x1C;
    }
}
```

Solmap 里相关的反汇编源代码为：

```
20 {0x60} [c27] PUSH1 0x1a (dec 26)
21 {0x7f} [c29] PUSH32 0xada5013122d395ba3c54772283fb069b10426056ef
8ca54750cb9bb552a59e7d (dec 7.854166079704491e +76)
22 {0x55} [c62] SSTORE
23 {0x60}[c63] PUSH1 0x1b (dec 27)
24 {0x7f} [c65] PUSH32 0xada5013122d395ba3c54772283fb069b10426056ef
8ca54750cb9bb552a59e7e (dec 7.854166079704491e +76)
25 {0x55} [c98] SSTORE
26 {0x60} [c99] PUSH1 0x1c (dec 28)
27 {0x7f} [c101] PUSH32 0xada5013122d395ba3c54772283fb069b10426056ef
8ca54750cb9bb552a59e7f (dec 7.854166079704491e +76)
28 {0x55} [c134] SSTORE
```

0xada5013122d395ba3c54772283fb069b10426056ef8ca54750cb9bb552a59e7d 通过下面的计算得到（在 Python Console 里验证）。公式相同，只是参数不同而已。

```
>>>keccak256(bytes32(0x1)+bytes32(0))
'ada5013122d395ba3c54772283fb069b10426056ef8ca54750cb9bb552a59e7d'
```

可以看到，当 mapping 里的值大于 32B，需要的存储空间按 32B 依次增加，且编译器不会优化打包。

```
maptuples[0x1].a=0x1a:
0xada5013122d395ba3c54772283fb069b10426056ef8ca54750cb9bb552a59e7d
0x1a
maptuples[0x1].b=0x1b:
0xada5013122d395ba3c54772283fb069b10426056ef8ca54750cb9bb552a59e7e
0x1b
maptuples[0x1].c=0x1c:
0xada5013122d395ba3c54772283fb069b10426056ef8ca54750cb9bb552a59e7f
0x1c
```

2. 动态数组

在 Solidity 里，数组是映射的升级，且使用数组要比使用 Mapping 昂贵。数组里面的元素会按照顺序排列在存储器中：

```
0x3ddf...e001
0x3ddf...e002
0x3ddf...e003
0x3ddf...e004
```

对存储槽的每次访问实际上就像数据库中的 key-value 查找一样。访问一个数组的元素跟访问一个映射的元素区别不大，体现在于数组访问更严格、更复杂。

- 数组长度；
- 数组边界检查；
- 比映射更加复杂的存储打包行为；
- 当数组变小时，如何清除未使用的存储槽；
- bytes 和 string 的特殊优化。

请看下面的示例：

```
pragma solidity ^0.4.24;
contract arraytest {
    uint256[] array1;
    constructor () public {
        array1.push(0xAA);
        array1.push(0xBB);
        array1.push(0xCC);
    }
}
```

在 Remix 运行后，Storage 里的变量结构：

```
key: 0x0000000000000000000000000000000000000000000000000000000000000000
value: 0x0000000000000000000000000000000000000000000000000000000000000003
key: 0x290decd9548b62a8d60345a988386fc84ba6bc95484008f6362f93160ef3e563
value: 0x00000000000000000000000000000000000000000000000000000000000000aa
key: 0x290decd9548b62a8d60345a988386fc84ba6bc95484008f6362f93160ef3e564
value: 0x00000000000000000000000000000000000000000000000000000000000000bb
key: 0x290decd9548b62a8d60345a988386fc84ba6bc95484008f6362f93160ef3e565
value: 0x00000000000000000000000000000000000000000000000000000000000000cc
```

在 Storage 位置 0 的地方存储的是数组长度 3。具体元素的存储地址可以参照上面的映射计算公式。

```
>>>keccak256(bytes32(0))
'290decd9548b62a8d60345a988386fc84ba6bc95484008f6362f93160ef3e563'
```

数组元素都会被对齐到 32B。如果数组元素不足 32B，Solidity 编译器会自动将数组元素压缩存储，这样可以减少 SSTORE 指令的调用次数，从而减少燃料费用。

对于字节数组，有两种情况：

- 如果字节数组长度小于 31B，这种情况下只占用 1 个存储槽，其他和字符串数组一样。
- 如果字节数组长度大于等于 31B，字节数组就跟 [ ] byte 一样。数组元素的地址计算方式同字符串和映射。

5.5 编码

Calldata 是一个字节序列，解析这个字节序列需要用到应用二进制接口（ABI），因为所有的 Calldata 都遵循 ABI 接口规范。本节对固定长度的数据类型、动态长度的数据类型结合外部方法调用进行详细解释。

5.5.1 简单的例子

请看下面的代码。这个合约有一个对变量 obj 的 getter 和 setter 函数：

```
pragma solidity ^0.4.24;
contract example {
    uint256 obj;
    functionsetObj(uint256 para) public{
        obj =para;
    }
    function getObj() public returns(uint256)  {
        return obj;
    }
}
```

这个合约部署在 Rinkeby 测试网上。可以随意使用 Etherscan，并搜索地址 0x6f7cf32ceeb1285b3de93c21f5d229a9680145b9 进行查看。创建一个可以调用 setObj（100）的交易，可以在地址 0xd5d0f93b3d4d127ea423c66f72d09c693823e5bab20411588123ca13851e08dc 上查看该交易。

交易的输出数据为：

```
0x5f0f9b3e000000000000000000000000000000000000000000000000000000064
```

对于 EVM 而言，这只是一个 36B 的元数据。它对元数据不会进行处理，会直接将元数据作为 calldata 传递给智能合约。如果智能合约是个 Solidity 程序，那么它会将这些输入字节解释为方法调用，并为 setObj（100）执行适当的汇编代码。

输入数据可以分成两个子部分：

方法选择器（4B）

```
0x5f0f9b3e
```

第一个参数（32B）

```
0000000000000000000000000000000000000000000000000000000000000064
```

前 4 个字节是方法选择器，剩下的输入数据是方法的参数，为 32B 的块。在上例中，只有一个参数，值是 0x64（十进制 100）。方法选择器是方法签名的 kecccak256 哈希值，方法签名是 setObj（uint256），也就是方法名称和参数的类型。上述一共 36B 的原始数据将作为 calldata 被传送给合约。

5.5.2　外部调用例子

合约外部数据通过 Calldata 传入。Calldata 只是一个字节序列，EVM 没有调用解析 Calldata 的方法。可以用 5.5.1 节中简单的合约例子来解析。下面进行编译：

```
solc --bin --asm --optimizeexample.sol
```

合约体的汇编代码在 sub_ 0 下：

```
sub_0:assembly {
... */  /* "example.sol":26:196  contract example {
    mstore(0x40,0x80)
    jumpi(tag_1,lt(calldatasize,0x4))//如果 calldatasize 小于 4B,就回退
    and(div(calldataload(0x0),0x1000000000000000000000000000000000
00000000000000000000000),0xffffffff)
    0x5f0f9b3e
    dup2
    eq
    tag_2
    jumpi
    dup1
    0xeb9ee256
    eq
    tag_3
    jumpi
    tag_1:
    0x0
```

```
        dup1
        revert
    …
    auxdata:
0xa165627a7a72305820f7b5c295ee9b5e1280498c5294ed8dda9ab726ad61
de70eac0149177ceb805210029
```

需要说明的是：

- mstore（0x40，0x60）内存前 64 个字节是系统保留来做 sha3 哈希运算，是 EVM 的保留区域；
- auxdata 用来验证发布的源码与部署的字节代码一致。

将汇编代码分成两部分：

1）根据函数选择子，调到相应的方法。

2）导入函数参数，执行方法并且从方法体返回。

首先，下面的代码用来进行函数选择子的匹配。

```
        //引入前 4 个字节的函数选择子
        and(div(calldataload(0x0),0x10000000000000000000000000000000000
0000000000000000000000),0xffffffff)
        //如果函数选择子是'0x5f0f9b3e',就跳到 setObj 函数
    0x5f0f9b3e
    dup2
    eq    //如果函数选择子等于 0x5f0f9b3e(setObj),则跳到 Tag_2,否则,执行 Tag_1
    tag_2
    jumpi
        //没有找到相应的函数,回退并返回
    tag_1:
      0x0
      dup1
      revert
        //setObj 函数体
    tag_2:
      ⋮
```

上面的代码很直观，就是取前 4 个字节作为函数选择子。为了更清晰地解释，下面用汇编语言伪代码来说明：

```
    methodSelector = calldata[0:4]
    if methodSelector = = "0x5f0f9b3e":
        goto tag_2//跳到 setObj
    else:
        //如果没有找到匹配的函数选择子,则失败回退
        revert
```

函数体代码：

```
//setObj
tag_2:
//Where to goto after method call
tag_3
    //导入第一个参数 (the value 0x64).
    calldataload(0x4)
    //执行方法
    jump(tag_4)
tag_4:
    0x0
    dup2
    swap1
    sstore
tag_5:
    pop
    jump
tag_3:
  //end of program
  stop
```

在进入函数体之前，EVM 要做下面两件事：

1）保留方法返回的返回地址。

2）把 Calldata 里的参数放到栈上。

下面用低级的伪代码来示意：

```
@returnTo = tag_3
tag_2://setObj
    //把 calldata 里的参数放到栈上
    @arg1 = calldata[4:4 +32]
tag_4://obj = para
    sstore(0x0,@arg1)
tag_5//return
    jump(@returnTo)
tag_3:
    stop
```

将两部分结合在一起，下面是整体逻辑的伪代码示意：

```
methodSelector = calldata[0:4]
if methodSelector = = "0x5f0f9b3e":
    goto tag_2//goto setObj
else:
```

```
    //没有找到匹配的方法,失败回退
    revert
@returnTo=tag_3
tag_2://setObj(uint256 para)
    @arg1=calldata[4:36]
tag_4://obj=para
    sstore(0x0,@arg1)
tag_5//return
    jump(@returnTo)
tag_3:
    stop
```

5.5.3 外部方法调用的 ABI 编码

使用 Pyethereum 作为研究工具。访问 https://github.com/ethereum/pyethereum 下载 Pyethereum，安装请参照 2.2.2 节，这里不再赘述。下面利用 Pyethereum 的库来演示和验证。

首先进入 Python3，然后导入 Pyethereum 的库：

```
gavin@gavin-VirtualBox:~/pyethereum$python3
Python 3.6.7 (default,Oct 22 2018,11:32:17)
[GCC 8.2.0] on linux
Type "help","copyright","credits" or "license" for more information.
>>>from ethereum.utils import sha3;
>>>sha3("setObj(uint256)").hex()
'5f0f9b3e66505667ec37d5a76816853fd768a083935a34a68c6bf88a744457d9'
```

1. 固定大小的数据类型

对于固定大小的数据类型，如 uint256：

```
>>>from ethereum.abi import encode_abi;
>>>encode_abi(["uint256","uint256","uint256"],[1,2,3]).hex()
'0000000000000000000000000000000000000000000000000000000000000001
00000000000000000000000000000000000000000000000000000000000000020000
000000000000000000000000000000000000000000000000000000000003'
```

为了便于理解，将上面的输出做格式调整：

```
0000000000000000000000000000000000000000000000000000000000000001
0000000000000000000000000000000000000000000000000000000000000002
0000000000000000000000000000000000000000000000000000000000000003
```

上面 3 个数据类型都是 uint256，下面演示不同类型的固定长度数据类型：

```
>>>encode_abi(["int8","uint32","uint64"],[1,2,3]).hex()
'0000000000000000000000000000000000000000000000000000000000000001
0000000000000000000000000000000000000000000000000000000000000002
```

```
0000000000000000000000000000000000000000000000000000000000000003'
```

注意：上面 int8、uint32 等不足 256bit 的数据类型，都将被自动对齐成为 32B（256bit）的存储方式。对于固定大小的数组：

```
>>>encode_abi(
...    ["int8[3]","int256[3]"],
...    [[1,2,3],[4,5,6]]
... ).hex()
'0000000000000000000000000000000000000000000000000000000000000001
0000000000000000000000000000000000000000000000000000000000000002
0000000000000000000000000000000000000000000000000000000000000003
0000000000000000000000000000000000000000000000000000000000000004
0000000000000000000000000000000000000000000000000000000000000005
0000000000000000000000000000000000000000000000000000000000000006'
```

为便于查看，调整输出数据的格式：

```
0000000000000000000000000000000000000000000000000000000000000001
0000000000000000000000000000000000000000000000000000000000000002
0000000000000000000000000000000000000000000000000000000000000003
0000000000000000000000000000000000000000000000000000000000000004
0000000000000000000000000000000000000000000000000000000000000005
0000000000000000000000000000000000000000000000000000000000000006
```

2. 动态的数据类型

对于动态的数据类型，ABI 采用头-尾（head-tail）模型，即动态的元素被放在 calldata 的尾部，而参数是在 calldata 里的引用，指向动态元素的开始。

```
>>>encode_abi(
...   ["uint256[]","uint256[]","uint256[]"],
...   [[0xd1,0xd2,0xd3],[0xe1,0xe2,0xe3],[0xf1,0xf2,0xf3]]
... ).hex()
'0000000000000000000000000000000000000000000000000000000000000006
000000000000000000000000000000000000000000000000000000000000000e
0000000000000000000000000000000000000000000000000000000000000016
0000000000000000000000000000000000000000000000000000000000000003
00000000000000000000000000000000000000000000000000000000000000d1
00000000000000000000000000000000000000000000000000000000000000d2
00000000000000000000000000000000000000000000000000000000000000d3
0000000000000000000000000000000000000000000000000000000000000003
00000000000000000000000000000000000000000000000000000000000000e1
00000000000000000000000000000000000000000000000000000000000000e2
00000000000000000000000000000000000000000000000000000000000000e3
0000000000000000000000000000000000000000000000000000000000000003
```

```
00000000000000000000000000000000000000000000000000000000000000f1
00000000000000000000000000000000000000000000000000000000000000f2
00000000000000000000000000000000000000000000000000000000000000f3'
```

上面的二进制表示比较杂乱，整理如下：

```
/*************HEAD/头部 (32*3 bytes)*************/
//arg1:数组数据在 0x60
0000000000000000000000000000000000000000000000000000000000000060
//arg2:数组数据在 0xe0
00000000000000000000000000000000000000000000000000000000000000e0
//arg3:数组数据在 0x160
0000000000000000000000000000000000000000000000000000000000000160
/*************TAIL/尾部 (128**3 bytes)*************/
//在 0x60 位置存储的是 arg1 的数据。除了数组元素以外,还有数组长度
0000000000000000000000000000000000000000000000000000000000000003
00000000000000000000000000000000000000000000000000000000000000d1
00000000000000000000000000000000000000000000000000000000000000d2
00000000000000000000000000000000000000000000000000000000000000d3
//在 0x60 位置存储的是 arg2 的数据
0000000000000000000000000000000000000000000000000000000000000003
00000000000000000000000000000000000000000000000000000000000000e1
00000000000000000000000000000000000000000000000000000000000000e2
00000000000000000000000000000000000000000000000000000000000000e3
//在 0x60 位置存储的是 arg3 的数据
0000000000000000000000000000000000000000000000000000000000000003
00000000000000000000000000000000000000000000000000000000000000f1
00000000000000000000000000000000000000000000000000000000000000f2
00000000000000000000000000000000000000000000000000000000000000f3
```

下面是固定大小类型和动态类型混用的情况，如：{staitic，dynamic，static}。此处假设数据为 {0xdddd，数组，0xeeee。

```
/*************HEAD (32*3 bytes)*************/
//arg1:0xdddd
000000000000000000000000000000000000000000000000000000000000dddd
//arg2:数组数据在地址 0x60
0000000000000000000000000000000000000000000000000000000000000060
//arg3:0xeeee
000000000000000000000000000000000000000000000000000000000000eeee
/*************TAIL (128 bytes)*************/
//地址/位置 0x60,arg2 数组数据在地址 0x60 处
0000000000000000000000000000000000000000000000000000000000000003
00000000000000000000000000000000000000000000000000000000000000f1
```

```
00000000000000000000000000000000000000000000000000000000000000f2
00000000000000000000000000000000000000000000000000000000000000f3
```

对于字符串/String 和字节数组，也采用 head- tail 编码模型：

```
//arg1:字符串数据在地址 0x60
0000000000000000000000000000000000000000000000000000000000000060
//arg2:字符串数据在地址 0xa0
00000000000000000000000000000000000000000000000000000000000000a0
//arg3:字符串数据在地址 0xe0
00000000000000000000000000000000000000000000000000000000000000e0
//0x60 (96),arg1 数据所在的位置
0000000000000000000000000000000000000000000000000000000000000004
6161616100000000000000000000000000000000000000000000000000000000
//0xa0 (160),arg2 数据所在的位置
0000000000000000000000000000000000000000000000000000000000000004
6262626200000000000000000000000000000000000000000000000000000000
//0xe0 (224),arg3 数据所在的位置
0000000000000000000000000000000000000000000000000000000000000004
6363636300000000000000000000000000000000000000000000000000000000
```

如果字符串长度大于 32B：

```
//arg1 指示数组数据开始于 0x20 处
0000000000000000000000000000000000000000000000000000000000000020
//字符串的长度是 0x30 (48)
0000000000000000000000000000000000000000000000000000000000000030
6161616161616161616161616161616161616161616161616161616161616161
6161616161616161616161616161616100000000000000000000000000000000
```

嵌套数据的编码：

```
//arg1:外层数组地址在 0x20
0000000000000000000000000000000000000000000000000000000000000020
//0x20,每个元素是内部嵌套数组的地址
0000000000000000000000000000000000000000000000000000000000000003
0000000000000000000000000000000000000000000000000000000000000060
00000000000000000000000000000000000000000000000000000000000000e0
0000000000000000000000000000000000000000000000000000000000000160
//array[0] at 0x60
0000000000000000000000000000000000000000000000000000000000000003
00000000000000000000000000000000000000000000000000000000000000a1
00000000000000000000000000000000000000000000000000000000000000a2
00000000000000000000000000000000000000000000000000000000000000a3
//array[1] at 0xe0
```

```
0000000000000000000000000000000000000000000000000000000000000003
00000000000000000000000000000000000000000000000000000000000000b1
00000000000000000000000000000000000000000000000000000000000000b2
00000000000000000000000000000000000000000000000000000000000000b3
//array[2] at 0x160
0000000000000000000000000000000000000000000000000000000000000003
00000000000000000000000000000000000000000000000000000000000000c1
00000000000000000000000000000000000000000000000000000000000000c2
00000000000000000000000000000000000000000000000000000000000000c3
```

在 EVM 中采用 2 的补码来表示负数，所以 -1 在 EVM 里可表示为

```
0xffffffffffffffffffffffffffffffffffffffffffffffffffffffffffffffff
```

5.6 基于 ABI 的编程

打开任何一个编辑器，创建一个名为 MyToken.sol 的文件，把合约代码（参考 4.3.1 节）粘贴进去，然后打开一个命令窗口，运行命令：

```
solcjs MyToken.sol --bin
```

编译成功后，会产生一个 MyToken_sol_MyToken.bin 文件。这个文件是生成的合约的字节代码（bytecode）。下面用 solc 来创建 ABI，生成的文件是一个用来接口的合约模板（包含合约可用方法的数据）。可用下面的命令来生成 ABI 接口文件：

```
solcjs MyToken.sol --abi
```

然后，可以看到一个新的文件 MyToken_sol_MyToken.abi。这个文件是 JSON 格式，定义了合约的接口。最后，对合约进行部署。假设在本地已经有 testrpc/Ganache 在运行，监听端口 8545：

```
//instance web3
Web3 = require('web3')
provider = new Web3.providers.HttpProvider("http://localhost:8545")
web3 = new Web3(provider)
```

Web3 可以解析合约的 ABI 并提供了 API 和它进行交互。接着，需要合约的字节代码来部署合约到 testrpc：

```
//读入文件
myTokenABIFile = fs.readFileSync('MyToken_sol_MyToken.abi')
myTokenABI = JSON.parse(myTokenABIFile.toString())
myTokenBINFile = fs.readFileSync('MyToken_sol_MyToken.bin')
myTokenByteCode = myTokenBINFile.toString()
//部署
account = web3.eth.accounts[0]
MyTokenContract = web3.eth.contract(myTokenABI)
contractData = {data:myTokenByteCode, from:account, gas:999999}
```

```
deployedContract = MyTokenContract.new(contractData)
```

最后，可以通过调用 deployedContract. address 来检查部署好的合约。保存好合约地址以备后面程序用到。Solidity 自动将每个定义好的状态（state）变量映射到存储槽。映射方式很简单：静态大小的变量（除了 mappings 和动态数组的所有类型）被映射到地址 0 开始的连续存储槽；对于动态数组，存储槽会存储数组的长度，而其数据会被存储到 keccak256（p）的存储槽；对于 mappings，这个存储槽将不会被使用，相对于键 K 的值会被存储到 keccak256（k，p）存储槽。注意：keccak256（k，p）总会被对齐到32B。

第 6 章 智能合约运行原理

本章讨论一些 Solidity 智能合约编程的高级问题。包括：

- 设计模式；
- 如何省燃料；
- Solidity 内联汇编；
- Solidity 智能合约的运行原理。

只有深入了解上述问题，才能在以太坊上快速、有效、比较节省地编写 Solidity 智能合约。同时对 Solidity 智能合约的安全漏洞和安全编程也会有更深刻的理解。掌握了 Solidity 汇编语言，也可以实现一些 Solidity 并没有内置提供的功能。

6.1 设计模式

在编写大型程序系统时，为了保证程序的可读性、可维护性，在传统语言编程里引入了设计模式（Design Pattern），如：

- Creational Patterns（创建型模式），如 Singleton，Factory，AbstractFactory 模式等；
- Behavioral Pattern（行为模式），如 Observer，Vistor，Mediator 模式等；
- Structural Pattern（结构型模式），如 Bridge，Composite，Facade 模式等。

随着 Solidity 大量的去中心化应用的普及，也初步形成了一些被业内公认的设计模式。本节讨论一些比较成熟的设计模式。

6.1.1 合约自毁

合约自毁（Contract Self Destruction）模式用来终止一个合约，将合约从区块链上永远地移除。在现实世界里有这样的应用场景，如一个定时的合约，或者在满足预先设置的条件后自毁合约。一个现实的例子就是贷款合约。如果贷款还完了，就需要销毁合约。再比如招投标，在招标期间结束以后，合约也需要被销毁。合约销毁后：

1）和合约相关的交易（Transaction）会失败。

2）送给被销毁合约的资金将丢失。

所以，必须删除所有的指向被销毁合约的引用，同时在发送资金时，先调用 Get（）确定合约存在再发送。

```
contract SelfDesctructionContract{
  public address owner;
  public string someValue;

  modifier ownerRestricted{
      require(owner==msg.sender);
    _;
  }
//构造函数
function SelfDesctructionContract(){
  owner=msg.sender;
}
//简单的 setter 函数
function setSomeValue(string value){
  someValue=value;
}
//使用 ownerRestricted 修饰符来限定只有合约的所有者才能调用该函数
function destroyContract()ownerRestricted{
  suicide(owner);
}
}
```

在上面的代码示例中，destroyContract（）负责销毁合约。使用 ownerRestricted 修饰符，可确保只有合约的所有者才能销毁合约。

6.1.2　工厂合约模式

工厂合约模式（Factory Contract）用来创建和部署子合约，这些子合约可以看作资产，如一栋房子或者一辆自行车。工厂模式会存储所有的子合约地址，方便必要时检索。一个通用的案例就是买卖资产以及追踪资产产权变换。在出售资产的时候，必须给函数加上 payable 修饰符。

```
contract AutoShop{
  address[]autoAssets;
  function createChildContract(string brand,string model)public  payable{
    //增加检查:ether 是否足够支付 car…
    address newAutoAsset=new AutoAsset(brand,model,msg.sender);
    autoAssets.push(newAutoAsset);
  }
function getDeployedChildContracts()public view returns(address[]){
    return autoAssets;
  }
```

```
}
contract AutoAsset{
string public brand;
  string public model;
  address public owner;
function AutoAsset(string_brand,string_model,address_owner)public
{
    brand = _brand;
    model = _model;
    owner = _owner;
  }
}
```

Address newCarAsset = new CarAsset（..）触发了一个交易，将子合约部署到区块链并返回合约地址。同时将合约地址存储到数组 address [ ] carAssets 中。

6.1.3 名字登录

假设程序员在为某网站编写 DApp，编写的工厂合约如 ClothesFactoryContract、Games-FactoryContract、BooksFactoryContract 等，并在 DApp 里记录下了这些工厂合约的地址。如果这些合约经常变化，必须追踪这些合约。在这种情况下，就可以使用名字登录模式（Name Registry），存储合约名到合约地址的映射，同时提供根据合约名来查找合约地址的功能。甚至还可以追踪版本。

```
contract NameRegistry{
    struct ContractDetails{
      address owner;
      address contractAddress;
      uint16 version;
    }
    mapping(string => ContractDetails) registry;
    function registerName(string name,address addr,uint16 ver)returns(bool){
    //版本号从 1 开始
    require(ver >=1);

    ContractDetails memory info = registry[name];
    require(info.owner == msg.sender);
    //创建记录如果在当前的 registry 不存在的话
    if(info.contractAddress == address(0)){
        info = ContractDetails({
          owner:msg.sender,
          contractAddress:addr,
```

```
            version:ver
        });
    }else{
        info.version=ver;
        info.contractAddress=addr;
    }
    //修改 registry 里的记录
    registry[name]=info;
    return true;
    }
    function getContractDetails(string name)constant returns(address,uint16){
    return(registry[name].contractAddress,registry[name].version);
  }
}
```

通过 getContractDetails（name）获得合约地址和指定版本的合约。

6.1.4　映射迭代

Solidity 里的 mapping 不支持遍历，所以如果需要遍历 mapping 结构，可使用 Mapping 迭代。不过，因为在以太坊上 Storage 和遍历都是需要花钱的，而且随着 mapping 的增长而增长，所以尽量避免使用遍历功能。

```
contract MappingIterator{
    mapping(string=>address)elements;
    string[]keys;
    function put(string key,address addr)returns(bool){
    bool exists=elements[key]!=address(0)
    if(!exists){
        keys.push(key);
    }
    elements[key]=addr;
    return true;
  }
    function getKeyCount()constant returns(uint){
      return keys.length;
    }
    function getElementAtIndex(uint index)returns(address){
        return elements[keys[index]];
    }
    function getElement(string name)returns(address){
        return elements[name];
```

```
    }
}
```

6.1.5 撤出模式

在售卖商品时，完全有可能因售出商品质量不合格或者其他原因商品被退回，因此必须给买家退钱。通常，在合约里记录追踪了所有的买家，可以写一个 refund 函数，遍历所有的买家，从而找到要退钱的那些买家，把钱退回到那些买家的地址上。也可以使用 buyerAddress. transfer ( ) 或者 buyerAddress. send ( )。区别在于：transfer ( ) 在发生错误的情况下会发生异常，而 send ( ) 不抛出异常，只是返回值设置为 False。send ( ) 的这个特性很重要，因为大部分买家是外部账户，但也有些买家可能是合约账户。如果合约账户的程序员在写 Fallback 函数时出错，并抛出了一个异常，遍历将会被终止。交易被完全回退，而没有买家会拿到退钱。换句话，要退钱的买家被阻塞了。

使用 send ( ) 要比向外界公开 withdrawFunds ( ) 函数更好、更安全。因而，错误的合约账户不会阻塞其他买家获得退钱。

```
contract WithdrawalContract{
    mapping(address => uint)buyers;
    function buy()payable{
        require(msg.value >0);
        buyers[msg.sender] =msg.value;
    }
        function withdraw(){
        uint amount =buyers[msg.sender];
        require(amount >0);
        buyers[msg.sender] =0;
        require(msg.sender.send(amount));
    }
}
```

6.2 省燃料

以太坊是一台世界计算机。任何使用计算机资源的操作都必须付燃料费用。下面的网站可以用来计算燃料：

- EthGasStation——估计交易费用和时间的网站。网址：https://ethgasstation.info/。
- Petrometer——计算特定账户每天所花费的燃料。网址：https://github.com/makerdao/petrometer。
- CryptoProf——智能合约燃料消耗测量工具。网址：https://github.com/doc-ai/cryptoprof。

Web3 的库包里有函数 web3.eth.estimateGas：

```
web3.eth.estimateGas(callObject [,callback])
```

estimateGas 在该节点的 VM 上执行一个消息调用或者交易，但是并不广播打包上链（这意味着没有必要在网络里所有节点同步，所以不用付钱）。然后返回所需的燃料数量。参数是 web3. eth. sendTransaction 类型，其他参数都是可选。返回值是模拟调用/交易所花掉的燃料。下面是一个调用的示例：

```
var result = web3.eth.estimateGas({
    to:"0xc4abd0339eb8d57087278718986382264244252f",
    data:"0xc6888fa10000000000000000000000000000000000000000000000000000000000000003"
});
console.log(result);
//"0x0000000000000000000000000000000000000000000000000000000000000015"
```

6.2.1　注意数据类型

在智能合约开发中，考虑到以太坊 EVM 的特性，最好使用 256bit 的变量，如 uint256 和 bytes32。每个存储槽有 256bit。因此，如果只存储一个 uint8 变量，EVM 必须因为 256bit 对齐的原因而补 0，这需要燃料。另外，EVM 的计算必须基于 uint256，如果使用非 uint256 变量，必须先将非 uint256 类型转换成 uint256 类型再进行计算。注意：为了填满整个存储槽，必须合理设计变量的大小（请参考 6.2.3 节）。

6.2.2　以字节编码的形式存储值

相对经济的存储和读取信息的方法是直接将信息包含在智能合约中，作为字节编码。缺点是一旦部署，其值将不能再改变；优点是花费在引导/存储数据上的燃料的消耗被大大降低。字节编码存储有两种可能的实现方法：

- ❑ 变量声明的时候使用 constant 变量；
- ❑ 固定编码/Hardcode 变量。

```
uint256 public v1;
uint256 public constant v2;
function calculate() returns (uint256 result) {
    return v1 * v2 * 10000
}
```

在上面的例子中，变量 v1 在合约的存储领域，而变量 v2（constant）以及 10000（已经固定编码）则在合约的字节编码中。读取变量 v1 通过 SLOAD 操作来实现，将要耗费 200 燃料。

6.2.3　利用 SOLC 编译器压缩变量

通过在后台运行 SSTORE 汇编命令，可以实现在区块链上永久存储数据。SSTORE 几乎是最昂贵的命令，大致会消耗 20000 燃料。所以，最好少用 SSTORE 命令。在 structs 中，SSTORE 操作所耗费的燃料的数额可以通过重安排变量来降低：

```
struct Data{
    uint64 a;
```

```
    uint64 b;
    uint128 c;
    uint256 d;
}
Data public data;
constructor(uint64_a,uint64_b,uint128_c,uint256_d)public{
    Data.a = _a;
    Data.b = _b;
    Data.c = _c;
    Data.d = _d;
}
```

struct 里的所有变量可以被放到 256bit 的存储槽里排序，以便 EVM 编译器可以在后面压缩。在上例中，SSTORE 操作被执行了两次，一次用来存储 a、b 和 c（因为 a、b、c 变量的大小是 64 + 64 + 128 = 256bit，正好是一个存储槽的大小），另一次用来存储 d。同样的原理也适用于 struct 以外的变量。上例表明，把多个变量放入同一个存储槽要比补零填充更节省，可利用 SOLC 编译器压缩变量进行优化。

6.2.4 使用汇编代码压缩变量

这个方法使用汇编代码压缩变量以使 SSTORE 操作越少越好。可以手工进行变量压缩。下面的代码演示了如何将 4 个 uint64 变量压缩进一个 256 bit 存储槽。

编码：把 4 个变量合并成 1 个

```
function encode(uint64_a,uint64_b,uint64_c,uint64_d)internal pure
returns(bytes32 x){
    assembly{
        let y: =0
        mstore(0x20,_d)
        mstore(0x18,_c)
        mstore(0x10,_b)
        mstore(0x8,_a)
        x: =mload(0x20)
    }
}
```

在读取变量内容的时候，压缩后的变量需要解码。下面的代码演示了解码逻辑。

解码：分拆一个变量成为最初的形态

```
function decode(bytes32 x)internal pure returns(uint64 a,uint64 b,
uint64 c,uint64 d){
    assembly{
        d: =x
        mstore(0x18,x)
```

```
            a: =mload(0)
            mstore(0x10,x)
            b: =mload(0)
            mstore(0x8,x)
            c: =mload(0)
        }
    }
```

与利用 SOLC 编译器压缩变量相比，使用汇编代码压缩变量更为经济：

❑ 精度：通过这种方法压缩变量，其实是做了一个位压缩操作。

❑ 只读一次：因为变量存储在一个存储槽里，只需要执行一次导入操作就可以获得所有变量的值。

使用汇编代码压缩变量也有缺点。通过阅读代码，会发现使用汇编来编码和解码变量，放弃了程序的可阅读性，可能导致程序很易错。另外，因为必须在每个需要的地方都带上编码和解码函数，大大提高了部署成本。但毫无疑问的是，使用汇编代码压缩变量确实能节省燃料（能被压缩的变量越多，能享受的利益/省钱就越大）。

6.2.5 合并函数参数

类似使用编码和解码函数来优化读取和存储数据的过程，同样的原理可以用来连接一个函数调用的参数从而降低调用数据的负载。尽管这会导致合约的执行成本略微上升，但从总体上看，基础费用会降低还是能省下燃料费用。

下面比较了两个函数调用，一个使用了参数合并而另一个没有，完美地演示了发生在函数执行背后的具体情形。[37]

6.2.6 使用默克尔树证明减少存储成本

默克尔（Merkle）树证据的核心是通过一个少量的数据来证明大量数据的合法性。利用默克尔树带来的好处巨大。例如，假设需要存储一个购买车的交易信息，这些交易信息包含所有的信息——32 个配置信息。而创建 32 个变量，每个变量代表一种配置，这是非常昂贵的。这个时候就需要使用默克尔树。

首先，确认哪些是需要的信息，然后把 32 个属性组在一起。假设找到了 4 个组，每个组包含 8 个配置，则给每个组创建一个组内数据的哈希，然后把它们再组在一起，重复直到只有一个哈希——默克尔树根（hash1234）。图 6.1 显示了一个 Merkle 树的树状图。

将可能使用到的所有的信息都组在一起的原因，是因为每个分支的所有元素都需要验证而且要自动验证。这意味着只需要一个验证过程即可。例如，图 6.2 演示了默克尔树的一个验证过程。

只需要把默克尔树的根上传到链上，通常是一个 256bit 的变量（keccak256）。

```
bytes32 public merkleRoot;


//Let a,...,h be the orange base blocks
function check
```

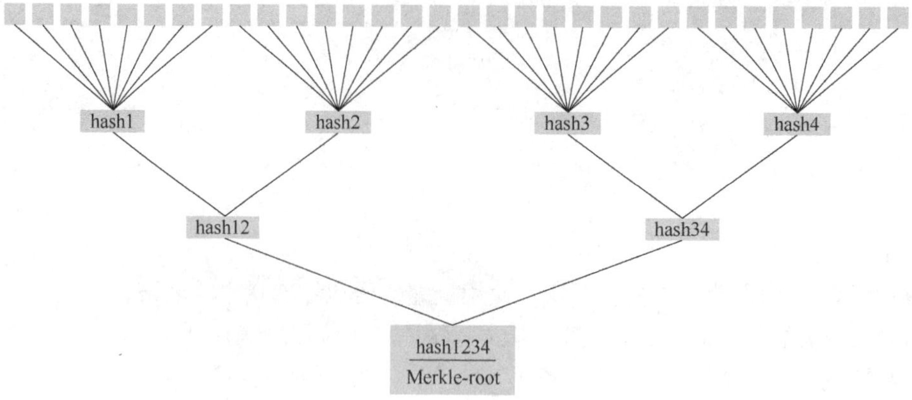

图 6.1　Merkle 树示意图

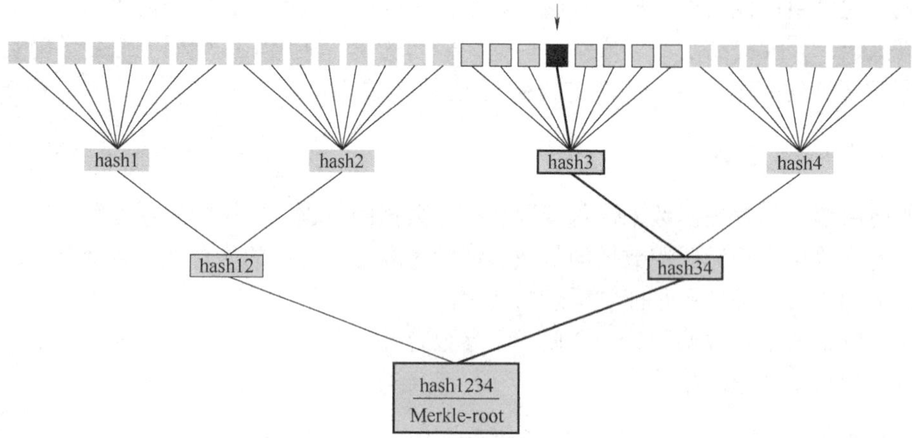

图 6.2　Merkle 树从叶子节点到根节点的验证过程

```
(
    bytes32 hash4,
    bytes32 hash12,
    uint256 a,
    uint32 b,
    bytes32 c,
    string d,
    string e,
    bool f,
    uint256 g,
    uint256 h
)
    public view returns (bool success)
{
```

```
        bytes32 hash3 = keccak256(abi.encodePacked(a,b,c,d,e,f,g,h));
        bytes32 hash34 = keccak256(abi.encodePacked(hash3,hash4));
        require(keccak256(abi.encodePacked(hash12,hash34)) == merkleRo-
ot,"Wrong Element");

        return true;
    }
```

如果一个变量可能被频繁访问或者不时地被修改，那最好用传统的方法来存储这个变量。同时，必须要注意每个分支不要太大，否则有可能超出交易的栈深度。

6.2.7　无状态的合约

交易数据和事件调用都存储在区块链上，因而不用经常地修改合约状态。使用无状态的合约（Stateless Contracts），只需要发送交易的同时发送需要修改的值。因为 SSTORE 操作使用了大部分的交易燃料，与 stateful 合约相比，stateless 合约使用的燃料很少。

把无状态的合约方案应用到上例中。可以发送 1 个或者 2 个交易，取决于是否能够把函数的参数连接在一起，从而实现 32 个配置参数的传送。如果仅仅需要验证外部信息，这个方案是比较合适的，而且可能比默克尔树验证方案还要经济一些。但是另一方面，从合约里访问这些信息基本上是不可能的。

6.2.8　在 IPFS 上存储数据

IPFS 网络是一个去中心化的数据存储，其中的每个文件不是以 URL 来寻址的，而是通过地址的内容的哈希来寻址。其优点在于哈希值的存在，一个哈希值指向一个文件，所以内容不能被篡改。可以通过在 IPFS 网络里广播数据并将相应的哈希值存在合约里[38]。

类似 stateless 合约，这个方法不是使用合约里的数据（可能使用预言机 Oracles）。如果需要存储大量的数据，如视频，存储在 IPFS 上是最好的方法（Swarm，另一个去中心化的存储系统，可能是 IPFS 的替代品）。

综上所述，总结如下：

❑ Merkle-trees/默克尔树：小型到中型数据，数据可以在合约里直接使用，修改数据比较复杂。

❑ Stateless 合约：小型到中型数据，数据不能在合约里直接使用，数据可修改。

❑ IPFS：大型数据，在合约里使用数据很繁琐，修改数据比较复杂。

6.2.9　位压缩

对外部函数的参数进行位压缩会有助于减少燃料成本，这是因为它减少了送往以太坊区块链的输入数据的大小。与此同时，这个方案也需要一些额外的燃料来解压位信息。总体上来说，节省是大于多余的成本的。请看下面的代码片段：

```
pragma solidity^0.4.21;
contract bitCompaction{
  function oldExam(uint64 a,uint64 b,uint64 c,uint64 d)public{
```

```
    }
    function newExam(uint256 packed)public{
    }
}
```

相应的汇编代码显示：oldExam 函数有 4 次'Calldataload'操作，并且每次'Calldataload'操作会触发一个以太坊内存分配操作；而 newExam 函数只有一次操作。注意：汇编代码很大，可以通过执行如下命令生成：

'solc —asm —optimize —optimize-runs 200 bitCompaction. sol'.

下面是生成的汇编代码的片段：

```
oldExam call data:([]uint8)(len=132 cap=132){
00000000  3e f2 62 fd 00 00 00 00  00 00 00 00 00 00 00 00
00000010  00 00 00 00 00 00 00 00  00 00 00 00 00 00 00 00
00000020  00 00 00 01 00 00 00 00  00 00 00 00 00 00 00 00
00000030  00 00 00 00 00 00 00 00  00 00 00 00 00 00 00 00
00000040  00 00 00 01 00 00 00 00  00 00 00 00 00 00 00 00
00000050  00 00 00 00 00 00 00 00  00 00 00 00 00 00 00 00
00000060  00 00 00 01 00 00 00 00  00 00 00 00 00 00 00 00
00000070  00 00 00 00 00 00 00 00  00 00 00 00 00 00 00 00
00000080  00 00 00 01
}
newExam call data:([]uint8)(len=36 cap=36){
00000000  83 ba 6e 5a 00 00 00 00  00 00 00 01 00 00 00 00
00000010  00 00 00 01 00 00 00 00  00 00 00 01 00 00 00 00
00000020  00 00 00 01
}
```

可以看到，oldExam 函数中 uint64 参数首先被转换成 uint256。上面两个函数的燃料成本分别是 22235 Gas 和 21816 Gas，这意味着 newExam 函数节省了 419 Gas 的燃料成本。参数越多，采用位压缩技术会越节省燃料成本。

6.2.10 批处理

批处理（Batching）可以减少燃料成本，因为批处理可以减少通用的数据传输。请看下面的代码片段：

```
Old:func once(uint256 header,uint256 val...)*N    //N 次调用
New:func batch(uint256 header,uint256[]val... *N)//N 个数组元素
```

如果执行 old 函数，执行 n 次会导致执行'header'域 N 次，同时调用函数 N 次。但是，如果用批处理策略，函数只被调用一次，通用的'header'域也仅仅被执行一次。因而，通过减少'CALLDATALOAD'、内存分配和函数调用，批处理能够节省燃料成本。N 越大，采用批处理就可以节省越多燃料。

6.2.11　Storage 结构类型读写分离

对 Storage 的 struct 变量的读写分离可以在很多方面降低燃料成本。请看下面的代码片段：

```
pragma solidity^0.4.21;
contract structWrite{
  struct Object{
    uint64 v1;
    uint64 v2;
    uint64 v3;
    uint64 v4;
  }
  Object obj;
  function StructWrite()public{
    obj.v1 =1;
    obj.v2 =1;
    obj.v3 =1;
    obj.v4 =1;
  }
  function oldExam(uint64 a,uint64 b)public{
    uint a0;uint a1;uint a2;uint a3;uint a4;uint a5;uint a6;
    uint b0;uint b1;uint b2;uint b3;uint b4;uint b5;
    obj.v1 =a +b;
    obj.v2 =a -b;
    obj.v3 =a * b;
    obj.v4 =a/(b +1);
  }
  function setObject(uint64 v1,uint64 v2,uint64 v3,uint64 v4)private{
    obj.v1 =v1;
    obj.v2 =v2;
    obj.v3 =v3;
    obj.v4 =v4;
  }
  function newExam(uint64 a,uint64 b) public{
    uint a0;uint a1;uint a2;uint a3;uint a4;
    uint b0;uint b1;uint b2;uint b3;
    setObject(a +b,a -b,a * b,a/(b +1));
  }
}
```

对于上面的例子，一旦编译的优化开关已经打开，SOLC 将对 Storage 的 struct 变量的写编译成：oldExam 函数对每一个结构体里的域会有一个 SSTORE 操作（SSTORE 是最消耗燃料的操作）。这是因为当前的 SOLC 在没有足够的栈空间的情况下（栈空间仅仅容纳 16 个本地变量）没有优化 SSTORE 操作。但是如果采用读写处理的范式，那么就会有足够的栈空间使当前的编译器能够优化代码，同时只会生成一个 SSTORE 操作。可以通过查看代码编译后的汇编代码来得到验证。上述操作只适合当前的 SOLC 版本，以后可能有变化。上例中，oldExam 和 newExam 的燃料成本分别是 58140 Gas 和 27318 Gas，所以 newExam 节省了 30822 Gas。如果采用读写处理策略，在栈空间不够的情况下，结构体里的域越多，可以节省的燃料成本就越多。

6.2.12 uint256 和直接内存存储

SOLC 的计算单位是 uint256。因此，其他类型（如 uint8）在进行计算时需要先进行类型转换，这会需要额外的燃料成本。另外直接访问内存比直接访问 Storage 会更省燃料，而且比基于结构体的指针访问更省燃料。所以有下面的小技巧：

```
uint8 data;                      =>  uint256 data;
uint256 val = storageData;       =>  uint256 memoryData = storageData;
(N Times)                           uint256 val = memoryData;
uint64 val = obj.v1;             =>  uint64 val = val1;
```

6.2.13 汇编代码优化

在使用 SOLC 编译代码时，一定要打开关于燃料成本的编译开关 SOLC 'optimize—runs'，以便找到最优的可以在 EVM 上运行的汇编代码。

6.3 汇编代码

常用的汇编指令总结见表 6.1。

表 6.1 Solidity 常用汇编指令列表

Operation/操作	燃料	说明
ADD/SUB	3	算数操作
MUL/DIV	5	算数操作
ADDMOD/MULMOD	8	算数操作
AND/OR/XOR	3	位操作
LT/GT/SLT/SGT/EQ	3	比较操作
POP	2	栈操作
PUSH/DUP/SWAP	3	栈操作
MLOAD/MSTORE	3	内存操作
JUMP	8	无条件跳转操作
JUMPI	10	有条件跳转操作

（续）

Operation/操作	燃料	说　明
SLOAD	200	Storage 操作
SSTORE	5000/20000	Storage 操作
BALANCE	400	获得账户余额操作
CREATE	32000	创建新账户操作
CALL	25000	调用操作

6.3.1　栈

EVM 是一个基于栈的机器。不同于 80386 芯片是基于寄存器，EVM 是一个基于虚拟栈的机器。EVM 栈最大 1024，栈里的每个元素是 256bit。EVM 是一个 256bit 的字机器（此处字为 2B），这样的设计有利于 Keccak256 哈希和椭圆曲线计算。为了直接操作栈，EVM 提供了以下的操作指令/opcode：

- ❑ POP 从栈上移除元素/item；
- ❑ PUSHn 把随后的 n B 的元素/item 放入栈，n=1～32；
- ❑ DUPn 复制栈里的第 n 个元素/item，n=1～32；
- ❑ SWAPn 在栈里交换第 1 个和第 n 个元素/item，n=1～32。

6.3.2　调用数据

调用数据（Calldata）是交易或者调用保有的一块只读、字节寻址的空间。与栈访问不同，使用 Calldata 的数据必须指定精确的字节偏移和字节大小。EVM 提供的与 Calldata 相关的 opcodes 有：

- ❑ Calldatasize 返回交易数据的大小；
- ❑ Calldataload 导入 32B 的交易数据放到栈/stack；
- ❑ Calldatacopy 复制一定字节数的交易数据到内存/memory。

Solidity 为上面的指令/opcodes 提供内联的汇编语言 calldatasize、calldataload 和 calldatacopy。Calldatacopy 有 3 个参数（t，f，s），Calldatacopy 会复制在 f 位置的 s 个字节的 calldata 到内存 memory 的 t 位置。同时，Solidity 允许通过 msg. data 访问 Calldata。

下面是 delegatecall 里的 inline 汇编语句：

```
assembly{
    let ptr: =mload(0x40)
    calldatacopy(ptr,0,calldatasize)
    let result: =delegatecall(gas,_impl,ptr,calldatasize,0,0)
}
```

为了代理一个到_impl 地址的调用，必须将 msg. data 发送过去。delegatecall 指令要操作内存数据，需要复制 calldata 到 memory。使用 calldatacopy 来将所有的 calldata 复制到一个内存指针指向的内存地址。

再来看下面的代码：

```
contract Calldata{
    function add(uint256_a,uint256_b)public view
    returns(uint256 result)
    {
      assembly{
        let a:=mload(0x40)
        let b:=add(a,32)
        calldatacopy(a,4,32)
        calldatacopy(b,add(4,32),32)
        result:=add(mload(a),mload(b))
      }
    }
}
```

这个函数的目的就是返回两个数（作为参数）的和。可以看到，把存储在地址 0x40 的空闲的内存指针导入并存储到变量 a，变量 b 是变量 a 的后 32 个字节。然后使用 calldatacopy 把第一个参数存储到 a。注意：函数选择子是 EVM 用来决定调用哪个函数的依据，因为前 4 个字节是函数选择子，所以从 calldata 位移为 4 的位置开始复制。在上例的情况下，是 bytes4（keccak256（"add（uint256，uint256)"））。然后，把第二个参数复制到变量 b。最后计算内存里变量 a 和变量 b 的和。

可以用下面的命令在 truffle console 里进行测试：

```
truffle(develop)>compile
truffle(develop)>Calldata.new().then(i=>calldata=i)
truffle(develop)>calldata.add(1,6).then(r=>r.toString())  //7
```

6.3.3 内存

内存是可变的、可读写的以字节寻址的空间，主要用来存储程序执行时的数据，传递参数给 internal 函数。每个消息 call 开始执行时内存是清空的，所有的地址的值都初始化为 0。作为 calldata，memory 以字节来计算地址，一次只能读 32B 的字。

当在内存中写一个以前没有用到过的字的时候，可以称内存被“扩展”了。在这种情况下，除了写操作本身的成本以外，还有扩展成本。扩展成本对于前 724B 会线性增加，其后会增加 4 倍的成本。

EVM 提供 3 个 opcodes 用来操作 memory：

- MLOAD 从内存导入一个字到栈上；
- MSTORE 保存一个字到内存；
- MSTORE8 保存一个字节到内存；

Solidity 给上述 opcode 提供了内联编译语言：mload，mstore 和 mstore8。

Solidty 在 0x40 的位置保存了一个空闲内存指针，一个指向第一个未使用内存字地址的指针。这就是为什么在内联编译中经常需要导入这个字。内存的前 64 个字节是 EVM 预留，使用空闲内存指针可以保证程序不会覆盖到 Solidity 自己使用的内存。例如，在 delegatecall

的例子中，使用内存空闲指针来存储 calldata，以便后面使用。因为 delegatecall 需要从内存中导入/引出数据。

另外，查看 solidity 编译器产生的字节会发现，它们都以 0x6060604052…开头。下面分析这些字节码的涵义：

```
PUSH1:EVM 指令/opcode 是 0x60
0x60:空闲内存起始地址
PUSH1:EVM 指令/opcode 是 0x60
0x40:空闲内存指针
MSTORE:EVM 指令/opcode 是 0x52
```

用汇编操作内存时必须非常小心，否则可能会覆盖了系统的保留空间。

6.3.4　存储

存储（Storage）是一个持久化的字编址的读写空间，是每个合约存储持久化信息的地方。它是一个 key-value 映射，映射空间是 2^{256} 的槽，每个槽为 32B，所有位置都初始化为 0。

保存数据到 Storage 所需的燃料费用在 EVM 所有的操作里最高。修改一个 Storage 槽从 0 到一个非零值需要 20000 Gas，保存同样的非零值或者设定一个非零值需要 5000 Gas。当把一个非零值设定为 0 时，15000 Gas 将会被返还。

EVM 提供下面两个 opcodes 来操作 Storage：

- SLOAD 从 Storage 里导入一个字 1 到栈上；
- SSTORE 保存一个字到 Storage。

Solidity 的内联编译也支持 opcodes。

Solidity 自动映射每个定义的状态变量到 Storage 中的一个槽。策略非常简单。静态定长的变量（除了 mapping 和动态数组以外）被挑出来，放到 Storage 从 0 开始的连续地址上；对于动态数组，存储槽/slot 存储数组的长度，而数组的数据会存在哈希（keccak256（p），p 是数组元素位置）的地方；对于 mapping 变量，不会用到 slot，而和一个 key k 对应的值存储在 keccak256（k，p）。注意：keccak256（k，p）里的参数都会被对齐成 32B。

请看下面的 Storage 合约：

```
contract Storage{
    uint256 public number;
    address public account;
    uint256[]private array;
    mapping(uint256 =>uint256)private map;

  function Storage()public{
      number =2;
      account =this;
      array.push(10);
      array.push(100);
```

```
        map[1] =9;
        map[2] =10;
    }
}
```

打开一个 truffle console 来测试 Storage 结构。首先，编译合约并且创建一个新的合约：

```
truffle(develop) >compile
truffle(develop) >Storage.new().then(i => storage = i)
```

然后来验证地址 0 存储了一个数 2，地址 1 存储了合约的地址：

```
truffle(develop) >web3.eth.getStorageAt(storage.address,0)   //0x02
truffle(develop) >web3.eth.getStorageAt(storage.address,1)   //0x..
```

在 Storage 位置 2 的地方存储着数组的长度：

```
truffle(develop) >web3.eth.getStorageAt(storage.address,2)   //0x02
```

最后，检查 Storage 位置 3 没有被使用，而且 mapping 的值按上述策略被存储：

```
truffle(develop) >web3.eth.getStorageAt(storage.address,3)
//0x00
truffle(develop) >mapIndex =
'0000000000000000000000000000000000000000000000000000000000000003'
truffle(develop) >firstKey =
'0000000000000000000000000000000000000000000000000000000000000001'
truffle(develop) >firstPosition = web3.sha3(firstKey + mapIndex,{encoding:'hex'})
truffle(develop) >web3.eth.getStorageAt(storage.address,firstPosition)
//0x09
truffle(develop) >secondKey =
'0000000000000000000000000000000000000000000000000000000000000002'
truffle(develop) >secondPosition =web3.sha3(secondKey +mapIndex,{encoding:'hex'})
truffle(develop) > web3.eth.getStorageAt(storage.address, secondPosition)
//0x0A
```

请阅读官方文档了解更多关于状态变量如何映射到 Storage 的细节。

6.4 解构智能合约

下面是一个 ERC20 的 Token 合约的标准实现，以它为例来解构智能合约的实现。这里忽略合约的溢出漏洞，只专注于合约语言、字节编码/bytecode 以及汇编语言的实现。

```
pragma solidity^0.4.24;
contract ERC20TokenContract{
  uint256 _totalSupply;
  mapping(address =>uint256)balances;
```

```
    constructor(uint256_initialSupply)public{
      _totalSupply = _initialSupply;
      balances[msg.sender] = _initialSupply;
    }
    function totalSupply()public view returns(uint256){
      return_totalSupply;
    }
    function transfer(address_to,uint256_value)public returns(bool){
      require(_to! = address(0));
      require(_value <= balances[msg.sender]);
      balances[msg.sender] = balances[msg.sender] - _value;
      balances[_to] = balances[_to] + _value;
      return true;
    }
    function balanceOf(address_owner)public view returns(uint256){
      return balances[_owner];
    }
}
```

把上面的程序复制到 Remix，编译。注意一定要选择编译器版本 0.4.24。输入程序如图 6.3 所示。

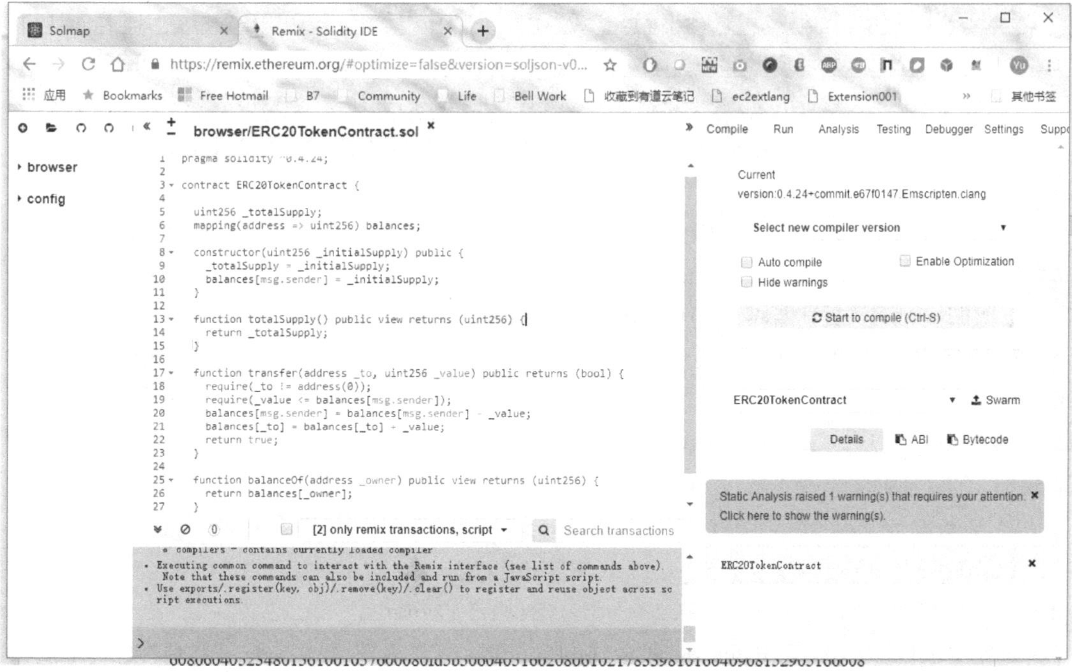

图 6.3　ERC20TokenContract.sol

单击“Details”按钮，可以查看生成的合约的相关信息，如图 6.4 所示。

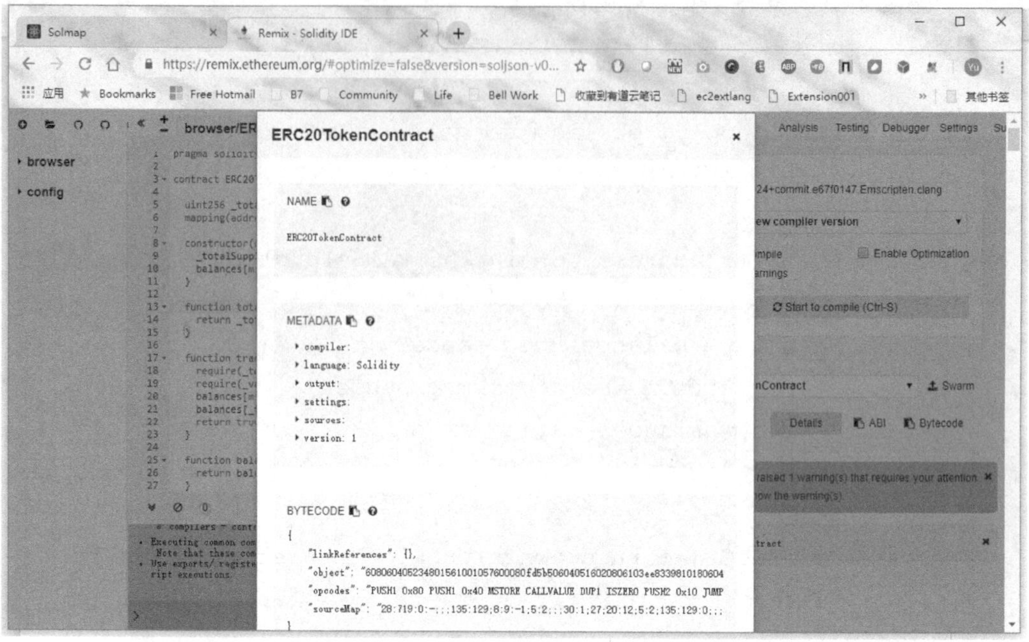

图 6.4　ERC20TokenContract 编译后生成的明细

生成的字节编码（Bytecode）：

608060405234801561001057600080fd5b50604051602080610 3ee833981018060405 281019080805190602001909291905050508060008190555080600160003373fffff fffff ffffffffffffffffffffffffffffff1673fffffffffffffffffffffffffffffff ffffffff f168152602001908152602001600020819055505061036080610 08e6000396000f300608060405260043610610057576000357c010000000000000000000000000000 0000000000000 000000000000000000900463…

5600a165627a7a7230582041e440ef41138511bd018bb2004da6344b9aeb249ba3cedf943e1e5d786bf67a0029

生成的 runtime 字节编码（Bytecode）：

608060405260043610610057576000357c0100000000000000000000000000000000000000000000000000000000900463ffffffff16806318160ddd1461005c57806370a0823114610087578063a9059cbb146100de575b600080fd5b348015610068576000 80fd5b506100716101435 65b…

fff1673ffffffffffffffffffffffffffffffffffffffff16815260200190815260200160002081905550600190509291505056 00a165627a7a7230582041e440ef41138511bd018bb2004da6344b9aeb249ba3cedf943e1e5d786bf67a0029

对比生成的字节编码/Bytecode 和合约的 runtime 字节编码/bytecode，差别在于下面划线部分的代码。可以发现这些代码是对所有合约都适用的合约导入的代码。

608060405234801561001057600080fd5b50604051602080610 3ee833981018060405 28101

```
908080519060200190929190505050806000819055508060016000337 3ffffffffffffff
fffffffffffffffffffffff1673ffffffffffffffffffffffffffffffffffffffff168152
602001908152602001600020819055505061036080610 08e6000396000f300
```

上面的二进制代码完全不可读，这对合约代码的理解和分析造成了影响。下面是生成的可读的汇编代码（汇编指令说明可参考文献［38］）。

```
.code
  PUSH 80             contract ERC20TokenContract{
...
  PUSH 40             contract ERC20TokenContract{
...
  MSTORE              contract ERC20TokenContract{
...
  CALLVALUE           constructor(uint256_initialSu...
  DUP1                olidity^
  ISZERO              a
  PUSH[tag]1          a
  JUMPI               a
  PUSH 0              n
  DUP1                \n
  REVERT              .24;
\n
cont
tag 1                 a
  JUMPDEST            a
  POP                 constructor(uint256_initialSu...
  PUSH 40             constructor(uint256_initialSu...
  MLOAD               constructor(uint256_initialSu...
  PUSH 20             constructor(uint256_initialSu...
  DUP1                constructor(uint256_initialSu...
  PUSHSIZE            constructor(uint256_initialSu...
  DUP4                constructor(uint256_initialSu...

此处省略
...
```

上面的汇编代码源自 Remix。还可以这样生成智能合约的汇编代码：

```
solc --asm --output-dir=build/binaries A.sol
```

汇编代码和字节编码的对照表可参考文献［40］。下面是一些示例：

```
0x60 => PUSH
0x01 => ADD
0x02 => MUL
```

```
0x00 => STOP
...
```

为了更直观地理解代码，可以把合约代码复制到 https://solmap. zeppelin. solutions/。注意：Solmap 生成的代码和 Remix 生成的代码会略不同，如图 6.5 所示。

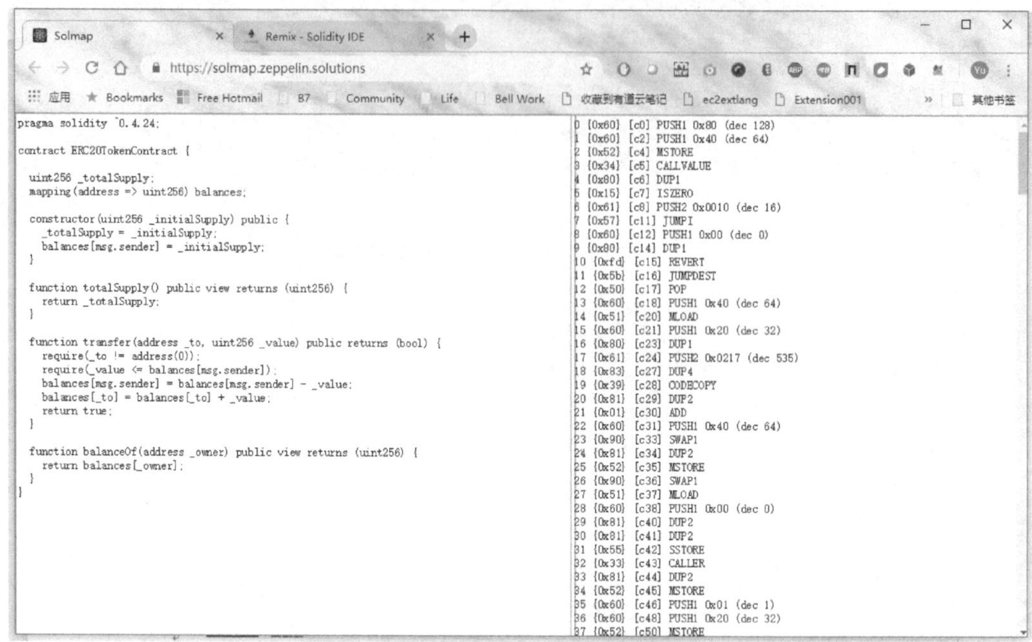

图 6.5　Solmap 反编译结果

为了方便说明，用大括号｛…｝代表栈，｛a，b｝表示栈里有两个元素，栈顶元素是 a，栈底元素是 b。

6.4.1　合约创建

下面是合约创建/导入的通用的二进制代码。该代码是通用代码，每次导入一个智能合约时，编译器都会将下面的代码注入。

```
6080604052348015610010576000 80fd5b5060405160208061 03ee833981018060405281 01
908080519060200190929190505050806000819055508060016000 3373ffffffffffffff
ffffffffffffffffffffffffff1673ffffffffffffffffffffffffffffffffffffffff168152
602001908152602001600020819055505061036080610 08e6000396000f300
```

1. 获取内存空闲指针

以上面二进制代码的前 5 个字节为例，即6080604052。Push1 的二进制代码是 0x60，所以：

```
6080    ==》PUSH1 0x80
6040    ==》PUSH1 0x40
52      ==》MSTORE
```

执行完第二条指令后，栈的情况是｛0x40，0x80｝，第三条指令可以解释如下：

```
mstore(0x40,0x80)
        |       |
        |      要存的值
      存储地址
```

上面的指令就是把 0x80 存储到地址 0x40。由 Solidity 的内存模型可知，0x40 是空闲内存指针的地址，所以空闲内存指针从地址 0x80 开始。下面章节的代码均源自 https://solmap.zeppelin.solutions。

2. Payable 检查

合约的创建需要以支付 ether/wei 的方式付费。下面的代码用来检查是否这个调用带有 wei/ether。

```
3{0x34}[c5] CALLVALUE
4{0x80}[c6] DUP1
5{0x15}[c7] ISZERO
6{0x61}[c8] PUSH2 0x0010(dec 16)
7{0x57}[c11] JUMPI
8{0x60}[c12] PUSH1 0x00(dec 0)
9{0x80}[c14] DUP1
10{0xfd}[c15] REVERT
```

CALLVALUE 是把这个 Call 调用的 wei/ether 推到栈里，DUP1 复制 1 个字节的当前栈顶元素。ISZERO 判断 wei/ether（也就是当前的栈顶元素）是否为 0。

- 如果 wei/ether 不为 0，ISZERO 返回 0，则顺序执行，跳到［c16］继续执行。
- 如果 wei/ether 为 0，ISZERO 返回 1，则跳到［c12］，设定返回值为 0，最后调用 REVERT 回退。

整个执行过程可以在 Remix 里步进执行、验证。简而言之，上面的汇编代码实现了下面语句的功能：

```
if(msg.value!=0)revert();
```

3. 获取构造函数参数

汇编语言里的 JUMP 指令是从栈顶获取值并跳转到该值所表示的地址处。跳转的目的地必须包含一个 JUMPDEST 指令/opcode，否则跳转失败。JUMPDEST 的唯一目的是标记一个地址是合法的跳转目的地。JUMPI 也类似，但是栈顶的第二个元素不能为 0，否则跳转就不会发生。所以 JUMPI 是一个条件跳转。

```
11{0x5b}[c16] JUMPDEST
12{0x50}[c17] POP
13{0x60}[c18] PUSH1 0x40(dec 64)
14{0x51}[c20] MLOAD
15{0x60}[c21] PUSH1 0x20(dec 32)
16{0x80}[c23] DUP1
17{0x61}[c24] PUSH2 0x0217(dec 535)
18{0x83}[c27] DUP4
```

```
19{0x39}[c28] CODECOPY
20{0x81}[c29] DUP2
21{0x01}[c30] ADD
22{0x60}[c31] PUSH1 0x40(dec 64)
23{0x90}[c33] SWAP1
24{0x81}[c34] DUP2
25{0x52}[c35] MSTORE
26{0x90}[c36] SWAP1
27{0x51}[c37] MLOAD
```

c18 ~ c20：读取 0x40 处的值，推到栈顶。其中，0x40 存储的是空闲内存指针 {0x80，…}。

c23 ~ c28：在执行 CODECOPY 前，栈的情形为 {0x80，0x217，0x20，0x20，0x80}，0x217 是合约本体代码的末尾。CODECOPY 将 0x217 处的 32 个字节复制到空闲内存指针处（此处为 0x80）。由于用于生成合约的构造函数放在代码末尾，实际上 CODECOPY 指令是将构造函数参数复制到内存 0x80 处。构造函数带有一个 uint256 的参数，正好是 32B。

```
tag 1              a
  JUMPDEST                      a
  POP                           constructor(uint256_initialSu...
  PUSH 40                       constructor(uint256_initialSu...
  MLOAD                         constructor(uint256_initialSu...
  PUSH 20                       constructor(uint256_initialSu...
  DUP1                          constructor(uint256_initialSu...
  PUSHSIZE                      constructor(uint256_initialSu...
  DUP4                          constructor(uint256_initialSu...
  CODECOPY                      constructor(uint256_initialSu...
```

由上面的 Remix 反汇编代码可知，PUSHSIZE 是将合约大小推到栈。

c29 ~ c35：修改空闲指针。MSTORE（0x40，0xa0）。

c36 ~ c37：把参数推到栈上，这是 Solidity EVM 字节码的通用模式，在调用一个函数前，将参数压入栈。

4. 构造函数体

在 Solmap 里可以看到，下面的汇编代码实现了两个 Solidity 语句。

```
_totalSupply = _initialSupply;
balances[msg.sender] = _initialSupply;
28{0x60}[c38] PUSH1 0x00(dec 0)
29{0x81}[c40] DUP2
30{0x81}[c41] DUP2
31{0x55}[c42] SSTORE
```

c38 ~ c42：复制输入参数的值到 Storage 0 的位置，也就是_totalSupply 的位置。执行 c42 前，栈的情形 {0x0，输入参数值_initialSupply}。

下面的 CALLER 指代的就是 msg.sender：

```
32{0x33}[c43] CALLER
33{0x81}[c44] DUP2
34{0x52}[c45] MSTORE
35{0x60}[c46] PUSH1 0x01(dec 1)
36{0x60}[c48] PUSH1 0x20(dec 32)
37{0x52}[c50] MSTORE
38{0x91}[c51] SWAP2
39{0x90}[c52] SWAP1
40{0x91}[c53] SWAP2
41{0x20}[c54] SHA3
42{0x55}[c55] SSTORE
```

5. 将合约体代码拷贝到内存

下面的代码把代码的大小（0x01d1）和代码的起始地址（0x0046）推到栈里，最后调用 CODECOPY，将代码复制到地址 0。

```
43{0x61}[c56] PUSH2 0x01d1(dec 465)
44{0x80}[c59] DUP1
45{0x61}[c60] PUSH2 0x0046(dec 70)
46{0x60}[c63] PUSH1 0x00(dec 0)
47{0x39}[c65] CODECOPY
```

6. 返回运行代码

0x00 是函数状态码，下面的汇编语言为返回运行状态码：

```
48{0x60}[c66] PUSH1 0x00(dec 0)
49{0xf3}[c68] RETURN
50{0x00}[c69] STOP
```

6.4.2　合约本体通用部分

1. 获取内存空闲指针

下面是获取空闲内存指针的代码：

```
51{0x60}[c70,r0] PUSH1 0x80(dec 128)
52{0x60}[c72,r2] PUSH1 0x40(dec 64)
53{0x52}[c74,r4] MSTORE
```

2. Calldata 检查

```
54{0x60}[c75,r5] PUSH1 0x04(dec 4)
55{0x36}[c77,r7] CALLDATASIZE
56{0x10}[c78,r8] LT
57{0x61}[c79,r9] PUSH2 0x0056(dec 86)
58{0x57}[c82,r12] JUMPI
```

c75 ~ c78：判断 calldata 的大小是否小于 4。如果小于 4，就跳转到 c82 处执行 JumpI 指令，JumpI 指令取栈顶元素作为其参数，此处栈顶元素为 0x56，所以 JumpI 指令将跳转到

0x56 处。

3. 函数选择子

根据上面的源程序，Contract 有 3 个成员函数（构造函数除外）。下面的汇编代码可以根据函数选择子判断出跳转到的函数封装体/wrapper 的位置：

```
59{0x63}[c83,r13] PUSH4 0xffffffff (dec 4294967295)
60{0x7c}[c88,r18]PUSH29 0x0100000000000000000000000000000000000000000000000000000000
(dec 2.695994666715064e+67)
61{0x60}[c118,r48] PUSH1 0x00(dec 0)
62{0x35}[c120,r50] CALLDATALOAD
63{0x04}[c121,r51] DIV
64{0x16}[c122,r52] AND
```

先用 Push4 指令 push 4B 到栈，再 Push 29B 到栈，再 Push 0x00 到栈顶。然后 CALLDATALOAD 指令读取 calldata 地址为 0 处的 32B 数据到栈顶。后续的 DIV 指令消耗栈顶的两个元素，用来获取函数选择子。然后，AND 指令再消耗栈顶的两个元素，保证获取 4B 的函数选择子。执行完成后，栈顶就是 4B 的函数选择子。

```
65{0x63}[c123,r53] PUSH4 0x18160ddd(dec 404098525)
66{0x81}[c128,r58] DUP2
67{0x14}[c129,r59] EQ
68{0x61}[c130,r60] PUSH2 0x005b(dec 91)
69{0x57}[c133,r63] JUMPI
```

0x18160ddd 是 totalsupply（）的函数签名，比较当前的函数选择子和 0x18160ddd，如果相等，则跳到 0x5b（注意是 r91）- totalsupply 的函数封装体/wrapper。

```
70{0x80}[c134,r64] DUP1
71{0x63}[c135,r65] PUSH4 0x70a08231(dec 1889567281)
72{0x14}[c140,r70] EQ
73{0x61}[c141,r71] PUSH2 0x0082(dec 130)
74{0x57}[c144,r74] JUMPI
```

0x70a08231 是 totalsupply（）的函数签名，比较当前的函数选择子和 0x70a08231，如果相等，则跳到 0x82（注意是 r130）- balanceof 的函数封装体/wrapper。

```
75{0x80}[c145,r75] DUP1
76{0x63}[c146,r76] PUSH4 0xa9059cbb(dec 2835717307)
77{0x14}[c151,r81] EQ
78{0x61}[c152,r82] PUSH2 0x00b0(dec 176)
79{0x57}[c155,r85] JUMPI
```

0xa9059cbb 是 totalsupply（）的函数签名，比较当前的函数选择子和 0xa9059cbb，如果相等，则跳到 0xb0（注意是 r176）- transfer 的函数封装体/wrapper。

```
80{0x5b}[c156,r86] JUMPDEST
81{0x60}[c157,r87] PUSH1 0x00(dec 0)
82{0x80}[c159,r89] DUP1
```

```
83{0xfd} [c160,r90] REVERT
```

如果当前的函数选择子找不到匹配的函数，则回退 REVERT。

4. 函数封装体/wrapper

```
84{0x5b} [c161,r91] JUMPDEST
85{0x34} [c162,r92] CALLVALUE
86{0x80} [c163,r93] DUP1
87{0x15} [c164,r94] ISZERO
88{0x61} [c165,r95] PUSH2 0x0067(dec 103)
89{0x57} [c168,r98] JUMPI
90{0x60} [c169,r99] PUSH1 0x00(dec 0)
91{0x80} [c171,r101] DUP1
92{0xfd} [c172,r102] REVERT
```

上面执行的是 Payable 检查（参见 6.4.1 节）。因为 totalsupply（）函数没有 Payable 修饰符，如果没有带有 ether，函数就回退（REVERT）。这是因为以太坊是一台世界计算机，想要在上面执行程序就必须付费（以 ether 为单位），否则就必须回退/REVERT。如果 totalsupply（）函数带有 ether，就跳到 0x0067（r103）处执行函数体。这是 solidity 编译器的通用模式，即对所有没有 Payable 修饰符的函数检查是否带有 ether。

```
93{0x5b} [c173,r103] JUMPDEST
94{0x50} [c174,r104] POP
95{0x61} [c175,r105] PUSH2 0x0070(dec 112)
96{0x61} [c178,r108] PUSH2 0x00f5(dec 245)
97{0x56} [c181,r111] JUMP
```

这里 push 了 112、245 到栈，JUMP 会直接跳到 r245 执行函数体（参见 6.4.3 节）。同时栈顶是 112，表明函数体执行完成后，继续执行 r112。

```
98{0x5b} [c182,r112] JUMPDEST
99{0x60} [c183,r113] PUSH1 0x40(dec 64)
100{0x80} [c185,r115] DUP1
101{0x51} [c186,r116] MLOAD
```

将空闲内存指针导入栈，栈的情形｛0x80，0x40，totalsupply，func selector｝。

```
102{0x91} [c187,r117] SWAP2  //执行后{totalsupply,0x40,0x80,func selector}
103{0x82} [c188,r118] DUP3 //执行后{0x80,totalsupply,0x40,0x80,func selector}
104{0x52} [c189,r119] MSTORE  //将 totalsupply 存到 0x80
105{0x51} [c190,r120] MLOAD
106{0x90} [c191,r121] SWAP1
107{0x81} [c192,r122] DUP2
108{0x90} [c193,r123] SWAP1
109{0x03} [c194,r124] SUB
110{0x60} [c195,r125] PUSH1 0x20(dec 32)
111{0x01} [c197,r127] ADD
```

```
112{0x90}[c198,r128] SWAP1
113{0xf3}[c199,r129] RETURN
```

Totalsupply 函数在此处结束。这一段 Solmap 反汇编程序比较难以理解。下面是相应的 Remix 程序：

```
117 DUP1
118 DUP3
119 DUP2
120 MSTORE
```

在空闲内存指针 0x80 处存入 initialsupply 的值：

```
121 PUSH1 20
123 ADD
124 SWAP2
125 POP
126 POP
127 PUSH1 40
129 MLOAD
130 DUP1
131 SWAP2
132 SUB
133 SWAP1
134 RETURN
```

在执行 RETURN 指令之前，栈的情形 {0x80，0x20，0x18160ddd}，由于 initialsupply 已经放在了内存 0x80 处，所以返回的就是 0x80——initialsupply 的值。

```
114{0x5b}[c200,r130] JUMPDEST
115{0x34}[c201,r131] CALLVALUE
116{0x80}[c202,r132] DUP1
117{0x15}[c203,r133]ISZERO
118{0x61}[c204,r134] PUSH2 0x008e(dec 142)
119{0x57}[c207,r137] JUMPI
120{0x60}[c208,r138] PUSH1 0x00(dec 0)
121{0x80}[c210,r140] DUP1
122{0xfd}[c211,r141] REVERT
123{0x5b}[c212,r142] JUMPDEST
124{0x50}[c213,r143] POP
125{0x61}[c214,r144] PUSH2 0x0070(dec 112)
126{0x73}[c217,r147] PUSH20 0xffffffffffffffffffffffffffffffffffff
fff(dec 1.461501637330903e+48)
127{0x60}[c238,r168] PUSH1 0x04(dec 4)
128{0x35}[c240,r170] CALLDATALOAD
```

```
129{0x16}[c241,r171] AND
130{0x61}[c242,r172] PUSH2 0x00fb(dec 251)
131{0x56}[c245,r175] JUMP
```

Balanceof () 函数在此处结束。

```
132{0x5b}[c246,r176] JUMPDEST
133{0x34}[c247,r177] CALLVALUE
134{0x80}[c248,r178] DUP1
135{0x15}[c249,r179] ISZERO
136{0x61}[c250,r180] PUSH2 0x00bc(dec 188)
137{0x57}[c253,r183] JUMPI
…
165{0x03}[c309,r239] SUB
166{0x60}[c310,r240] PUSH1 0x20(dec 32)
167{0x01}[c312,r242] ADD
168{0x90}[c313,r243] SWAP1
169{0xf3}[c314,r244] RETURN
```

Transfer () 函数在此处结束。

6.4.3　合约本体特定代码

下面是各个函数体实现的汇编代码。这里只解构智能合约，不讨论函数的汇编实现。注意：参数传入和返回值传回的方式。

1. totalSupply () 函数本体

```
170{0x5b}[c315,r245] JUMPDEST
171{0x60}[c316,r246] PUSH1 0x00(dec 0)
172{0x54}[c318,r248] SLOAD
173{0x90}[c319,r249] SWAP1
174{0x56}[c320,r250] JUMP
```

由上可知，Storage 0 存储的是_totalsupply 的值，SLOAD 就是将_totalsupply 的值放到栈顶 {_totalsupply 的值，r112}，SWAP1 后，栈变成 {r112，_totalsupply 的值}。最后 JUMP 跳转回 r112 处执行。

通过 Remix 可以很容易理解其逻辑，如图 6.6 所示。

图 6.6 中，0x18160ddd 是函数选择子，0x71 是返回地址 113，表明跳转回 r113。

2. balanceof () 函数本体

下面是 balanceof () 函数的汇编实现：

```
175{0x5b}[c321,r251] JUMPDEST
176{0x73}[c322,r252] PUSH20 0xffffffffffffffffffffffffffffffffffff
fff(dec 1.461501637330903e+48)
177{0x16}[c343,r273] AND
178{0x60}[c344,r274] PUSH1 0x00(dec 0)
```

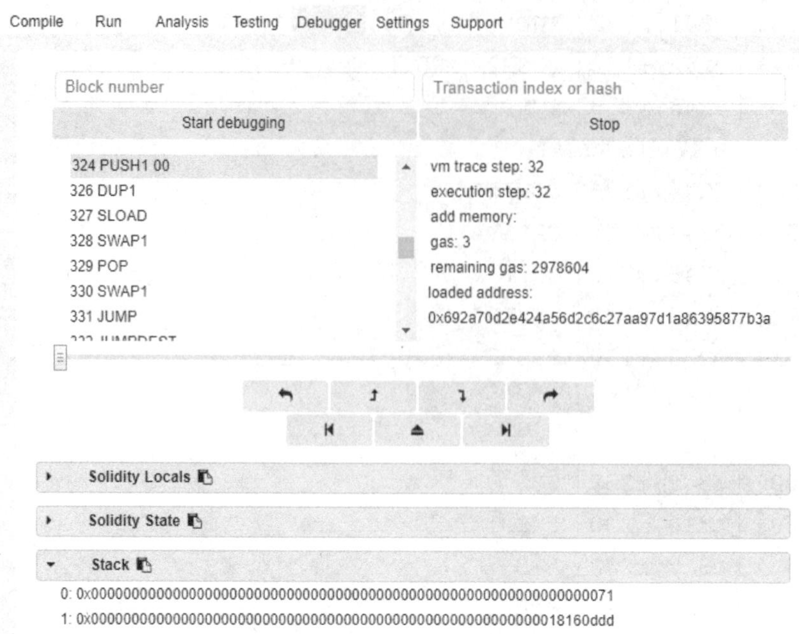

图 6.6　totalSupply 函数的汇编执行图

```
179{0x90}[c346,r276] SWAP1
180{0x81}[c347,r277] DUP2
181{0x52}[c348,r278] MSTORE
182{0x60}[c349,r279] PUSH1 0x01(dec 1)
183{0x60}[c351,r281] PUSH1 0x20(dec 32)
184{0x52}[c353,r283] MSTORE
185{0x60}[c354,r284] PUSH1 0x40(dec 64)
186{0x90}[c356,r286] SWAP1
187{0x20}[c357,r287]SHA3
188{0x54}[c358,r288] SLOAD
189{0x90}[c359,r289] SWAP1
190{0x56}[c360,r290] JUMP
```

3. transfer（）函数本体

下面是 transfer（）函数的汇编实现：

```
191{0x5b}[c361,r291] JUMPDEST
192{0x60}[c362,r292] PUSH1 0x00(dec 0)
193...
263{0x50}[c488,r418] POP
264{0x50}[c489,r419] POP
265{0x56}[c490,r420] JUMP
266{0x00}[c491,r421] STOP
```

第 7 章 可升级的合约

在区块链上的数据具有不可篡改性，这意味着部署到以太坊上的合约也不能修改。但在实际应用中，有可能因为各种各样的原因而必须修改合约的编码，如修正 bug，对应商业逻辑的修改，合约功能的升级等。解决上述问题，目前一般采用 Proxy/Delegator/Dispatcher 模式的方法来实现智能合约的升级。

7.1 方法

目前通用的可升级的智能合约的设计，大致可以归纳为以下 4 类。

7.1.1 代理合约

代理合约（Proxy Contracts）的主要思想是通过 delegatecall 指令/opcode 来调用目标合约里的函数，而目标合约是可以升级的。因为 delegatecall 保存了函数调用的状态，目标合约的逻辑可以修改 Proxy 合约的状态并且会在调用完成后保留在 Proxy 合约里。使用 delegatecall 指令时，msg. sender 的值是 Proxy 合约的调用者。随着拜占庭硬分叉的发生，可以获得一个函数调用的返回值大小。

7.1.2 分离逻辑和数据

分离逻辑和数据的主要思想是将合约的数据（变量、结构、映射等）和相关的 getter 和 setter 函数放在数据合约里；而将所有的商业逻辑的实现代码（会修改数据合约里的数据）都放在一个逻辑合约里。这样即使逻辑发生了变化，但数据还在同一个地方。这种方法允许逻辑的全部升级。合约可以通过引导用户使用新的逻辑合约（通过 ENS 解析器），并且修改数据权限来执行 getter 和 setter 函数。

7.1.3 通过键值对来分离数据和逻辑

这种方法和分离逻辑和数据的方法大致相同。唯一的区别在于访问数据时，所有的数据都经过了抽象化从而可以通过键值对来访问。通过 sha256 哈希算法和标准的命名系统来获取数据。

7.1.4 部分升级

创建全部可升级的合约有一个很大的信任问题，即合约的不可篡改性。如果合约可以全部升级，表明合约在发布部署后可以改动，而这严重违反了智能合约不可篡改的约定。所以在很多情况下，通行的做法是设计部分可升级的合约。合约的核心功能可以是不可升级的，而其他部分可以使用升级策略。下面是市场上比较知名的实例：

1）Ethereum Name Service（ENS）：ENS 合约的核心是很简单的合约，也不能修改，但域名注册可以被管理员升级。“.eth”域名的注册管理合约是一个工厂合约，当切换到一个新的域名管理器时，可以通过重新连接老的合约来实现。

2）0xProject：DEX（去中心化交易所）合约可以被全部升级而代理合约不变。0x “proxy”合约包含用户的资金和设置。因为这个合约需要绝对的信任，所以合约是不可升级的。

7.1.5 比较

表 7.1 是关于上述四种方法的简单比较。

表 7.1 Solidity 常用升级方法比较列表

策　略	优　点	缺　点
Proxy 合约	升级合约不需要重新设计	Proxy 合约代码并不反映它存储合约的状态，不能改变现有目标合约的域但是可以增加新的域
分隔逻辑和数据	数据可以从数据合约里读取，数据合约里的数据结构可以被修改和添加	合约需要分拆成数据合约和程序逻辑合约，复杂的数据类型，如 struct 可以被修改，但是修改起来比较复杂
用键值对来分隔逻辑和数据	键值对更为通用和简单，数据合约里的数据结构可以被修改和添加	合约需要分拆成数据合约和程序逻辑合约，因为都是通过键值对来访问；访问数据非常抽象
部分可升级的合约系统	合约里简单的部分可以不变以获取信任	不可升级的合约代码永远不能升级

7.1.6 简单的代理合约例子

一个 Proxy 合约是使用 delegatecall 指令/opcode 把所有的函数调用分发到各个目标合约，而这些目标合约是可以升级的。下面来简单介绍 Proxy 合约的实现。

Proxy 合约的主要思想包含一个 Storage 合约，一个登录/注册（Registry）合约，和一个逻辑实现合约。每当需要增加或者升级现有合约里的某个功能时，只要创建一个新的逻辑实现合约即可，新的合约继承老的合约。具体合约之间的关系如图 7.1 所示。

Storage 合约仅仅保有状态：

```
pragma solidity^0.4.21;
```

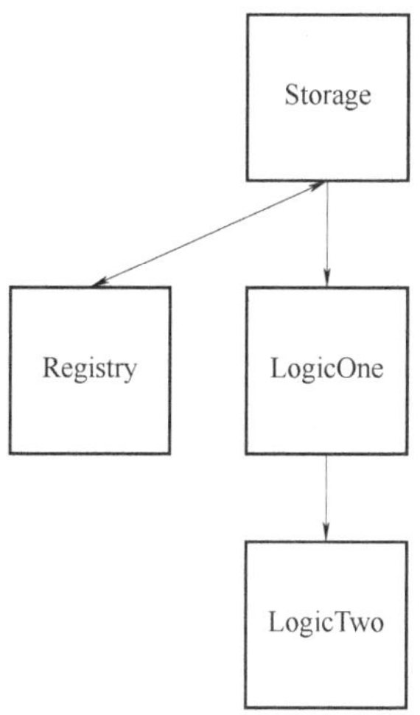

图 7.1　Proxy 合约关系图

```
contract Storage{
    uint public val;
}
```

Registry 合约提供对逻辑实现的合约的代理：

```
pragma solidity ^0.4.21;
import './Ownable.sol';
import './Storage.sol';

contract Registry is Storage,Ownable{

    address public logic_contract;

    function setLogicContract(address _c)public onlyOwner returns(bool
success){
        logic_contract = _c;
        return true;
    }
    function()payable public{
        address target = logic_contract;
        assembly{
            let ptr: =mload(0x40)
            calldatacopy(ptr,0,calldatasize)
            let result: =delegatecall(gas,target,ptr,calldatasize,0,0)
            let size: =returndatasize
            returndatacopy(ptr,0,size)
```

```
                switch result
                case 0{revert(ptr,size)}
                case 1{return(ptr,size)}
            }
        }
    }
```

Registry 合约需要知道逻辑实现具体调用哪个合约。可以通过 setLogicContract 函数来指定。其中，Ownable. sol 用来保证只有合约拥有者能调用 setLogicContract 函数。Fallback 函数使用了汇编代码，允许一个外部合约可以修改它的内部存储状态。必须注意，先要初始化 Storage 合约，然后初始化 Ownable 合约。

下面是逻辑实现部分：

```
pragma solidity ^0.4.21;
import './Storage.sol';

contract LogicOne is Storage{
    function setVal(uint _val)public returns(bool success){
        val =2 * _val;
        return true;
    }
}
```

LogicOne 合约就是去修改在 Storage 合约里的“Val”。具体步骤如下：

1）首先部署 Registry. sol 和 LogicOne. sol。

2）向 Registry. sol 注册部署好的 LogicOne 的注册地址：

```
Registry.at(Registry.address).setLogicContract(LogicOne.address)
```

3）使用 LogicOne ABI 在 Registry 合约里修改 Storage 里的“Val”：

```
LogicOne.at(Registry.address).setVal(2)
```

4）需要升级时，首先部署 LogicTwo 合约同时更新 Registry 合约，使 Registry 指向最新的实现：

```
Registry.at(Registry.address).setLogicContract(LogicTwo.address)
```

5）通过 LogicTwo 控制 Registry 的 Storage：

```
LogicTwo.at(Registry.address).setVal(2)
```

上述指令通过 ABI 操作，LogicOne 和 LogicTwo 其实都在操作 Registry 的 Storage 域（包括其中的“Val”），但是操作的逻辑（这里是 setVal）定义在各自的合约中。

7.2 通用的代理模式

下面介绍一个基于 EVM Assembly 的更透明、更通用的代理模式。通用代理模式基于库/library 模型：

1）首先初始化 A 合约的一个实例 objA。

2）当需要调用 A 合约时，创建并初始化一个轻量级的合约 ALite（注意：不是创建一个新的合约 B）。ALite 和 A 具有同样的函数签名，使用 callcode/delegatecall 指令调用 objA 实例。

这种方法产生的消耗包括：

1）使用 callcode/delegatecall 指令将消耗燃料很小。

2）编码和解码参数。当调用一个函数方法时，msg. data 里的参数都是根据各自的类型进行过编码的，如 uint 或者 address。A 合约在调用 B 合约时，需要再次解码，产生燃料消耗。

3）B 合约和 A 合约是一对一映射，所以 B 合约消耗的燃料可能会很大，且随着 A 合约的增长而增长。

下面基于汇编的代码是一种更为透明的技术：代理合约不需要知道目标合约的函数签名。该技术的要点在于使用代理合约的一个默认函数，即使用 callcode 或者 delegatecall 把 msg. data 传送给目标合约。

```
contract proxy{
        /*
        为了使用 callcode,成员数据必须和目标合约一致。也就是说,"address add"
        必须是在 Storage 0 的位置。'call'指令就不存在这样的问题
        */
        address add;
        function proxy(address a){
                add=a;
        }
        function(){
                assembly{
                        //gas 必须是 uint
                        let g:=and(gas,0xEFFFFFFF)
                        let o_code:=mload(0x40)  //获得内存空闲指针
                        //Address 的大小为 20B
                        //sload(0)获得 Storage 0 处的 Address
                        let addr:=
and(sload(0),0xFFFFFFFFFFFFFFFFFFFFFFFFFFFFFFFFFFFFFFFF)//Dest address
                        //获得 calldata(函数签名和参数)
                        calldatacopy(o_code,0,calldatasize)

                        //可用 callcode 或者 delegatecall 或者 call
                        let retval:=call(g
                                ,addr//目标合约地址
                                ,0//value
                                ,o_code//calldata
                                ,calldatasize//calldata 大小
```

```
                        ,o_code//返回地址
                        ,32)//32B 的返回地址

                //Check return value
                //0 == 如果返回值为 0,就跳转到 bad destination (02)
                jumpi(0x02,iszero(retval))
                return(o_code,32)
            }
        }
    }
```

上述通用代理合约的使用方法如下：

1）实例化合约 A 地址在 <addressA>。

2）实例化代理合约 B 地址在 <addressB>，在初始化时将 <addressA> 传给 B 的构造函数。

3）使用 A 的 ABI 来调用在 <addressB> 的函数。

在 Remix 里验证，如图 7.2 所示。

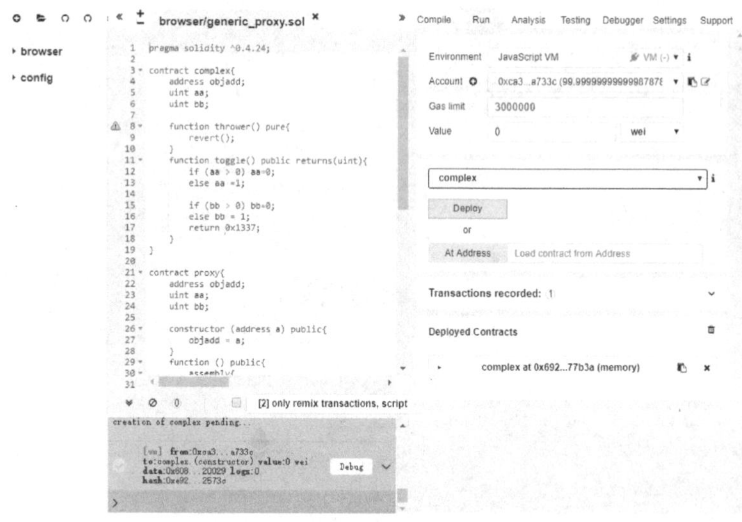

图 7.2　generic_proxy. sol

首先，部署一个 Complex 合约，其地址是 0x692a70d2e424a56d2c6c27aa97d1a86395877b3a。把这个地址传给 Proxy 合约作为构造函数的参数，然后部署。如图 7.3 所示。

然后以 Proxy 合约的地址（0xbbf289d846208c16edc8474705c748aff07732db）为参数，再部署 Complex 合约。如图 7.4 所示。

此时 VM 会认为在 0xbbf289d846208c16edc8474705c748aff07732db 存储的是一个 Complex 合约，而不是 Proxy 合约。在这种情况下，调用 Complex 合约里的 toggle（）函数（实际上是一个 Proxy 合约），toggle（）并不存在，所以自动调用 Fallback（）函数。而在 Fallback 函数里，代码会通过 call/delegatecall 调用 Complex 合约里的 toggle（）函数。如图 7.5 所示。

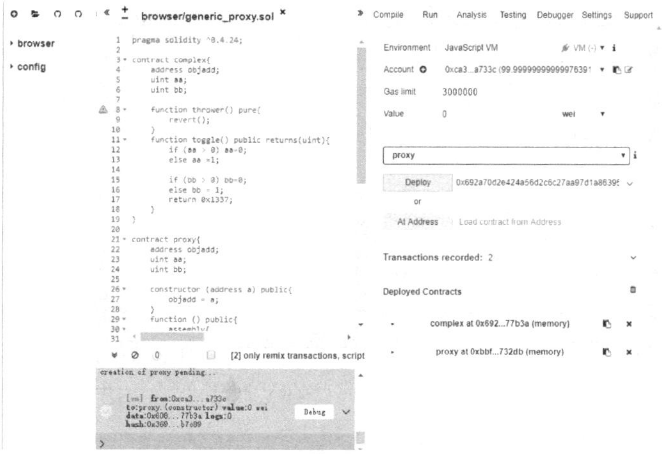

图 7.3　以 Complex 合约地址为参数部署 Proxy 合约

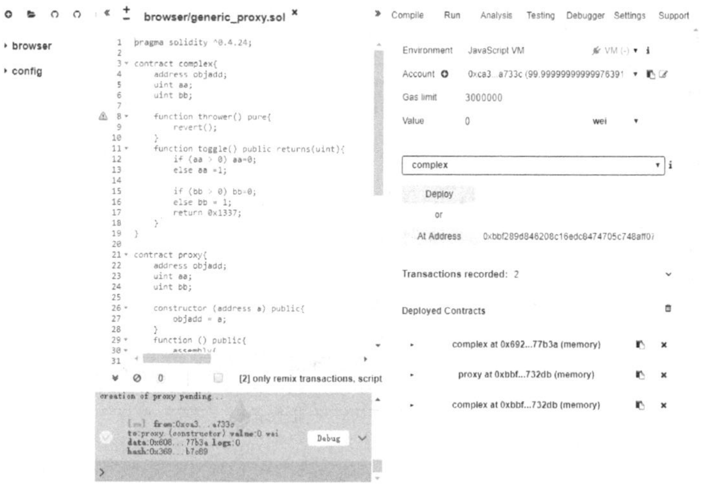

图 7.4　以 Proxy 合约地址为参数再部署 Complex 合约

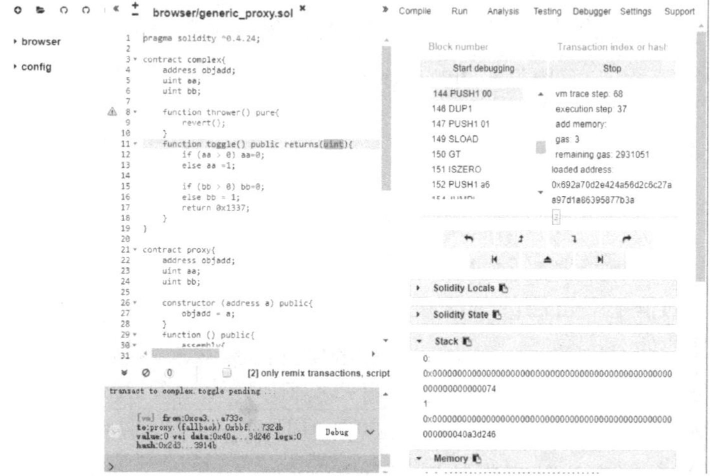

图 7.5　用 Delegatecall 调用 Complex 的 Toggle 函数

调用 toggle（）函数，在图 7.5 截屏的左下方生成一个 Transaction。单击旁边的“debug”按钮，跳转到“debugger”选项卡，可以看到，代码停在了 Complex 合约的 toggle（）函数处，这样就可以修改 Complex 合约的代码，而对于通过 Complex 合约调用 Complex 合约的程序，不需要做任何改变即可使用 Complex 合约修改后的代码。

7.3 Storage

前面几节内容说明了合约代码升级的一些技巧，但并不包括数据部分。设想合约升级后，可能出现新合约不能访问数据合约里的数据或者旧合约数据都被丢失的情况。这里的技术问题是如何保证商业逻辑的合约不去覆盖那些在代理升级合约里被用到的 State 变量。

Storage 的升级主要分为三类（ZepplinOS 提出）：

- ❑ Inherited Storage/继承存储；
- ❑ Ethernal Storage/永久存储；
- ❑ Unstructured Storage/非结构存储。

7.3.1 继承存储

继承存储（Inherited Storage）是让商业逻辑合约和代理合约共享相同的 Storage 结构。如 7.1 节中的示例，最初始的 LogicOne 合约升级成 LogicTwo 合约后，LogicTwo 对 LogicOne 是继承关系。只要 Proxy 和 LogicOne 的数据结构不变，升级就没有问题。继承存储合约关系如图 7.6 所示。

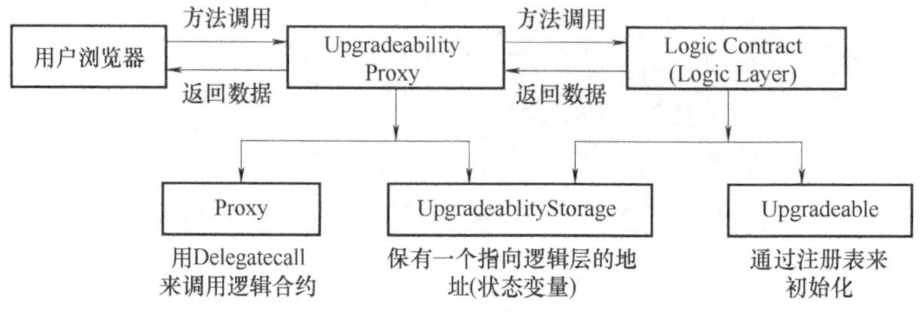

图 7.6 Inherited Storage 合约关系图

7.3.2 永久存储

永久存储（Ethernal Storage）模式中，Storage 定义在一个 Proxy 和逻辑合约都能继承的合约里。Storage 合约里保存所有的 state 变量。由于 Proxy 合约继承自 Storage 合约，所以可以通过在自己的合约里定义自己的 state 变量而不用担心会被覆盖。请注意，以后逻辑合约里就不能再定义其他的 state 变量了。逻辑合约必须使用最初定义的永久合约的数据结构。

图 7.7 为来自 ZepplineOS 的永久存储合约关系图。

图中，Proxy 合约封装了 Fallback 函数，代理对其他合约的 Delegatecall；UpgradeabilityStorage 合约封装了所有用来升级的数据；TokenStorage 合约封装了和 ERC20 相关的数据，如 totalsupply，balance；UpgradeabilityProxy 合约继承了 UpgradeabilityStorage 和 Proxy 合约；

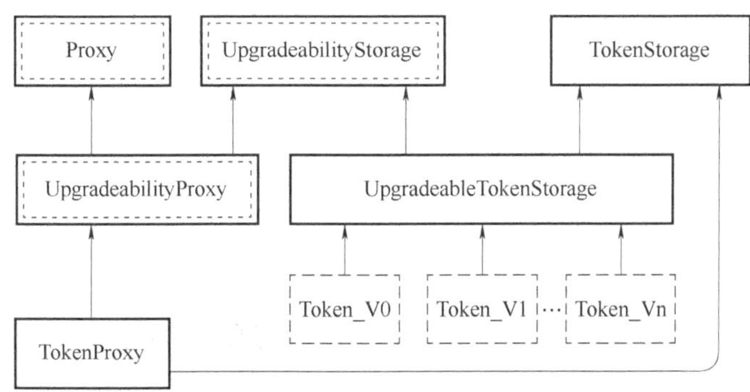

图 7.7　Ethernal Storage 合约关系图

UpgradeableTokenStorage 继承了 UpgradeabilityStorage 和 Tokenstorage 合约；TokenProxy 继承了 UpgradeabilityProxy 和 TokenStorage 合约。

注意：TokenProxy 和 UpgradeableTokenStorage 的继承顺序必须一样，同时不能在合约实现时定义新的 state 变量，以保持 Storage 的结构和顺序不变，不能打乱 Proxy 合约的 Storage 结构，这也是 Ethernal/永久的含义。

7.3.3　非结构化存储

非结构化存储（Unstructured Storage）模式和 Inherited Storage 模式相似，不同的是 Inherited Storage 模式要求 logic 合约必须继承要升级的 state 变量；而 Unstructured Storage 模式使用 Proxy 合约定义和保存需要升级的数据，其合约关系如图 7.8 所示。

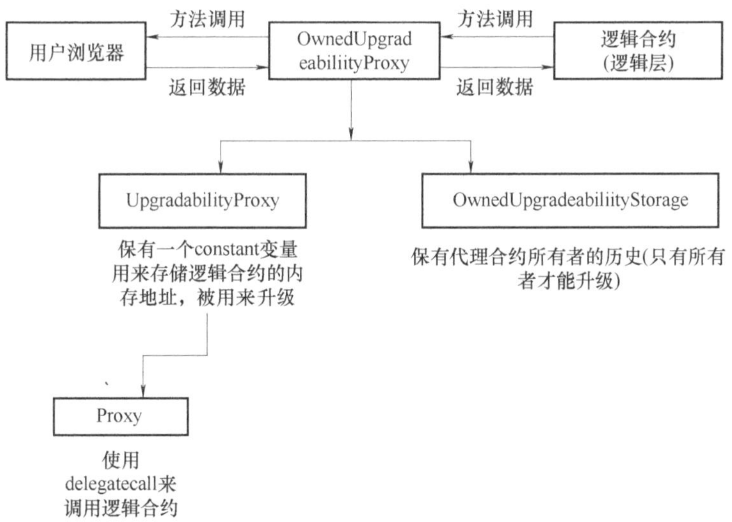

图 7.8　Unstructure Storage 合约关系图

这种方法的主要思想是：在 Proxy 合约里定义一个常量的变量。因为这个变量是一个 sha3 的值，如果把这个值作为 Storage 的位置/position，能够保证由于足够随机而不会被逻辑合约重写。其优点是逻辑合约不需要知道 Proxy 合约的 Storage 变量的结构，同时由于变量是 constant，也不会占用 Storage。

```
bytes32 private constant implementationPosition =
                        keccak256("org.zeppelinos.proxy.implementation");
```

具体的实现源码可参考文献［45］。下面介绍在区块链领域里非常著名的 Colony 和 Augur 项目如何实现合约可升级。

7.4 Augur

Augur 是一个基于以太坊区块链技术的去中心化的预测市场平台。用户可以在 Augur 用数字货币进行预测和下注，依靠众人的智慧来预判事件的发展结果，有效地消除对手方风险（Counter-Party Risk，即由对手方恶意的操弄引起的对特定结果的干扰）和服务器的中心化风险。用户可以投注 ETH 来预测一个特定加密数字货币的价位，用来对冲灾难性的风险。可以通过 http://www.augur.net/whitepaper.pdf 获取 Augur 的白皮书。官网为 https://www.augur.net/。

7.4.1 合约部署

Augur 合约的代码在 https://github.com/AugurProject/augur-core/。在 Augur 里，几乎所有的 Contract 都继承自 IControlled（“I”开头代表的是一个接口/Interface）。Controlled 保存了一个 Controller 对象的引用。

```
contract Controlled is IControlled{
    IController internal controller;
}
```

Augur 的 Controller 设计就是一个合约注册表，允许任何的 Contract 使用一个哈希名字来查找其相应的方法。同时也允许合约在运行时通过重新注册的方式动态替换某个方法的功能。

```
//Note that the code has been simplified
contract Controller{
    //这个结构包含了一个函数签名和合约地址
    struct ContractDetails{
        bytes32 name;
        address contractAddress;
    }
    //注册表,定义函数签名到合约详细的一个映射
    mapping(bytes32 => ContractDetails)public registry;
    //根据函数签名来寻找合约地址的方法
    function lookup(bytes32_key)public view returns(address){
        return registry[_key].contractAddress;
    }
    //合约地址注册
    function registerContract(bytes32_key,address_address){
```

```
        registry[_key]=ContractDetails(_key,_address);
    }
}
```

部署的顺序：

1）首先部署 Controller 合约。

2）其次部署 Augur 合约，并更新以新的 Controller 合约的地址。

3）剩下的合约可以依次以新 Controller 合约的地址部署。在 Controller 合约中，注册功能的升级通过新的 Controller 合约的重新注册来实现。

7.4.2 存储部署

Augur 以 Singleton 的方式存储某些数据，其他数据存储在 Delegator 工厂生成的合约中。Delegator 是用 DELEGATECALL opcode 代理的所有对另一个合约的函数调用。

```
contract Delegator is DelegationTarget{
     function Delegator(IController_controller,bytes32
  _controllerLookupName)public{
          controller=_controller;
          controllerLookupName=_controllerLookupName;
     }
     function() external payable{
          //通过名字找到相应的合约地址
          address_target=controller.lookup(controllerLookupName);
          //assembly{DELEGATECALL}
    }
}
```

有些合约是在运行时动态创建的。每个这样的合约都有一个工厂合约：

```
//假设 ExampleValueObject 已经被创建而且已经注册了'ExampleValueObject'
名下的 //Controller
contract ExampleFactory is Controlled{
    function createExample()external returns(IExampleValueObject){
      Delegator d=new Delegator(controller,'ExampleValueObject');
      IExampleValueObject exampleValueObject=IExampleValueObject(d);
      exampleValueObject.initialize();
      return exampleValueObject;
    }
}
contract IExampleValueObject{
    function initialize()external;
    function get()external view returns(uint);
}
```

```
contract ExampleValueObject is DelegationTarget,IExampleValueObject{
    uint private value;
    function initialize()external{
      value=uint(42);
    }
    function get()external view returns(uint){
      return value;
    }
}-
```

Singletons 合约在 Controller 里注册了两次，第一次是作为合约的实例，第二次是作为 Delegator 的实例，并指向第一个实例。Delegator 实例是合约存储的地方，但是实际的合约是分别注册的，可以切换。Augur 是部分可升级的。大部分的合约可以通过在 Controller 里重新注册来替代升级。但是一些核心的合约，如 Controller 和 Augur 合约则不能被升级。

7.5 Colony

Colony 是一个创建去中心化自组织的平台。官网为 https://colony.io/。核心源代码在 https://github.com/JoinColony/colonyNetwork。

7.5.1 存储部署

所有的 Contract 都继承自 ColonyNetworkStorage 或者 ColonyStorage 合约。ColonyStorage 和 ColonyNetworkStorage 合约存储所有子孙的状态变量。一个单独的 Colony 由 Colony、ColonyTask、ColonyFunding 和 ColonyTransactionReviewer 四个合约定义而成。这些合约都继承自 ColonyStorage。Colony Network 由 ColonyNetwork 和 ColonyNetworkStaking 两个合约定义。这些合约继承自 ColonyNetworkStorage。

每个组里的合约有一个 Resolver 实例。合约登录在 Resolver 实例中。Resolver 可以视为一个函数的登录树。一个 EtherRouter 和一个 Resolver 绑定，在 Resolver 中找寻函数的地址，并代理请求。

```
contract Resolver is DSAuth{
  struct Pointer{address destination;uint outsize;}
  mapping(bytes4 =>Pointer)public pointers;
  function register(string signature, address destination, uint out-
size)public auth{
    pointers[stringToSig(signature)]=Pointer(destination,outsize);
  }
  function lookup(bytes4 sig)public view returns(address,uint){
    return(destination(sig),outsize(sig));
  }
}
```

7.5.2 合约部署

Colony 合约部署步骤如下：

1）部署 Colony Network 合约。

- ❑ ColonyNetwork；
- ❑ ColonyNetworkStaking；
- ❑ EtherRouter；
- ❑ Resolver。

2）ColonyNetwork 和 ColonyNetworkStaking 合约注册在 Resolver 合约中。

3）EtherRouter 被指向 Resolver，作为 Colony Network 的入口点。

4）部署 Colony 合约。

- ❑ Colony；
- ❑ ColonyTask；
- ❑ ColonyFunding；
- ❑ ColonyTransactionReviewer。

5）创建一个新的 Resolver，并且登录每个在步骤 4）里部署的合约。

6）新的 Resolver 被加入 Colony Network，作为第一个 Colony v 版本。

Colony 几乎都可以升级，只有 EtherRouter 和 Resolver 例外。

7.6 总结

合约升级是一个比较复杂的事情。针对所有的智能合约，必须考虑到到：

❑ 块燃料上限。升级的交易涉及很复杂的操作，如部署合约、移动数据和引用等，都会耗费大量的燃料。鉴于 Block 有燃料上限（Homestead 的上限是 4，712，388），务必小心不要因为燃料过限而导致升级交易失败。

❑ 合约间的依赖关系。复杂的应用一般都要部署一系列的合约。替换其中的一个或几个时必须要考虑合约之间的依赖关系。

1. 智能合约代码升级

1）将智能合约分解成几个相关的合约，将相关的合约地址存入一个带有注册表功能的合约，只需要用新合约地址代替旧合约地址即可升级代码。这个方法是 Solidity 出现以前就有的通用做法。缺点就是对外的接口不能变，采用这种方法不能增加或者删除函数，改变接口。

2）使用 Delegatecall 来代理对外部合约的调用。这种方式下，使用的是调用者的上下文，这意味着 msg. sender 和 msg. value 没有变。但要求必须使用汇编代码来获取外部合约调用的返回值。

❑ 使用 7. 5 节的方法将返回值存入一个 Mapping。缺点是返回值是和函数签名强绑定。这意味着返回一个动态的数组或者字符串是不行的，而且对 Storage 访问的燃料费用也很昂贵。

❑ 针对上面的问题，可以限定只返回 32B，从而不再需要访问 Storage。

❑ 使用新命令 Reslultdatasize 和 resultdatacopy。自 2017 年 10 月 17 日拜占庭硬分叉之后，可以使用 resultdatasize 和 resultdatacopy 这两个新指令来把 call/delegatecall 的返回值复制到内存，从而可以获取全类型的返回值。

3）注意燃料的耗费量。测试显示，采用上面的方法，将会提高燃料费用平均大概 1000 ~ 1500ether。

4）在正式升级合约前需要做好测试。

2. 对于 Storage 的升级

Storage 的升级可以分为三类：继承存储（Inherited Storage），永久存储（Ethernal Storage）和非结构存储（Unstructure Storage）。

第 8 章 编写安全的合约

目前智能合约的安全问题正面临巨大挑战：

- 部署到以太坊上的智能合约都是公开透明的。开发智能合约需要一个全新的工程思维，它不同于以往传统项目的开发。
- 合约出错代价巨大。智能合约经常管理着资金，像传统的金融系统一样，智能合约出错的代价是巨大的，而且由于智能合约去中心化公开透明的特点，很难像传统软件那样轻易地打上补丁。

本章从已知的漏洞和攻击入手，从代码分析原因，提出相应的防护策略，并且结合以太坊的某些特殊特性，引入以太坊智能合约安全开发的指导原则和业界公认的最佳做法（best practice）。同时，必须认识到智能合约攻防是一个动态的、不断发展的过程，没有可能存在一种方案解决所有的问题。

8.1 以太坊已知常见漏洞

这里只是罗列一些常见的、已发现的攻击手法，并不是所有漏洞的完全列表。下面这些地址通常会通报在 Ethereum 或 Solidity 中新发现的漏洞。安全通告的官方来源是 Ethereum Blog，但是一般漏洞都会在其他地方先被披露和讨论[22]。

（1）Ethereum Blog：官方以太坊博客

- Ethereum Blog-Security only：所有相关博客都带有 Security 标签

（2）Ethereum Gitter 聊天室

- Solidity
- Go-Ethereum
- CPP-Ethereum
- Research

（3）Reddit

（4）Network Stats

8.1.1 上溢和下溢

当一个操作需要一个定长的变量来存储一个数字，如果这个数字超出了变量类型的范围，就会导致发生上溢（overflow）/下溢（underflow）。

solidity 最大只能处理 256bit 的整数，所以其可表示的最大值是 $2^{256}-1$，$2^{256}-1$ 再加上 1，就会超出 solidity 的处理范围，值变为 0，这就是上溢。

```
0xFFFFFFFFFFFFFFFFFFFFFFFFFFFFFFFFFF
 +0x000000000000000000000000000000000001
 ------------------------------
 =0x000000000000000000000000000000000000
```

在 solidity 里使用无符号整数，其表示范围是 $0\sim(2^{256}-1)$，那么 0 减 1 就会得到最大的整数 $2^{256}-1$，这就是下溢。

```
0x000000000000000000000000000000000000
 -0x000000000000000000000000000000000001
 ------------------------------
 =0xFFFFFFFFFFFFFFFFFFFFFFFFFFFFFFFFFFFF
```

1. 攻击原理

EVM 给整数（integers）类型赋予了固定大小。这意味着一个整数型变量，其表示的范围是有限的。如一个 uint8 变量，能表示的数字的范围是［0，255］。将 256 赋值给一个 uint8 变量，最后变量的值是 0。uint8 类型变量值为 0 减 1，结果会是 255，这就是下溢。把 257 加给一个值为 0 的 uint 变量，结果会是 1，这就是上溢。如果用户不仔细检查输入或者计算过程中变量的值是否超过变量类型可以表达的范围，solidity 变量就会被利用来进行攻击。

这些漏洞会让攻击者恶意使用错误代码，构建出未被期望、未被设计的状态和逻辑流。例如，下面的时间锁的合约：

```
contract TimeLock{
    mapping(address =>uint) public balances;
    mapping(address =>uint) public lockTime;

    function deposit()public payable{
        balances[msg.sender] +=msg.value;
        lockTime[msg.sender] =now +1 weeks;
    }

    function increaseLockTime(uint _secondsToIncrease)public{
        lockTime[msg.sender] +=_secondsToIncrease;
    }

    function withdraw()public{
        require(balances[msg.sender] >0);
        require(now >lockTime[msg.sender]);
        msg.sender.transfer(balances[msg.sender]);
```

```
        balances[msg.sender] =0;
    }
}
```

上面的合约就像一个时间锁：用户可以给合约充值 ether，并且 ether 会被锁定至少一周。如果用户愿意，可以延长锁定的期限，锁定相应的资金超过一周。一旦充值以后，用户确信他们的资金可以被安全地锁定至少一周。但上面的合约代码真的能实现用户期待的功能么?

如果要使用这个时间锁，用户必须将私钥交给合约以保证相应的资金短期内不能提取。如果一个用户在合约里锁定了 100 ether 并把他的私钥交给了攻击者，攻击者就可以利用上溢/overflow 漏洞来提取 ether，这种情况下，锁定时间完全不起作用。

攻击者可以知道他们拥有私钥的地址在合约里的当前锁定时间，因为当前锁定时间是一个 public 变量，用 userLockTime 来称呼它。攻击者可以通过调用 increaseLockTime 函数并且把数字 2^{256}——userLockTime 作为函数参数，加到 userLockTime 从而创造一个溢出的状态，lockTime［msg. sender］被重置为 0。攻击者就可以调用 withdraw 函数，获得回报。

下面是另一个示例：

```
pragma solidity^0.4.18;
contract Token{
  mapping(address =>uint)balances;
  uint public totalSupply;
  function Token(uint _initialSupply){
    balances[msg.sender] =totalSupply =_initialSupply;
  }
  function transfer(address_to,uint_value)public returns(bool){
    require(balances[msg.sender] -_value >=0);
    balances[msg.sender] -=_value;
    balances[_to] +=_value;
    return true;
  }
  function balanceOf(address_owner)public constant returns(uint balance){
    return balances[_owner];
  }
}
```

上面是一个很简单的 token 合约，利用 transfer（）函数来移动资金。仔细查看，漏洞在于 transfer（）函数。在下溢/underflow 的情况下，有些语句可以被跳过。假设一个用户余额是 0，攻击者可以用任何非零值作为_value 参数的值调用 transfer（）函数，从而可以跳过 transfer（）函数里的 require 语句。这是因为 balances［msg. sender］是 0，0 减去任何的正数（不包括 2^{256}）会因为下溢/underflow 产生一个正数。那么在 require 语句下面的账户余额就会变成一个正数。因此，在这个例子里，攻击者因为下溢/underflow 的漏洞而获得了免费的 token 合约。

2. 防护技术

目前最传统的防护 under/overflow 漏洞的技术是去开发新的数学库来代替标准的数学操作：加、减和乘（不包括除，因为除不会引起 over/underflow，并且如果发生被 0 除的情况，EVM 会丢出一个异常）。目前通用的对策是使用 SafeMath 库来做数学运算。

OppenZepplin 为以太坊社区在开发和审计安全库包方面做出了杰出的贡献。他们的 Safe Math 库包经常被用来预防 under/overflow 漏洞。为了演示如何在 solidity 使用这些 Safe Math 库包，用 OpenZepplin 的 Safe Math 库来纠正 TimeLock 合约。下面是纠正后的合约：

```
library SafeMath{
  function mul(uint256 a,uint256 b)internal pure returns(uint256){
    if(a==0){
      return 0;
    }
    uint256 c=a*b;
    assert(c/a==b);
    return c;
  }
  function div(uint256 a,uint256 b)internal pure returns(uint256){
    //assert(b>0);//Solidity automatically throws when dividing by 0
    uint256 c=a/b;
    //assert(a==b*c+a%b);//There is no case in which this doesn't hold
    return c;
  }
  function sub(uint256 a,uint256 b)internal pure returns(uint256){
    assert(b<=a);
    return a-b;
  }
  function add(uint256 a,uint256 b)internal pure returns(uint256){
    uint256 c=a+b;
    assert(c>=a);
    return c;
  }
}
contract TimeLock{
    using SafeMath for uint;//use the library for uint type
    mapping(address=>uint256)public balances;
    mapping(address=>uint256)public lockTime;

    function deposit()public payable{
        balances[msg.sender]=balances[msg.sender].add(msg.value);
```

```
        lockTime[msg.sender] = now.add(1 weeks);
    }

    function increaseLockTime(uint256 _secondsToIncrease) public{
        lockTime[msg.sender] = lockTime[msg.sender].add(_secondsToIncrease);
    }

    function withdraw() public{
        require(balances[msg.sender] > 0);
        require(now > lockTime[msg.sender]);
        balances[msg.sender] = 0;
        msg.sender.transfer(balances[msg.sender]);
    }
}
```

注意：所有的标准数学操作符都被 Safe Math 库里的操作符所替代。使用 Safe Math 计算 TimeLock 合约，就不会发生 under/overflow 的情况。

8.1.2　Solidity 可见性修饰符的差别

Solidity 可见性修饰符之间的差别体现在：

- Public 函数可以被任意调用（本合约方法，被继承的合约方法，以及其他合约方法）；
- External 函数不能被本合约方法调用；
- Private 函数只能在本合约中被调用；
- Internal 函数可以被本合约和继承合约的函数调用。

Delegate Call 是一个消息调用，需要注意的是目标地址上的代码是运行在调用合约上下文当中的。这意味着调用的合约可以在运行时动态地引入其他地址上的代码（模块化设计），但是有利必有弊，运行在调用合约的上下文环境中的被调用合约代码可以访问调用合约的存储变量（Storage Variable）、余额和当前地址，如果不能正确使用，可能会引来攻击。

在下面的示例中，攻击者可以通过在 Delegation 的上下文中调用 Delegate 合约中 Public 的 PWN 函数，从而获得合约的控制权。

```
pragma solidity ^0.4.11;
contract Delegate{
  address public owner;
  function Delegate(address _owner){
    owner = _owner;
  }
  function pwn(){
    owner = msg.sender;
  }
}
```

```
contract Delegation{
  address public owner;
  Delegate delegate;
  function Delegation(address _delegateAddress){
    delegate=Delegate(_delegateAddress);
    owner=msg.sender;
  }
  //攻击者可以在 Delegation 的上下文中调用 Delegate.pwn()
  //这意味着 pwn()能够修改**Delegation**的状态而不是 Delegate
  //结果就是攻击者可以未经授权获得合约的所有权
  function(){
    if(delegate.delegatecall(msg.data)){
      this;
    }
  }
}
```

Parity Hack 同时错用了修饰符和 Delegate Call。一个可以修改合约控制权的函数被设为 Public。这就给攻击者开了“后门”，可以定制虚假的 msg.data 来获得合约控制权。

msg.data 里要调用函数的签名=sha3（alias for keccak256）的前 8 个字节。

```
web3.sha3("pwn()").slice(0,10) -->0xdd365b8b

如果函数有一个参数,pwn(uint256 x):
web3.sha3("pwn(uint256)").slice(0,10) -->0x35f4581b
```

8.1.3 重入问题

在以下的代码中，Call 函数会等待直到所有的燃料都耗尽。但是 Send 函数发送资金和真正从账本里扣钱有时间差。

这就好比，用户去银行找柜员取现金 1000RMB，用户的账户正好有 1000RMB，那么第一次柜员会给用户 1000RMB。在柜员还没有来得及操作从用户的账户中扣 1000RMB，用户再问柜员取现金 1000RMB，柜员一查，发现用户的账户上有 1000RMB（因为计算机系统还没有来得及扣掉），柜员会又给用户 1000RMB。

```
function withdraw(uint _amount)public{
    if(balances[msg.sender] >= _amount){
        if(msg.sender.call.value(_amount)())
          {_amount;}
        balances[msg.sender] -= _amount;
    }
}
```

对策是先扣钱、再送钱。另外一种方法是使用互斥锁/Mutex。

现在最好的方法是 msg. sender. transfer（_value）。如果确实要使用 Send 函数，就用 require（msg. sender. send（_value））。

1. 攻击原理

以太坊智能合约的一个特点是它可以调用和利用其他外部合约里的代码。智能合约经常的处理对象是 ether，发送 ether 给不同的外部地址。在外部调用或者发送 ether 到一个特定的地址时都需要合约发起一个外部调用。如果这些外部调用被攻击者劫持了，从而强迫合约执行更多的代码（如 Fallback 函数的代码），那么合约程序的执行就重入（re-enters）了合约。臭名昭著的 DAO 攻击就是如此。攻击者可以通过很仔细地创建一个具有外部地址的合约，将恶意代码写在 Fallback 函数中，当一个合约给这个地址发送 ether 时，就会触发 Fallback 函数里的恶意代码。

为了更清楚地进行说明，下面是一个简单的有问题的合约。这个合约允许在合约里充值的用户每周最多只能提出 1 ether。

```
contract EtherStore{
  uint256 public withdrawalLimit =1 ether;
  mapping(address =>uint256)public lastWithdrawTime;
  mapping(address =>uint256)public balances;
  function depositFunds()public payable{
      balances[msg. sender] +=msg. value;
  }
  function withdrawFunds(uint256_weiToWithdraw)public{
      require(balances[msg. sender] >=_weiToWithdraw);
       //限制提取额度
       require(_weiToWithdraw <=withdrawalLimit);
       //限制提取的时间
       require(now >=lastWithdrawTime[msg. sender] +1 weeks);
       require(msg. sender. call. value(_weiToWithdraw)());
       balances[msg. sender] -=_weiToWithdraw;
       lastWithdrawTime[msg. sender] =now;
     }
}
```

这个合约有两个 Public 函数：depositFunds（）和 withdrawFunds（）。depositFunds（）函数的功能仅仅是当用户充值之后提高用户的余额。withdrawFunds（）函数则允许用户提出指定数额的 wei。提取动作只有在提取金额小于 1ether 的情况下才会成功，而且提取动作只能每周一次。

漏洞出现在这一行代码，即当发送给用户他们请求数量的 ether 时：

```
require(msg. sender. call. value(_weiToWithdraw)());
```

如果恶意的攻击者设计了下面的合约：

```
import "EtherStore. sol";
contract Attack{
```

```
    EtherStore public etherStore;
    //用合约地址来初始化 etherStore 变量
    constructor(address _etherStoreAddress){
        etherStore = EtherStore(_etherStoreAddress);
    }
    function pwnEtherStore()public payable{
        //attack to the nearest ether
        require(msg.value >=1 ether);
        //send eth to the depositFunds()function
        etherStore.depositFunds.value(1 ether)();
        //start the magic
        etherStore.withdrawFunds(1 ether);
    }
    function collectEther()public{
        msg.sender.transfer(this.balance);
    }
    //fallback function-where the magic happens
    function()payable{
        if(etherStore.balance >1 ether){
            etherStore.withdrawFunds(1 ether);
        }
    }
}
```

下面分析这个恶意的合约是如何攻击 EtherStore 合约。攻击者用 EtherStore 合约的地址作为构造函数的参数来创建 Attack 合约，如在地址 0x0…123，现在，Attack 合约里的 Public 变量 etherStore 指向要攻击的合约。

攻击者会调用 pwnEtherStore（）函数去提取一些 ether（≥1）。假定攻击者想提取 1ether，而且有好些用户已经往合约里充了值，如合约目前的余额是 10 ether。下面详细描述发生的情况：

1）Attack. sol——在 pwnEtherStore 函数中调用 EtherStore 合约里的 depositFunds（）函数，带有两个参数，msg. value = 1 ether，发送者（msg. sender）是恶意 Attack 合约（0x0…123），所以，在 Ehterstore 合约里 balances［0x0…123］= 1 ether。

2）Attack. sol——恶意的合约随后就调用 EtherStore 合约里的 withdrawFunds（）函数，参数是 1 ether。这个调用符合 EtherStore 里提取的所有要求：以前没有提取过，而且提取的金额没有超过 1 ether。

3）EtherStore. sol——EtherStore 合约会发送 1 ether 给恶意 Attack 合约。

4）Attack. sol——1 ether 发送到恶意 Attack 合约后会触发执行 Fallback 函数。

5）Attack. sol——此时，在 Fallback 函数中，EtherStore 合约的余额是 10ether，如果 1 ether 发送成功，合约余额应为 9ehter，满足条件。

6）Attack. sol——Fallback 函数会再次调用 EtherStore. withdrawFunds（）函数，从而 "re-enters" 了 EtherStore 合约。

7）EtherStore. sol——在第二次 withdrawFunds（）调用中，因为账户余额还没有扣除，余额还是 1 ether。所以，balances［0x0…123］=1 ether。同样 lastWithdrawTime 变量也并没有被修改。所以，再次满足所有条件。

8）EtherStore. sol——再次提取 1 ether。

9）上面步骤 4）~8）会自动重复执行，直到 EtherStore. balance > =1（在 Attack. sol 中，可以看到这样的条件：if（etherStore. balance >1 ether））。

10）Attack. sol——如果 EtherStore 合约的总余额少于 1ether，Attack. sol 里第 26 行的 if 语句就会失败。其后的账户余额的删减以及最后提取的时间都会被改变（发生在 EtherStore 合约里的第 15、16 行）。

11）EtherStore. sol——EtherStore 合约里第 15、16 行的 balances 和 lastWithdrawTime mappings 会被设置，函数调用结束返回。

12）最后的结果就是，攻击者通过一次交易，从 EtherStore 合约提取了所有多于 1 ether 的 ether。

2. 防护技术

有很多方法可以防止合约里潜在的重入（re-entrancy）漏洞。第一种方法是使用内置的 Transfer（）函数发送 ether 给外部合约 Transfer 函数，只提供 2300Gas，目标地址/合约调用其他合约（如 re-enter 发送合约），2300Gas 是不足的。

第二种方法是确保处理所有导致合约状态改变的操作在发送 ether（或者任何的外部调用）之前都已完成。在 EtherStore 的例子中，EtherStore. sol 第 15 行和第 16 行应该放在第 14 行前，即把对未知地址的外部调用相关的代码放在本地函数执行顺序的最后。这种模式被称为 checks-effects-interactions 模式。

第三种方法是引入互斥锁。这意味着加入一个状态变量在外部调用执行时锁住整个合约，防止重入的调用。

采用上面三种防护技术改写 EtherStore. sol，生成一个能预防重入的合约：

```
contract EtherStore{
    //初始化互斥锁
    bool reEntrancyMutex = false;
    uint256 public withdrawalLimit =1 ether;
    mapping(address => uint256)public lastWithdrawTime;
    mapping(address => uint256)public balances;
    function depositFunds()public payable{
        balances[msg. sender] +=msg. value;
    }
    function withdrawFunds(uint256_weiToWithdraw)public{
        require(!reEntrancyMutex);
        require(balances[msg. sender] >=_weiToWithdraw);
        //限制提取的额度
        require(_weiToWithdraw <=withdrawalLimit);
```

```
        //限制提取时间
        require(now >= lastWithdrawTime[msg.sender] +1 weeks);
        balances[msg.sender] -= _weiToWithdraw;
        lastWithdrawTime[msg.sender] = now;
        //在外部调用前设置重入互斥锁
        reEntrancyMutex = true;
        msg.sender.transfer(_weiToWithdraw);
        //外部调用结束后释放互斥锁
        reEntrancyMutex = false;
    }
}
```

8.1.4 出乎意料的 ether 操作

当 ether 被送到合约后，要么执行 Fallback 函数，要么执行合约里指定的其他函数。但在智能合约中有两种异常情况，不用执行合约里的任何代码就可以操作合约里的 ether。智能合约编程时，如果认为只有执行合约代码才能操作 ether，就会导致合约受到攻击：ether 可以被强制性地送到一个指定的合约。

1. 攻击原理

在程序设计中，有一种通用的技术，即预先设置几个不变的状态，在相应的程序执行完成后，再来确认状态没有发生变化。一个常见的例子就是 ERC20 Token 标准里的 TotalSupply 变量，因为没有函数会去修改 TotalSupply，开发程序员可以在 Transfer（）里加上一个检查：在确信 TotalSupply 不变的前提下，保证程序的正常执行。

有一个不变的状态特别容易被开发程序员用到，但是也特别容易被外部用户操纵。这个状态就是当前合约里的 ether 数量。通常，刚刚接触 Solidity 的程序员，往往会错误地认为：只有合约里的 Payable 函数才能发送和接受 ether。最明显的带有漏洞的用法就是 this.balance，对 this.balance 的不当使用会导致很严重的漏洞。

在上述两种情况下，ether 会被强制性地送给一个合约，既不会用到 Payable 修饰符也不会执行任何合约代码。下面进行具体讨论。

（1）异常情况 1：自毁/自杀（Self Destruct/Suicide）

智能合约可以实现 Selfdestruct（address）函数，这个函数会删除合约地址里所有的二进制代码，并且把合约里所有的 ether 送到一个参数可以指定的地址。如果指定的地址也是一个智能合约，就不会调用合约里任何的函数（包含 Fallback）。因而，Selfdestruct（）函数能被用来强制性地发送 ether 到任何合约，而不会执行合约里的任何代码，合约里的任何 Payable 函数都不会执行。这意味着攻击者可以创建一个带有 Selfdestruct（）的合约，同时发送 ether 给这个合约，调用 Selfdestruct（target），然后再强制性地发送 ether 给一个指定的合约。有关异常情况 1 的更详细的描述：http://swende.se/blog/Ethereum_quirks_and_vulns.html。

（2）异常情况 2：预先发送 ether

第二种方法是预导入（pre-load）带有 ether 的合约。合约地址是确定的，由基于创建合约地址的哈希以及创建合约交易的 nonce 两个信息计算得到。

```
address = sha3(rlp.encode([account_address,transaction_nonce]))
```

这意味着，任何人都可以在合约被创建前计算合约的地址，并发送 ether 给那个地址。然后当合约真正被创建时，合约就会有一个非零的 ether 余额。

下面通过一个简单的合约代码来演示如何利用上面的知识找到合约里的漏洞。

```
contract EtherGame{
    uint public payoutMileStone1 =3 ether;
    uint public mileStone1Reward =2 ether;
    uint public payoutMileStone2 =5 ether;
    uint public mileStone2Reward =3 ether;
    uint public finalMileStone =10 ether;
    uint public finalReward =5 ether;
    mapping(address => uint)redeemableEther;
    //users pay 0.5 ether. At specific milestones,credit their accounts
    function play()public payable{
        require(msg.value ==0.5 ether);//each play is 0.5 ether
        uint currentBalance = this.balance + msg.value;
        //ensure no players after the game as finished
        require(currentBalance <= finalMileStone);
        //if at a milestone credit the players account
        if(currentBalance == payoutMileStone1){
            redeemableEther[msg.sender] += mileStone1Reward;
        }
        else if(currentBalance == payoutMileStone2){
            redeemableEther[msg.sender] += mileStone2Reward;
        }
        else if(currentBalance == finalMileStone ){
            redeemableEther[msg.sender] += finalReward;
        }
        return;
    }
    function claimReward()public{
        //ensure the game is complete
        require(this.balance == finalMileStone);
        //ensure there is a reward to give
        require(redeemableEther[msg.sender] >0);
        redeemableEther[msg.sender] =0;
        msg.sender.transfer(redeemableEther[msg.sender]);
    }
}
```

上面的智能合约是一个简单的游戏：玩家发送 0.5ether 给合约，并争取成为第一个完成 3 个里程碑任务的人。里程碑任务以 ether 标价：完成第一个里程碑任务的第一个人（如合约总额达到 5ether 时的第一人），会在游戏结束后拿回一部分的 ether。当最终的里程碑任务（如合约总额达到 10ether 时）达成时，游戏结束，相应的玩家拿到奖赏。

问题在于合约里的这几行代码：

```
⋮
uint currentBalance = this.balance + msg.value;
        //ensure no players after the game as finished
        require(currentBalance <= finalMileStone);
        ⋮
          require(this.balance == finalMileStone);
          ⋮
```

EtherGame 合约的问题在于对 this.balance 的错误应用。攻击者可以通过 Selfdestruct（）来强制性地送小额的 ether（如 0.1 个 ether）给合约，导致将来所有的玩家都将不能达成里程碑任务。因为所有正规的玩家都只会发送 0.5ether 或者 0.5 整数倍的 ether。一旦合约接受了上面的 0.1ether，this.balance 将永远不会为 0.5 的倍数。于是下列的 if 条件永远都不会是 true。

```
⋮
//if at a milestone credit the players account
if(currentBalance == payoutMileStone1){
    redeemableEther[msg.sender] += mileStone1Reward;
}
else if(currentBalance == payoutMileStone2){
    redeemableEther[msg.sender] += mileStone2Reward;
}
else if(currentBalance == finalMileStone ){
    redeemableEther[msg.sender] += finalReward;
}
    ⋮
```

更严重的是，如果一个报复心很强的攻击者错过了一个里程碑任务，他可以强制性地送出 10 ether（或者让合约余额超过 FinalMileStone 数目的 ether），这将永远锁住合约里的所有奖励。因为 ClaimReward（）函数会因为下面的 require 语句总是回退（revert）（this.balance 总是大于 FinalMileStone）。

```
//ensure the game is complete
        require(this.balance == finalMileStone);
```

2. 防护技术

上面的漏洞是由对 this.balance 的误用引起的。智能合约的逻辑应尽可能地避开依赖于某个特定合约余额的程序，因为 this.balance 能被高明的攻击者操纵。如果一定要基于 this.balance 来定制逻辑，请确保合约余额不会出现不可预料的值。

如果确实需要用到合约余额的确切数额，最好自己定义一个变量，这个变量仅仅可以被 Payable 的函数所修改，从而可以安全地记录真实的合约余额。这个自定义的变量不会受到由 Selfdestruct（）引起的强制性的 ether 发送。

下面是一个修正版本：

```
contract EtherGame{
    uint public payoutMileStone1 =3 ether;
    uint public mileStone1Reward =2 ether;
    uint public payoutMileStone2 =5 ether;
    uint public mileStone2Reward =3 ether;
    uint public finalMileStone =10 ether;
    uint public finalReward =5 ether;
    uint public depositedWei;
    mapping(address =>uint)redeemableEther;
    function play()public payable{
        require(msg.value ==0.5 ether);
        uint currentBalance =depositedWei +msg.value;
        //确保游戏结束后就没有玩家了
        require(currentBalance <=finalMileStone);
        if(currentBalance ==payoutMileStone1){
            redeemableEther[msg.sender] +=mileStone1Reward;
        }
        else if(currentBalance ==payoutMileStone2){
            redeemableEther[msg.sender] +=mileStone2Reward;
        }
        else if(currentBalance ==finalMileStone ){
            redeemableEther[msg.sender] +=finalReward;
        }
        depositedWei  +=msg.value;
        return;
    }
    function claimReward()public{
        //确保游戏结束
        require(depositedWei ==finalMileStone);
        //确信有奖励
      require(redeemableEther[msg.sender] >0);
        redeemableEther[msg.sender] =0;
        msg.sender.transfer(redeemableEther[msg.sender]);
    }
}
```

上面修订后的程序定义了一个新的变量 depositedWei，用来记录充值 ether 的数量，并且所有逻辑都是基于这个变量，不再使用 this. balance。

8.1.5 代理调用

CALL 和 DELEGATECALL opcodes 被用来帮助以太坊开发程序员开发模块化的程序。CALL opcode 用来处理在外部合约/函数的上下文环境里运行的标准外部调用。DELEGATE-CALL opcode 大体上和 CALL 一样，不同的是代码执行是在目标地址，而且执行的上下文环境是发起调用的外部合约，同时 msg. sender 和 msg. value 保持不变。这个特性对开发库包、开发可重用代码非常重要。尽管这两个 opcode 的区别很简单，但是 DELEGATECALL 调用可能引发不可知的情况。

1. 攻击原理

由于 DELEGATECALL 的特性，在库包里的程序可能没有什么漏洞，但是运行在一个不同的上下文环境里，就有可能有漏洞。下面是一个斐波那契数列的示例：

```
//library contract-calculates fibonacci-like numbers;
contract FibonacciLib{
    //initializing the standard fibonacci sequence;
    uint public start;
    uint public calculatedFibNumber;
    //modify the zeroth number in the sequence
    function setStart(uint_start)public{
        start = _start;
    }
    function setFibonacci(uint n)public{
        calculatedFibNumber = fibonacci(n);
    }
    function fibonacci(uint n)internal returns(uint){
        if(n ==0)return start;
        else if(n ==1)return start +1;
        else return fibonacci(n -1) +fibonacci(n -2);
    }
}
```

这个库包能生成第 n 个斐波那契数。它允许改变开始的斐波那契数，从而可以计算在新的序列里的第 n 个斐波那契数。下面是使用这个库包的一个合约程序：

```
contract FibonacciBalance{
    address public fibonacciLibrary;
    //the current fibonacci number to withdraw
    uint public calculatedFibNumber;
    //the starting fibonacci sequence number
    uint public start =3;
```

```
    uint public withdrawalCounter;
    //the fibonancci function selector
    bytes4 constant fibSig = bytes4(sha3("setFibonacci(uint256)"));

    //constructor-loads the contract with ether
    constructor(address _fibonacciLibrary) public payable{
        fibonacciLibrary = _fibonacciLibrary;
    }
    function withdraw(){
        withdrawalCounter += 1;
        //calculate the fibonacci number for the current withdrawal user
        //this sets calculatedFibNumber
        require(fibonacciLibrary.delegatecall(fibSig,withdrawalCounter));
        msg.sender.transfer(calculatedFibNumber * 1 ether);
    }

    //allow users to call fibonacci library functions
    function() public{
        require(fibonacciLibrary.delegatecall(msg.data));
    }
}
```

这个合约允许玩家从合约里提现，额度等于一个斐波那契数，序数取决于提现的顺序号：第一个参与者获得 1 ether；第二个参与者获得 1 ether；第三个参与者获得 2 ether；第四个参与者获得 3 ether；第五个参与者获得 5 ether。以此类推，直到合约余额少于要提取的斐波那契数。

合约里有一个有趣的变量 fibSig。它保存着字符串"fibonacci（uint256)" 的 keccak（sha-3）哈希的前 4 个字节。这就是函数选择子，它被放进 Calldata 来指定调用合约里的哪个函数。在 Delegatecall 函数里指定准备运行的 fibonacci（uint256）函数。Delegatecall 里的第二个参数就是准备传给函数的参数。同时，确认 FibonacciLib 库包的地址在构造函数里被正确引用。

状态变量 start 被用在库包合约和主调合约里。在库包合约里，start 用来指定斐波那契数列的起始数而且被设为 0，在 FibonacciBalance 合约里 start 被设为 3。在 FibonacciBalance 合约里，Fallback 函数里所有的调用都被转给了库包合约，在库包合约里，可以使用 setStart（）函数。因为在合约里保存了一个状态变量，这意味着在 Fallback 函数里可以改变本地 FibonacciBalance 合约里的 start 状态变量，从而允许用户提取更多的 ether，因为最后的斐波那契数 calculatedFibNumber 是依赖于 start 变量的。实际上，setStart（）函数在 FibonacciBalance 合约里不改变 start 变量。但是潜伏的危害更甚。

首先来分析 start（Storage 类型）变量是如何存储在合约里的。Storage 变量是顺序地存储在存储槽上的。

在库包合约里，有两个状态变量 start 和 calculatedFibNumber。第一个变量 start 被存储在合约的存储槽 slot［0］；第二个变量 calculatedFibNumber 存储在下一个存储槽 slot［1］。函数 setStart（）接受一个输入参数并把其参数值设定到 start 变量里，所以在 setStart（）函数里参数值被设定到 slot［0］。同样，在 setFibonacci（）函数里设定 calculatedFibNumber 的值作为 fibonacci（n）的结果。也就是说，存储槽 slot［1］作为 fibonacci（n）函数的返回值。

FibonacciBalance 合约里，存储槽 slot［0］被关联到 fibonacciLibrary 地址，并且 slot［1］被关联到 calculatedFibNumber。Delegatecall 保留合约的上下文，这意味着通过执行 delegatecall 的代码可以在调用合约的存储槽上进行操作。

注意：在 withdraw（）函数里执行了 fibonacciLibrary. delegatecall（fibSig，withdrawalCounter）。这个调用会用 delegatecall 的方式执行 setFibonacci（）函数，修改存储槽 slot［1］，在现有的上下文环境是 calculatedFibNumber。这是期望的程序行为。但是 FibonacciLib 合约里的 start 变量位于存储槽 slot［0］，是在当前合约的 fibonacciLibrary 地址，这会导致函数 fibonacci（）给出一个不可预知的结果。这是因为 start（slot［0］）在当前调用的上下文里被关联到的是 fibonacciLibrary 地址 address，所以很可能 withdraw（）函数会 revert，因为它可能不会有 uint（fibonacciLibrary）那么多的 ether（calcultedFibNumber 返回的数量）。

更糟糕的是，FibonacciBalance 合约允许用户通过 Fallback 函数调用 fibonacciLibrary 库里所有的函数，包括 setStart（）函数。而 setStart 函数允许任何人来修改或者设定 slot［0］。在这种情况下，storage slot［0］是 fibonacciLibrary 地址。因而，攻击者可以创建一个恶意的合约，把 address 转换成一个 uint 然后调用 setStart，从而把 fibonacciLibrary 的地址改到攻击者合约的地址。然后，任何时候一个用户调用了 withdraw（）或者 Fallback 函数，因为已经修改了 fibonacciLibrary 的地址，恶意合约就会被启动（可能窃取合约里所有的资金余额）。下面是攻击者合约：

```
contract Attack{
    uint storageSlot0;//corresponds to fibonacciLibrary
    uint storageSlot1;//corresponds to calculatedFibNumber
    //fallback-this will run if a specified function is not found
    function()public{
        storageSlot1 =0;//we setcalculatedFibNumber to 0,so that if withdraw
        //is called we don't send out any ether.
        <attacker_address >.transfer(this.balance);//we take all the ether
    }
}
```

上面的攻击者合约通过修改存储槽 slot［1］来修改 calculatedFibNumber。理论上，攻击者可以在他们攻击合约里修改任何的存储槽。另外，delegatecall 带有状态（不是合约里的变量名字，而是这些变量关联到的存储槽）。从上面的示例可以看到，一个简单的错误就会导致攻击者绑架整个合约和合约里的 ether。

2. 防护技术

Solidity 提供了 library 关键字来实现库包合约。这个关键字保证了库包合约是 stateless 而且不可自毁。stateless 强制库包大大减轻了 Storage 上下文环境里的复杂性，同时也防止了攻击者通过修改库包里的状态以期影响依赖于该库包的合约里的状态。所以作为一个好的编程习惯，使用 DELEGATECALL 时必须要小心翼翼，同时考虑调用合约以及库包合约的上下文环境。任何时候都要编写 stateless 库包。

3. 攻击实例：Parity Multisig Wallet（Second Hack）

第二次 Parity Multisig Wallet 黑客事件表明即使一个编写完善的库包代码，当运行在不可知的上下文环境时，也容易被攻击。详细信息请参考：Parity MultiSig Hacked. Again by Anthony Akentiev，An In-Depth Look at the Parity Multisig Bug。

下面列出了两个比较有趣的合约：库包合约和钱包（Wallet）合约。

```
contract WalletLibrary is WalletEvents{

  ...

  //throw unless the contract is not yet initialized.
  modifier only_uninitialized{if(m_numOwners >0)throw;_;}
  //constructor-just pass on the owner array to the multiowned and
  //the limit to daylimit
  function initWallet(address[ ]_owners,uint_required,uint_daylimit)
only_uninitialized{
    initDaylimit(_daylimit);
    initMultiowned(_owners,_required);
  }
  //kills the contract sending everything to '_to'.
  function kill(address_to)onlymanyowners(sha3(msg.data))external{
    suicide(_to);
  }

  ...

}
```

钱包合约：

```
contract Wallet is WalletEvents{
  ...
  //METHODS
  //gets called when no other function matches
  function()payable{
    //just being sent some cash?
    if(msg.value >0)
      Deposit(msg.sender,msg.value);
    else if(msg.data.length >0)
```

```
        _walletLibrary.delegatecall(msg.data);
    }

    ...
    //FIELDS
    address constant _walletLibrary=0xcafecafecafecafecafecafecafecafecafecafe;
}
```

Wallet 合约把所有的调用都以 delegatecall 的方式转送到 WalletLibrary 合约。在合约里，常量 _walletLibrary 地址是实际部署 WalletLibrary 地址的占位符（合约地址是 0x863DF6BFa4469f3ead0bE8f9F2AAE51c91A907b4）。这些合约的设计都是运行在部署的 Wallet 合约里，代码和主要功能在 WalletLibrary 合约。WalletLibrary 合约本身是一个合约而且有其自己的状态。

WalletLibrary 合约可以被初始化，并且被拥有。一个用户可以通过调用 WalletLibrary 合约的 initWallet（）函数成为 Library 合约的拥有者，可以调用 kill（）函数，这个操作一旦被允许将导致合约自毁。因为所有的 Wallet 合约都被关联到这个 Library 合约而且没有方法可以改变这种关联，所以所有的功能，包括提取 ether 的功能都已丧失（WalletLibrary 已经自毁）。在所有 parity multi-sig wallets 中的所有的 ether 就会永久性丢失。

8.1.6 默认可见性修饰符

Solidity 函数有 Visibility 指定符，标明函数如何被允许访问。Visibility 决定一个函数是否能被用户或其他派生合约从外部调用或仅从内部调用等。Solidity 函数有 4 个 Visibility 指定符，默认的 Visibility 指定符是 public（允许用户外部调用）。Visibility 指定符的不正当使用可能导致灾难性的漏洞。

1. 攻击原理

函数默认的 Visibility 指定符是 public。如果没有指定函数 Visibility 指定符，则被认定是 public，这意味着该函数允许外部用户调用。当开发程序员对本应该是 private（只能从合约内部访问调用）的函数错误地没有指定 Visibility 指定符，就会引入漏洞。请看下面的示例：

```
contract HashForEther{
    function withdrawWinnings(){
        //Winner if the last 8 hex characters of the address are 0.
        require(uint32(msg.sender)==0);
        _sendWinnings();
    }
    function_sendWinnings(){
        msg.sender.transfer(this.balance);
    }
}
```

这个简单的合约是一个猜地址获取奖励的游戏。用户必须生成一个以太坊地址，如果它的 16 进制的后 8 位都是 0，就可以赢得游戏。一旦赢得游戏，用户就可以通过调用 WithdrawWinnings（）函数来获得奖励。但是，由于函数的 Visibility 并没有被指定，特别是_sendWinnings（）函数是 public，所以任何地址都可以调用这个函数来偷取奖励。

2. 防护技术

在智能合约编程的时候，最好给所有函数指定函数的 Visibility。最近的 Solidity 版本加入了对未显式指定 Visibility 指定符的编译警告。

3. 攻击实例：Parity MultiSig Wallet（First Hack）

在第一次 Parity Multisig Wallet 黑客事件中，价值大约 31000000 $ 的 ether 从 3 个钱包被窃取。详细信息参考：https://medium.freecodecamp.org/a-hacker-stole-31m-of-ether-how-it-happened-and-what-it-means-for-ethereum-9e5dc29e33ce。

多签的 Parity 钱包的基钱包合约是 Wallet 钱包。在 Wallet 钱包里，它调用了一个包含所有核心功能实现的库包。这个库包合约包含如下的代码来初始化 Wallet 钱包：

```
contract WalletLibrary is WalletEvents{
  ⋮


  //METHODS
  ⋮


  //constructor is given number of sigs required to do protected "only-
manyowners" transactions
  //as well as the selection of addresses capable of confirming them.
  function initMultiowned(address[]_owners,uint_required){
    m_numOwners = _owners.length +1;
    m_owners[1] =uint(msg.sender);
    m_ownerIndex[uint(msg.sender)] =1;
    for(uint i =0;i <_owners.length; + +i)
    {
      m_owners[2 +i] =uint(_owners[i]);
      m_ownerIndex[uint(_owners[i])] =2 +i;
    }
    m_required = _required;
  }
  ⋮
  //constructor-just pass on the owner array to the multiowned and
  //the limit to daylimit
  function initWallet(address[]_owners,uint_required,uint_daylimit){
    initDaylimit(_daylimit);
    initMultiowned(_owners,_required);
  }
}
```

注意：上面所有的函数都没有显式地设定一个 Visibility。所有的函数都被设置为默认值 public。initWallet（）函数在 wallets 的构造函数中被调用，并设置 Multisig Wallet 的所有者（initMultiowned（）函数）。因为这些函数被设置为 public，在部署的合约里，攻击者就可以调用这些函数，重置合约的所有权为攻击者的地址。攻击者变成合约的所有者后，就可以清空钱包。

8.1.7 熵随机源

所有以太坊的交易都是确定状态转换操作。这一点可以参照黄皮书：每个交易都会修改以太坊生态系统的一个全局的状态，而且这种状态转换是以计算方式完成的。这意味着在整个区块链生态系统里没有熵源或者说随机源。在 Solidity 没有随机函数 rand（），如何在区块链里获得随机性是一个必须思考的问题。有很多提议，其中最重要的是 RandDAO 和此链接中的内容：https://vitalik.ca/files/randomness.html。

1. 攻击原理

以太坊上有些合约是关于随机合约的。随机合约需要的是不确定性，所以在区块链上开发随机合约系统会比较困难。很明显，不确定性必须接入外部的随机源。在平等的节点之间猜是可实现的（如使用 commit-reveal 技术），但是，如果一个合约想坐庄，如何保证随机性就很难。一个常用的错误做法是使用未来块的变量，如哈希、时间戳、块号、燃料上限等。采用这种做法最大的问题是矿工可以控制块的生成，因而也不是真正的随机。例如，一个随机合约可能有这样的逻辑：如果下一个块哈希是偶数，则返回黑数。一个矿工（或者矿工池）可能投注黑数一百万美元，如果他们发现哈希是奇数，他们就不会公开广播这个块而继续挖矿，直到挖到一个块的哈希是偶数（假设块奖励和费用少于 1 百万美元）。使用过去或者现在的块的变量更是灾难性的。更严重的是，如果使用块变量来生成伪随机数，对块中所有的交易而言，伪随机数都是一样的。所以攻击者可以在一个块中塞入尽量多的交易，以增大攻击者赢的机率。

2. 防护技术

随机源必须外部接入。在点对点的系统中，可以通过诸如 commit-reveal 或者为一组参与者修改信任模型（如 RandDAO），也可以通过一个中心化的实体来实现，作为随机源的预言机。块变量不能作为随机源，因为矿工可以操纵块变量。

8.1.8 外部合约引用

将以太坊视为一个世界计算机，用户可以复用代码并和已部署的智能合约进行交互。实际上，大量的合约和外部合约有关联并且使用消息调用和外部合约交互。这些外部的消息调用可能带来漏洞。

1. 攻击原理

在 Solidity 里，任何地址都可以被强制类型转换为合约，而不管在地址上的代码是否是恶意的。下面的示例演示了可能带来的风险。

```
//encryption contract
contract Rot13Encryption{
    event Result(string convertedString);
```

```
        //rot13 加密一个字符串
        function rot13Encrypt(string text)public{
            uint256 length = bytes(text).length;
            for(var i = 0;i < length;i + +){
                byte char = bytes(text)[i];
                //内联汇编代码来修改字符串
                assembly{
                    char: = byte(0,char)//get the first byte
                    if and(gt(char,0x6D),lt(char,0x7B))//if the character
is in [n,z],i.e. wrapping.
                    {char: = sub (0x60, sub (0x7A, char))}//subtract from the
ascii number a by the difference char is from z.
                    if iszero(eq(char,0x20))//跳过空格
                    {mstore8(add(add(text,0x20),mul(i,1)),add(char,13))}
//add 13 to char.
                }
            }
            emit Result(text);
        }
        //rot13 解码一个字符串
        function rot13Decrypt(string text)public{
            uint256 length = bytes(text).length;
            for(var i = 0;i < length;i + +){
                byte char = bytes(text)[i];
                assembly{
                    char : = byte(0,char)
                    if and(gt(char,0x60),lt(char,0x6E))
                    {char: = add(0x7B,sub(char,0x61))}
                    if iszero(eq(char,0x20))
                    {mstore8(add(add(text,0x20),mul(i,1)),sub(char,13))}
                }
            }
            emit Result(text);
        }
    }
```

上面的代码接受一个字符串的输入（字母 a ~ z，没有检查），加密这个字符串：向右移动 13 个位置（逢 ‘z’ 转弯到 ‘a’），如 ‘a’ 移到 ‘n’；‘x’ 移到 ‘k’。

下面的合约使用上面的加密功能进行加密：

```
import"Rot13Encryption.sol";
```

```
//encrypt your top secret info
contract EncryptionContract{
    //library for encryption
    Rot13Encryption encryptionLibrary;
    //constructor-initialise the library
    constructor(Rot13Encryption _encryptionLibrary){
        encryptionLibrary=_encryptionLibrary;
    }
    function encryptPrivateData(string privateInfo){
        //potentially do some operations here
        encryptionLibrary.rot13Encrypt(privateInfo);
    }
}
```

问题在于，encryptionLibrary 的地址不是 public 也不是 constant。因而，合约部署可以在构造函数里将如下合约（Rot26Encryption）的地址赋给 encryptionLibrary：

```
//encryption contract
contract Rot26Encryption{
    event Result(string convertedString);
    //rot13 encrypt a string
    function rot13Encrypt(string text)public{
        uint256 length=bytes(text).length;
        for(var i=0;i<length;i++){
            byte char=bytes(text)[i];
            //inline assembly to modify the string
            assembly{
                char:=byte(0,char)//get the first byte
                if and(gt(char,0x6D),lt(char,0x7B))//if thecharacter
is in[n,z],i.e. wrapping.
                {char:=sub(0x60,sub(0x7A,char))}//subtract from the
ascii number a by the difference char is from z.
                if iszero(eq(char,0x20))//ignore spaces
                {mstore8(add(add(text,0x20),mul(i,1)),add(char,26))} //
add 13 to char.
            }
        }
        emit Result(text);
    }
    //rot13 decrypt a string
    function rot13Decrypt(string text)public{
```

```
        uint256 length = bytes(text).length;
        for(var i = 0;i < length;i ++){
            byte char = bytes(text)[i];
            assembly{
                char: = byte(0,char)
                if and(gt(char,0x60),lt(char,0x6E))
                {char: = add(0x7B,sub(char,0x61))}
                if iszero(eq(char,0x20))
                {mstore8(add(add(text,0x20),mul(i,1)),sub(char,26))}
            }
        }
        emit Result(text);
    }
}
```

上面这个合约实现了 rot26 加密(即移动每个字符 26bit)。encryptionLibrary 也可以链接到如下的合约：

```
contract Print{
    event Print(string text);

    function rot13Encrypt(string text)public{
        emit Print(text);
    }
}
```

如果上面这些合约地址在初始化时被设置，encryptPrivateData（）函数可能只是触发一个 Event，打印未加密的私有数据。如果一个链接的合约没有所调用的函数，Fallback 函数将被执行。例如，如果 encryptionLibrary 合约的代码为：

```
contract Blank{
    event Print(string text);
    function(){
        emit Print("Here");
        //将恶意的代码放在这里
    }
}
```

encryptionLibrary. rot13Encrypt（）将产生一个 Event，打印文本“Here”。原理上，如果用户修改了库包合约，他们就可以让用户无感地运行设计好的代码。

2. 防护技术

有很多方法来防止出现上面提到的场景。第一种是使用 new 关键字来创建合约。改写上面的合约：

```
constructor(){
```

```
    encryptionLibrary = new Rot13Encryption();
}
```

采用这种方法，合约的引用是在部署时创建而且部署者也不能用其他的智能合约来代替 Rot13Encryption 合约。另外一个方案是将已确知的 Rot13Encryption 合约的地址赋给 encryptionLibrary。调用外部合约的代码需要仔细考虑。作为程序开发员，在定义外部合约的时候，设计合约地址为 public 变量，会让用户很容易地检查链接的外部合约的代码。相反地，如果设计合约地址为 private，也会使某些专有特权用户能随时改变合约地址。在实现定期合约或者投票程序的时候，让用户了解当前使用的是什么代码，给用户加入/退出的机会。具体攻击实例，可以参考文献 [46]。

8.1.9 短地址/参数攻击

这个攻击不是攻击 Solidity 合约，而是对和合约交互的第三方应用的攻击。开发程序员应该知道在合约里如何操纵参数。

1. 攻击原理

在传送参数给智能合约时，参数以 ABI 规范被编码。传送短于期望长度的参数是可能的，如发送的地址可能只有 38 个 16 进制字符长（19B），而不是标准的 40 个 16 进制字符（20B）。在这种情况下，EVM 会自动加 0 对齐来满足期望的参数长度。在第三方应用程序不校验输入的情况下，就会出现问题。例如，如果在一个用户要求提现 ERC20 token 时不校验地址的话，就会出现漏洞。详细讨论参见 https://vessenes.com/the-erc20-short-address-attack-explained/。下面是标准 ERC20 的函数，注意参数的顺序。

```
function transfer(address to,uint tokens)public returns(bool success);
```

假定一个 ERC20 合约拥有大量的 token（假设合约名为 REP），一个用户希望提现 100tokens，并提供了地址（0xdeaddeaddeaddeaddeaddeaddeaddeaddeaddead）和提现的 token 数量 100。EVM 就会按照 transfer（）函数的参数的顺序来编码，先地址然后再 token 数量。编码结果是：a9059cbb000000000000000000000000deaddeaddeaddeaddeaddeaddeaddeaddeaddead00000000000000000000000000000000000000000000000056bc75e2d63100000。前 4 个字节（a9059cbb）是 transfer（）函数的函数选择子，接下来的 32B 是地址，最后 32B 是一个 uint256 变量，即要提现的 token 数量。注意：最后的 16 进制 56bc75e2d63100000 代表 100 tokens（根据 REP token 合约的规定，18 个数字位）。

下面分析如果参数的长度少了 1B（两个 16 进制字符长）会发生什么情况。例如，一个攻击者发送 0xdeaddeaddeaddeaddeaddeaddeaddeaddeadde（一个地址，少了最后两位），同时提现的数量也是 100 tokens。如果合约不校验输入，这个调用就会被编码为 a9059cbb000000000000000000000000deaddeaddeaddeaddeaddeaddeaddeaddeadde00000000000000000000000000000000000000000000000056bc75e2d6310000000。编码后的结果和上面相差无几（注意：00 被追加到编码的最后，自动对齐 32B）。如果这个编码的结果被送到合约，地址参数就是 0xdeaddeaddeaddeaddeaddeaddeaddeaddeadde00，提现的数量会被认为是 56bc75e2d6310000000（有两个多余的 0），现在提现的数量是 25600 tokens（数量乘了 256）。在这种情况下，如果合约拥有超过 25600 tokens，用户就可以提现 25600 tokens。很显然，攻击者不可能获得上述的地址。但是如果攻击者生成以 0 结尾的地址（通过暴力方法很容易做到）

并使用这个生成的地址，攻击者就可以通过交易窃取 token。

2. 防护技术

在发送输入给区块链之前检查所有的输入可以防止此类攻击，同时必须注意参数的顺序。因为最后会发生对齐操作，仔细设计参数的顺序可以减轻这种攻击。

8.1.10 未验证的 CALL 返回值

在 Solidity 里有很多方法执行外部的调用。一般使用 transfer () 函数来发送 ether 到外部地址，也可以使用 send () 函数，也可以直接使用 CALL opcode。call () 和 send () 函数会返回一个布尔值标记调用成功与否。上述的函数有一个简单的漏洞，如果外部调用失败，只会得到一个 false 的布尔值，而不会回退。如果不坚持返回值的话，程序员预期的回退不会发生。详细信息参见：http://www.dasp.co/#item-4。

1. 攻击原理

下面是一个示例：

```
contract Lotto{
    bool public payedOut = false;
    address public winner;
    uint public winAmount;

    //... extra functionality here
    function sendToWinner()public{
        require(!payedOut);
        winner.send(winAmount);
        payedOut = true;
    }

    function withdrawLeftOver()public{
        require(payedOut);
        msg.sender.send(this.balance);
    }
}
```

这个合约是一个近似彩票的程序。赢家可以赢取一定数量的 ether，并留下一点给其他人提取。问题在于上面的 send () 没有校验返回值。如果赢家的交易失败（因为燃料耗尽，也可能是遭受到栈深度攻击），就会设置 payedOut 为 true（不管 ether 是否发送成功）。这种情况下，其他用户就可以通过调用 withdrawLeftOver () 函数提取赢家的份额。

2. 防护技术

任何时候，尽可能地使用 transfer () 函数而不是使用 send ()，这是因为如果外部交易回退 transfer () 会自动回退。如果必须使用 send ()，必须保证要永远校验函数的返回值。

另外一个更有力的建议就是采用 withdrawal 模式。这种解决方案中每个用户负责调用一个彼此隔绝的函数（如一个 withdraw 函数），负责把 ether 从合约里送出，从而保证了发送交易失败的情况下彼此互不影响。该解决方案意在从逻辑上隔离外部发送程序和其他程序，将发送程序失败处理的责任交给发起 withdraw 函数的终端用户。具体攻击实例可参考文献［47］。

3. 攻击实例：Etherpot and King of the Ether

Etherpot 是一个彩票合约，与上述示例合约没有太大区别。Etherpot 合约的 Solidity 代码可以查看：https://github.com/etherpot/contract/blob/master/app/contracts/lotto.sol。这个合约的主要问题在于不正确的使用块哈希（只有最后的 256 块哈希是可用的，详见：http://aakilfernandes.github.io/blockhashes-are-only-good-for-256-blocks），同时还会受到未校验 call 返回值的攻击（漏洞在 lotto.sol 的 cash（）函数第 80 行）：

```
  ⋮
    function cash(uint roundIndex,uint subpotIndex){//line 80
           var subpotsCount = getSubpotsCount(roundIndex);
           if(subpotIndex >= subpotsCount)
               return;
           var decisionBlockNumber = getDecisionBlockNumber(roundIndex,
subpotIndex);
           if(decisionBlockNumber > block.number)
               return;
           if(rounds[roundIndex].isCashed[subpotIndex])
               return;
           //Subpots can only be cashed once. This is to prevent double payouts
           var winner = calculateWinner(roundIndex,subpotIndex);
           var subpot = getSubpot(roundIndex);
           winner.send(subpot);
           rounds[roundIndex].isCashed[subpotIndex] = true;
           //Mark the round as cashed
  }
  ⋮
```

注意：上面 send 函数的返回值并没有被校验，而且其后设置了一个布尔变量表明已经向赢家发送了他们的资金。这个缺陷会允许一个状态：赢家没有收到他们应得的 ether，但是合约的状态表明他们的资金已经被发送了。

另一个更严重的版本发生在 King of the Ether。这个合约完美地展示了如果不校验 send 函数的返回值，失败的 send 函数调用会带来怎样的攻击。

8.1.11 竞争条件

外部调用和多用户可能导致竞争，出现不可预知的状态。Re-Entrancy 是竞争条件之一。本节主要讨论一些可能引起竞争状态的情况。

1. 攻击原理

以太坊缓存交易，并在适当时机把它们打包成块上链。在只有一个矿工解决了共识问题的情况下，交易才被认为是合法。解决共识问题的矿工从他的缓存池里选择哪些交易会被打包进新块并上链。比较通用的是，打包的顺序是由交易的燃料价格（Gas Price）决定的。这里隐藏了一个被攻击的地方。一个攻击者可以监视缓冲池，监视那些可能被打包的交易，修改或者吊销攻击者的权限或者修改合约里的一个状态，使攻击者获得该交易的数据，并且创建一个带有较高燃料价格的新的交易，这个新的交易便可以插队排在原来交易的前面得到处理。

下面是一个简单的示例，演示如何进行攻击：

```
contract FindThisHash{
    bytes32 constant public hash =
0xb5b5b97fafd9855eec9b41f74dfb6c38f5951141f9a3ecd7f44d5479b630ee0a;

    constructor()public payable{} //load with ether

    function solve(string solution)public{
        //If you can find the pre image of the hash,receive 1000 ether
        require(hash == sha3(solution));
        msg.sender.transfer(1000 ether);
    }
}
```

假设这个合约有 1000 ether。任何用户，只要能够找到 sha3 哈希等于 0xb5b5b97fafd9855eec9b41f74dfb6c38f5951141f9a3ecd7f44d5479b630ee0a 的答案，就可以提交答案并获取 1000 ether。打个比方，假如一个用户找到了答案是 Ethereum!，他用 Ethereum! 作为参数调用 solve()。如果此时有一个聪明的攻击者在监视着交易池，监视任何被提交的答案。攻击者看到了答案，检查答案的合法性，然后提交一个等价的交易但是带有较高的燃料价格（比原有交易的燃料价格高），矿工就会优先将攻击者的交易打包入块（因为更高的燃料价格）。这种情况下，攻击者就会获得 1000 ether，而真正解决问题的用户一无所有，因为合约里的 ether 已经被提取。

未来 Casper 的实现中有一个更接近实际的问题。Casper 是一个权益验证的共识机制，如果用户发现验证者多投票或者有其他不正当行为，用户将被激励来提交证据。验证者就会被惩罚，提交证据的用户会被奖励。在这种情况下，可以想象，矿工会抢在证据提交前运行指定的交易，从而获得奖励。这个问题在 Casper 正式释放前必须解决。

2. 防护技术

有两类用户可以执行上述的抢先攻击：修改了燃料价格的用户和可以重排交易顺序的矿工。对第一类用户，合约更容易受到攻击，因为后一类攻击仅仅发生在矿工解决了共识问题的前提下，而解决共识问题是有概率的。下面列出一些能降低风险的措施。

第一种方法是在合约里加入设置燃料价格的最大值的逻辑。这会防止用户任意地提高燃料价格从而让他们的交易优先执行。该方法只是减轻了第一类用户的攻击风险。矿工仍然可以不管燃料价格重排交易的顺序攻击合约。

另外一个可行的方法是使用 commit-reveal 模式。这种模式规定用户发送交易，必须要隐藏交易信息（常用的方法是用哈希）。当交易被打包进一个块以后，用户可以发送一个带有具体交易数据的交易。因为他们不能知道交易的详细内容，所以该方法可以防止矿工和用户抢先执行交易。但这种方法无法隐藏交易值。

3. 攻击实例：ERC20 和 Bancor

在以太坊上，比较知名的 ERC20 标准由于 approve（）函数带来了抢先运行的漏洞。具体信息见：https://docs.google.com/document/d/1YLPtQxZu1UAvO9cZ1O2RPXBbT0mooh4DYKjA_jp-RLM/edit

ERC20 标准规定 approve（）函数：

```
function approve(address _spender,uint256 _value)returns(bool success)
```

这个函数允许一个用户授权其他用户自主去发送 token。例如，当一个用户 Alice 授权她的朋友 Bob 来花费 100tokens，这个时候就有被抢先执行的风险。如果 Alice 后来决定撤销对 Bob 花费 100 tokens 的授权，她可以创建一个交易，仅仅分给 Bob 50 tokens。假定 Bob 时刻监视着整条链，而且他发现了 Alice 的这个交易，那么他就可以创建一个他自己花费 100tokens 的交易。Bob 给他的交易设定了一个较高的燃料价格（相比 Alice 交易的燃料价格而言），从而他的交易是排在 Alice 创建的交易前面。一些 approve（）的实现允许 Bob 先发送他的 100 tokens，然后 Alice 的交易提交，重置 Bob 的授权额度为 50 tokens，实际 Bob 获得的额度是 150 tokens。

另外一个著名的实例是 Bancor。Ivan Bogatty 和他的团队详细描述了一个可以获利的、对最初版本 Bancor 实现的攻击。基本上，token 的价格是基于交易的价值来被决定。用户可以监视交易池，特别是监视 Bancor 交易，并抢先运行以获利。

8.1.12 阻塞攻击

阻塞攻击分类比较宽泛，基本的定义是用户通过某种方法使一个合约在一段时间里暂时或者永远不工作。这种方法使合约里的资金永久地滞留，就像第二次 Parity 多签（Second Parity MultiSig）黑客事件所做的一样。

1. 攻击原理

有很多方法使合约不工作。这里只讨论一些阻塞攻击（DoS）的方法。

1）循环访问外部设计好的 mappings 或者 arrays（出现在合约拥有者给所有的投资人发送 token 时），如下面的代码：

```
contract DistributeTokens{
    address public owner;//gets set somewhere
    address[]investors;//array of investors
    uint[]investorTokens;//the amount of tokens each investor gets
    //... extra functionality,including transfertoken()
    function invest()public payable{
        investors.push(msg.sender);
        investorTokens.push(msg.value * 5);//5 times the wei sent
        }
    function distribute()public{
        require(msg.sender == owner);//only owner
```

```
        for(uint i =0;i <investors.length;i ++){
            //here transferToken(to,amount)transfers "amount" of to-
kens to the address "to"
            transferToken(investors[i],investorTokens[i]);
        }
    }
}
```

这个合约里的循环会遍历一个数组。一个攻击者可以创建用户账户，使这个数组相当大，有可能耗尽燃料，导致 token 分发的程序不工作。

2）所有者操作，即合约拥有者在合约里操作是有特权的。如 ICO 合约里，需要合约拥有者调用 Finalize（）来结束整个合约，使 tokens 可以被传输：

```
bool public is Finalized =false;
address public owner;//gets set somewhere
function finalize()public{
    require(msg.sender ==owner);
    isFinalized ==true;
}
//... extra ICO functionality
//overloaded transfer function
function transfer(address_to,uint_value)returns(bool){
    require(is Finalized);
    super.transfer(_to,_value)
}
...
```

在这种情况下，如果用户丢失了私钥或者不再活跃的话，整个 token 合约就不工作了。如果合约拥有者不能调用 Finalize（）的话，合约里的 token 就不能被传输。这意味着所有的操作都系于“一线”——一个地址。

3）由外部调用触发的渐进式状态管理（Progressing state based on external calls）。合约有时候有这样的逻辑：需要给外部地址送 token 以便前进到下一个状态，或者等待一个外部的触发。如果外部的调用失败或者因为别的原因被禁止，就有可能招致 Dos 攻击。以发送 ether 为例，用户可以创建一个不接受 ether 的合约，如果一个合约需要由发送 ether 给这个合约的成功与否来触发状态的变化，就有可能导致合约永远不能达到所期望的状态，因为发送 ether 永远不会成功。

2. 防护技术

在上面的第一个例子中，合约里不能遍历访问一个巨大的数据结构，尤其是在这个数据结构可能被外部操纵的情况下。这种情况推荐使用 withdrawal 模式，由每个投资者来各自提取他们自己的 token。

针对第二个例子，一个拥有特权的用户需要改变合约的状态。这时可以采用一个失败保护的模式（fail-safe）以防合约拥有者失能。一种方案是创建一个多签的合约，合约拥有者

只是签名者之一。另外一种方案就是使用一个时间锁：在上面程序的第 13 行加入一个时间判断 require（msg. sender == owner || now > unlockTime），允许用户在过了一段特定的时间后可以继续运行。这种技术也可以用于第三个例子。如果需要外部触发以便达到一个新的状态，考虑到可能失败的情况，可以加入一些时间判断的状态渐进判断。

从传统的中心化的思维出发，可以另外创建一个维护用户，用来应对 DoS 攻击解决合约不工作的问题。

3. 攻击实例：GovernMental

GovernMental 是一个庞氏骗局。它曾经积累了 1100ether，但是它有 DoS 漏洞。为了发送 ether 需要删除一个很大的 mapping，而删除这么大的 mapping 所需要的燃料超过了当时允许的块燃料的上限，导致不能从合约里提取 1100ether。合约地址是 0xF45717552f12Ef7cb65e95476F217Ea008167Ae3，合约交易详细见 0x0d80d67202bd9cb6773df8dd2020e7190a1b0793e8ec4fc105257e8128f0506b。1100ether 的提现最终耗掉了 2. 5MGas。

8.1.13 操纵块时间戳

块时间戳被很多 App 所使用，如随机数的熵，资金的锁定期限以及很多改变状态的条件语句都是基于块时间戳。而矿工是有能力微调块时间戳的。如果块时间戳没有被正确使用，将会导致非常危险的状态。

1. 攻击原理

如果矿工有动机，他们可以操纵块时间戳。下面是一个简单的示例：

```
contract Roulette{
    uint public pastBlockTime;//Forces one bet per block

    constructor()public payable{} //initially fund contract

    //fallback function used to make a bet
    function()public payable{
        require(msg.value ==10 ether);//must send 10 ether to play
        require(now! =pastBlockTime);//only 1 transaction per block
        pastBlockTime =now;
        if(now%15 ==0){//winner
            msg.sender.transfer(this.balance);
        }
    }
}
```

这个合约是一个简单的彩票程序。每块一个交易可以投注 10ether 以有机会赢得整个合约余额。前提是 block. timestamp 的最后两位均匀分布。如果前提成立，每次投注会有 1/15 的机会赢取彩票。但是，只要诱惑足够大，矿工可以微调块时间戳。如果在合约里有太多的 ether，矿工就会选择取模 15 为 0 的块时间戳，以赢取合约中锁定的 ether 加上块奖励。因为一个人只能在每块中投注一次，该合约同时也有 front-running 漏洞。

实际上，块时间戳是单向递增的，所以矿工不能随便选择块时间戳。同时，矿工选择的块时间戳也不能太超前，否则的话很容易被整个网络拒绝。

2. 防护技术

块时间戳不能用来作为熵或者用作随机数，也不能用来直接或者间接地决定一个游戏的输赢，或者用来决定一个重要状态的改变。某种情况下，必须与时间逻辑相关，如根据时间解锁合约，在 ICO 合约里用时间来判定 ICO 的结束或者过期。推荐使用 block. number 和块生成的平均时间来评估时间，如 10s 生成一个块，一周时间将近似生成 60480 块。这样比较安全，因为矿工不可能操纵块号。很多 ICO 合约都采用了这个策略。合约有可能不太会引起矿工操纵块时间戳，但是开发程序员必须考虑相应的防护技术。

8.1.14 谨慎使用构造函数

构造函数是一个比较特殊的函数，在构造函数里会执行一些初始化合约是比较关键的功能。在 Solidity 版本 0.4.22 之前，构造函数是一个和合约同名的函数。所以在开发过程中，如果合约名改变而构造函数名没有发生变化，原来的构造函数就会变成常规的可以调用的函数，这就会导致合约漏洞。可以阅读 https://github.com/OpenZeppelin/ethernaut。

1. 攻击原理

如果合约名改变或者构造函数有一个输入错误，将会导致函数名和合约名不一致，这种情况下构造函数就成为一个常规的函数。如果构造函数里执行了一些已授权的专有操作，就会导致严重的后果。请看下面的合约代码：

```
contract OwnerWallet{
    address public owner;
    //constructor
    function ownerWallet(address _owner)public{
        owner = _owner;
    }
    //fallback. Collect ether.
    function()payable{}
    function withdraw()public{
        require(msg.sender == owner);
        msg.sender.transfer(this.balance);
    }
}
```

这个合约接受 ether 充值，并且仅允许合约所有者用 withdraw（）函数提取。如果构造函数变成了常规函数，任何用户都可以调用 ownerWallet 函数，把他们自己设置成为合约的所有者，然后调用 withdraw 提取合约里所有的资金。

2. 防护技术

这个问题主要发生在 Solidity 编译器版本 0.4.22。这个版本引入了一个 constructor 关键字来表明一个构造函数，而不再要求构造函数名和合约名一致。建议使用 constructor 关键字来防止以后高版本带来的命名问题。

8.1.15 未初始化的存储指针

EVM 存储数据有两种方式：storage 或者 memory。在开发智能合约时，必须搞清楚数据存储的实现方式以及本地变量的默认类型。如果使用不正确的初始化变量，也会导致合约漏洞[30-32]。

1. 攻击原理

取决于本地变量的变量类型，本地变量默认为 storage 或者 memory，没有初始化的本地 storage 变量会指向不可知的合约变量，导致有意或者无意地留下漏洞。

请看下面的名字登录合约：

```
//A Locked Name Registrar
contract NameRegistrar{
    bool public unlocked = false;  //registrar locked,no name updates
    struct NameRecord{//map hashes to addresses
        bytes32 name;
        address mappedAddress;
    }
    mapping (address => NameRecord) public registeredNameRecord;//re-
cords who registered names
    mapping (bytes32 =>address) public resolve;//resolves hashes to addresses
    function register(bytes32_name,address_mappedAddress)public{
        //set up the new NameRecord
        NameRecord newRecord;
        newRecord.name = _name;
        newRecord.mappedAddress = _mappedAddress;
        resolve[_name] = _mappedAddress;
        registeredNameRecord[msg.sender] = newRecord;
        require(unlocked);//only allow registrations if contract is unlocked
    }
}
```

这个简单的名字登录合约只有一个函数。但合约被解锁以后，任何人都可以登录一个名字（作为一个 32B 的哈希），同时把名字映射到一个地址上。这个合约一开始是上锁的，而且其中的 require 语句防止在上锁状态下新增名字。但是在合约里有一个漏洞，允许合约在上锁状态下进行名字登录。

为了讨论这个漏洞，首先必须理解 Storage 是如何工作的（见本书第 4 章和第 5 章）。Storage 槽是线性排布的，所以 unlocked 存储在 slot [0]，registeredNameRecord 存储在 slot [1]，resolve 存储在 slot [2]，依次类推。每个存储槽是 32B。Boolean 类型变量 unlocked 会被存储为 0x000…0（64 个 0，false）或者 0x000…1（63 个 0，true）。

newRecord 变量默认存储在 Storage。漏洞在于 newRecord 没有被初始化。因为 newRecord 默认是 Storage，它就变成了一个指向 Storage 的指针。因为它没有被初始化，所以它指向 slot 0（unlocked 变量存储的地方）。其后，程序设置 nameRecord. name 为_name，设置 nameRecord. mappedAddress 为_mappedAddress，这两个赋值语句修改了 slot ［0］ 和 slot ［1］，实际上也修改了 unlocked 和 registeredNameRecord 所在的存储槽。这意味着 unlocked 可以在 register （） 里被直接修改，因而，如果_name 的最后的字节不为 0，它将修改 storage slot 0 的最后一个字节，从而直接修改 unlocked 为 true。使用下面的参数_name：0x000000000000000000000000000000000000000000000000000000000000001 在 Remix 里测试，函数将会通过。

2. 防护技术

Solidity 编译器对未初始化的变量会推出一个警告，开发程序员要仔细研读编译器产生的警告。显式地给变量加上 memory 或者 storage 修饰符是一个很好的编程习惯，以保证复杂类型按期望运行。

8.1.16　浮点数精度

截止到 Solidity v0. 4. 24，Solidity 并不支持定点数和浮点数。这意味着浮点数必须要用 Solidity 的整数表示。如果实现不正确的话，就会导致合约漏洞。

1. 攻击原理

由于 Solidity 里并没有浮点数，程序员需要用标准的整数型来实现浮点类型。在这个过程中，会出现一系列的漏洞，下面介绍其中几个漏洞。

下面是程序示例（忽略其中可能的上溢/下溢问题）：

```
1. contract Fun With Numbers{
2.     uint constant public tokensPerEth =10;
3.     uint constant public weiPerEth =1e18;
4.     mapping(address => uint)public balances;
5.     function buyTokens()public payable{
6.          uint tokens = msg. value/weiPerEth * tokensPerEth;//convert wei to eth,then multiply by token rate
7.       balances[msg. sender] +=tokens;
8.     }
9.     function sellTokens(uint tokens)public{
10.       require(balances[msg. sender] >=tokens);
11.       uint eth =tokens/tokensPerEth;
12.       balances[msg. sender] -=tokens;
13.       msg. sender. transfer(eth * weiPerEth);//
14.     }
15. }
```

这个简单的 token 买卖合约有几个明显的问题。尽管计算公式正确，但由于 Solidity 缺乏浮点数支持会导致错误的结果。如在第 7 行购买 tokens，如果购买的数额小于 1 ether，最初的除法结果是 0，导致最后的结果也是 0。同样在卖出 tokens 的时候，小于 10 最后结果也会是 0。实际上，取整一直是向下取整，所以卖出 29tokens，最终结果是 2 tokens。

这个合约的问题在于用户用于买 token 的钱的数额比较接近 1 ether（也就是 1 e^{18}wei）

的时候，比如用户付了 0.9ether 来买 tohen，也就是 msg，value = $9e^{17}$ wei，而 $9e^{17}$ 除以 $1e^{18}$ 的值为 0，直接导致用户购买的 token 数目为 0。如果 ERC20 合约里需要高精度，情况将会很复杂。

2. 防护方式

保持正确的精度在智能合约编程中非常重要，特别是在处理比率和兑换率的场合，必须尽量保证分子比较大。在上面的例子中，使用了兑换率 tokensPerEth，但最好使用 weiPerTokens，以保证分子是比较大的数。在想要获取 token 的数量时，使用 msg. value/weiPerTokens 可以保证高精度。

另外需要注意的是关于操作的次序问题。在上面的例子中，在计算购买 tokens 的数量时，使用了 msg. value/weiPerEth * tokenPerEth（除法在乘法之前），但最好使用 msg. value * tokenPerEth/weiPerEth 乘法在除法之前。

最后，为了执行数学运算，最好定义一个虚拟的精度数，把所有的变量都变换成一个高精度数，只有在输出时再把它们变换回来。一般使用 uint256 类型（可以省燃料费），范围大致有 60 位，其中有些位可以用来保持精度。在 Solidity 合约中，最好把所有的变量都变换成一个高精度数，在外部 App 中使用时再把它们变换回来。这也是 ERC20 标准中 Decimal 类型工作的方式。建议学习 Maker DAO 合约的 DSMath 库了解详细的实现过程。

8.1.17 交易授权

Solidity 有一个全局变量 tx. origin，它回溯整个调用栈返回最初的真正发起调用/交易的账户地址。在智能合约里，使用这个变量进行用户验证，就会留下一个受钓鱼攻击的漏洞。

1. 攻击原理

如果一个合约使用 tx. origin 来授权相应的操作，钓鱼攻击会引诱用户在有漏洞的合约上执行一些需要授权的操作。

下面是一个简单的合约：

```
contract Phishable{
    address public owner;
    constructor(address _owner){
        owner = _owner;
    }
    function()public payable{} //collect ether
    function withdrawAll(address _recipient)public{
        require(tx.origin == owner);
        _recipient.transfer(this.balance);
    }
}
```

上面的合约里，在函数 withdrawAll（）的 require 语句里使用了 tx. origin。下面是一个攻击者创建的合约：

```
import"Phishable.sol";
contract AttackContract{
```

```
    Phishable phishableContract;
    address attacker;//The attackers address to receive funds.
    constructor(Phishable _phishableContract,address _attackerAddress){
        phishableContract = _phishableContract;
        attacker = _attackerAddress;
    }
    function(){
        phishableContract.withdrawAll(attacker);
    }
}
```

攻击者会部署上面这个攻击者合约，同时说服受攻击合约拥有者送给攻击者合约一些 ether。然后攻击者可以把这个合约假装成共同的私有地址，然后引诱受害者发送 ether 到这个攻击者合约。受害者大都不会注意到在攻击者合约地址里的代码，或者攻击者可以发送一个多签的钱包或者其他高级存储的钱包。

如果受害者成功发送了一个交易给攻击者合约，这将触发 Fallback 函数执行。在 Fallback 函数里将调用被钓鱼/被攻击合约里的 withdrawAll（）函数，导致被钓鱼合约里的所有资金被提取到攻击者的地址。这是因为发起这个调用的最初的调用者是受害者合约地址（这里是受攻击的合约地址），因而，tx. origin 等于所有者，在被钓鱼合约中的 require 语句就会不起作用，然后 withdrawAll（）函数得以继续执行。

2. 防护技术

在智能合约的鉴权机制中不应该使用 tx. origin 变量。但这并不意味着绝对不能用 tx. origin 变量，该变量有它合理的使用场景。例如，如果想要控制外部合约调用本合约，可以使用 require（tx. origin == msg. sender）语句防止一些中间的合约来调用本合约，限制本合约仅可供常用的 codeless 地址访问。

8.2　以太坊一些奇怪的特性

本节列出了一些以太坊的特殊特性，有助于智能合约编程。

8.2.1　没有 Key 的 ether

合约地址确定，意味着合约地址可以在创建之前预先计算出来，适用于账户地址创建合约的场合，以及由合约创建其他合约的场合。下面是一个被创建的合约的地址的计算过程：

```
keccak256(rlp.encode([<account_address>,<transaction_nonce>])
```

一个合约的地址是创建合约的账户地址加上交易 nonce 的 keccak256 的哈希。合约 nonce 从 1 开始计，而账户地址交易的 nonce 是从 0 开始计。这意味着，已知以太坊地址，可以计算得到所有这个地址可能创建的合约地址。如地址 0x123000…000 被用来创建合约，作为第 100 个交易。那么这将创建合约地址 keccak256（rlp. encode［0x123…000，100］），计算结果是 0xed4cafc88a13f5d58a163e61591b9385b6fe6d1a。这表明用户可以先送 ether 到一个预先可以确定的地址，虽然该用户不拥有这个地址的私钥，但是他知道他的账户能部署一个合约在这个地址上。用户可以先发送 ether 到这个地址，然后通过在同一地址上创建/部署一个合约来提取 ether。构造函数可以被用来返还所有预先发送的 ether。因而，即使某些人拥有了该用户的以太坊私钥，但是仍然很难发现拥有他的“隐藏的 ether 某地址。实际上，如果攻击者使用了很多交易，导致访问该用户的 ether 的 nonce 被用掉，那么用户就没有办法找回自己的 ether。

可以用下面的合约来说明：

```
contract KeylessHiddenEthCreator{
    uint public currentContractNonce =1;//keep track of this contracts
nonce publicly(it's also found in the contracts state)
    //确定能隐藏 ether 的地址
    function futureAddresses(uint8 nonce)public view returns(address){
        if(nonce ==0){
            return address(keccak256(0xd6,0x94,this,0x80));
        }
        return address(keccak256(0xd6,0x94,this,nonce));
    //这里需要对所有的 nonce 实现 rlp 编码
    }
    //逐一增加 nonce 来获取隐藏的 ether
    //provided the nonce is correct
    function retrieveHiddenEther(address beneficiary)public returns(address){
    currentContractNonce +=1;
        return new RecoverContract(beneficiary);
    }
    function()payable{}//Allow ether transfers(helps for playing in remix)
}
contract RecoverContract{
    constructor(address beneficiary){
          selfdestruct (beneficiary);//don't deploy code. Return the
ether stored here to the beneficiary.
    }
}
```

这个合约允许用户存储没有 key 的 ether（相对比较安全，因为 nonce 比较容易记，且不容易忘记）。futureAddresses（）函数用来计算这个合约可以派生的前 127 个合约地址（通过指定 nonce）。如果用户发送 ether 到其中一个地址，这些 ether 就可以通过调用 retrieveHiddenEther（）函数足够多次而被找回。例如，如果用户选择 nonce =4（并且把 ether 送到相关的地址），他需要调用 retrieveHiddenEther（）4 次，就会找回自己的 ether。

不用合约，也可以使用这种方法。用户可以发送 ether 到一个由自己的标准以太坊账户可以生成的地址，然后找回那些 ether。但是要注意，如果不小心超过了交易的 nonce（这个 nonce 是用户用来生成预先发送 ether 的地址的），他的资金就会永远丢失。

8.2.2　一次性地址

以太坊交易签名使用椭圆曲线（Elliptic Curve Digital Signing Algorithm，ECDSA）。为了在以太坊上发送一个交易，需要用以太坊私钥签名消息，授权可以使用账户的资金。签名的消息是以太坊交易的信息，特别是 to、value、gas、gasPrice、nonce 和 data 域。以太坊签名的结果是 3 个数：v、r 和 s. 建议有兴趣的读者可以去 ECDSA 维基（描述 r 和 s）、以太坊黄皮书（Appendix F，描述 v）和 EIP155（当前 v 的用法）进一步了解。

由上可知，一个以太坊交易签名由一个消息及 v、r 和 s 构成。可以使用消息（假定消息内容就是交易详细）、r 和 s 来导出以太坊地址。如果作为目的以太坊地址和交易的 from 域匹配，就可以知道 r 和 s 是由拥有 from 域的私钥产生。因此，签名是合法的。

假设现在不拥有私钥，但是有一个虚构交易的 r、s，并且伪造了 r 和 s 的值。再假设现在有一个交易，参数如下：

```
{to:"0xa9e",value:10e18,nonce:0}
```

此处省略了其他参数。这个交易会送 10 ether 到地址 0xa9e…地址。假定伪造了 r、s 和一个 v，并通过这些伪造的数导出了随机的以太坊地址，如 0x54321。在知道这个地址的前提下，可以送 10 ether 到地址 0x54321。在将来的任何时间点，都可以发送交易。

```
{to:"0xa9e",value:10e18,nonce:0,from:"0x54321"}
```

与由 v、r 和 s 造出来的签名相比，这个交易是合法交易，因为导出的地址和 from 地址是匹配的。这意味着可以从这个随机的地址花钱，可以把 ether 存到并不拥有私钥的地址上，然后通过一次性的交易来找回 ether。这个奇怪的特性也可以在没有信任的环境下用来群发。

8.2.3　一个交易的空投

空投指的是在大量的人群中发放 token。传统上，空投是处理大量的交易，每个交易用来修改个人或者一组人的余额。在以太坊完成上述操作代价高昂。这里提供另一种方法，通过一个交易来批量地修改很多用户的余额。

这种方法是创建一个包含所有应收 token 的地址和余额的默克尔树，并且在线下完成。然后默克尔树会公开（线下执行）正在创建一个包含默克尔树的根哈希，允许用户提供默克尔证明来领取他们的 token。这样，一个交易（简单的创建合约，或者保存默克尔树的根哈希）允许所有相关的用户可以获取他们的 token。

下面是一个实现交易空投的示例：

```
function redeem(uint256 index,address recipient,
                uint256 amount,bytes32[]merkleProof)public{
    //Make sure this has not been redeemed
    uint256 redeemedBlock = _redeemed[index/256];
    uint256 redeemedMask = (uint256(1) <<uint256(index%256));
    require((redeemedBlock & redeemedMask) ==0);
    //Mark it as redeemed(if we fail,we revert)
    _redeemed[index/256] = redeemedBlock |redeemedMask;
    //Compute the merkle root from the merkle proof
```

```
    bytes32 node = keccak256(index,recipient,amount);
    uint256 path = index;
    for(uint16 i =0;i <merkleProof.length;i ++){
        if((path & 0x01) ==1){
            node = keccak256(merkleProof[i],node);
        }else{
            node = keccak256(node,merkleProof[i]);
        }
        path/ =2;
    }
    //检查解出来的哈希是否等于创建的默克尔树的哈希
    require(node == _rootHash);
    //Redeem!
    _balances[recipient] += amount;
    _totalSupply += amount;
    Transfer(0,recipient,amount);
}
```

Token 合约里可以纳入这个函数以便将来进行空投。用来修改所有用户余额的唯一的交易是设置默克尔树根的交易。

8.3 以太坊智能合约——最佳安全开发指南

安全地开发以太坊的智能合约需要花费大量精力。现有的一些好的开发指南以及汇总有 Consensys 的智能合约最佳实践以及 Solidity 官方文档的安全指南等。但除非真正编写代码，否则这些概念很难被记住和理解。

本节介绍提升智能合约安全的一些策略，并展示一些不遵从规则而引起问题的例子，最后给出一些已经修正的可以直接使用的最佳实践，帮助程序员避免某些不安全的编程习惯，并在编写代码时意识到可能潜在的风险。

8.3.1 尽早且明确的暴露问题

一个简单且强大的最佳实践是要尽早且明确地暴露问题。下面看一个有问题的函数：

```
//有问题的代码,不要使用!
contract BadFailEarly{
  uint constant DEFAULT_SALARY = 50000;
  mapping(string => uint) nameToSalary;
  function getSalary(string name) constant returns(uint){
    if(bytes(name).length ! = 0 && nameToSalary[name]! = 0){
      return nameToSalary[name];
    }else{
```

```
            return DEFAULT_SALARY;
        }
    }
}
```

为避免合约潜在的问题，或者避免让合约运行于一个不稳定或不一致的状态。上面例子中的函数 getSalary 应该在返回结果前检查参数。但如果条件不满足，将返回默认值。因为仍然可以按正常业务逻辑返回值，所以这将掩盖参数的严重问题。这虽然是一个比较极端的例子，但却非常常见。一般程序员在程序设计时，因担心程序兼容性不够，所以会设置一些兜底方案。但真相是越快失败，越容易发现问题。不恰当地掩盖错误，错误将扩散到代码的其他地方，从而引起非常难以跟踪的不一致错误。下面是一个调整后的示例：

```
contract GoodFailEarly{
    mapping(string => uint)nameToSalary;
    function getSalary(string name)constant returns(uint){
      if(bytes(name).length == 0)throw;
      if(nameToSalary[name] == 0)throw;
      return nameToSalary[name];
    }
}
```

这个版本的代码还展示了另外一种推荐的编码方式，即一种将条件预检查分开，分开判断，验证失败的方式。原因是可以使用 Solidity 提供的修改器的特性实现重用。

8.3.2　在支付时使用（pull）模式而不是（push）模式

ether 的每次转移，都需要考虑对应账户，以及潜在的代码执行。一个接受的合约可以实现一个默认的回退函数，这个函数可能抛出错误。由此，程序员要考虑在 send 执行中的可能的错误。一个解决方案是在支付时使用请求（pull）模式而不是推送（push）模式。下面是一个看起来没有问题的关于竞标函数的示例：

```
//有问题的代码,请不要直接使用!
contract BadPushPayments{
  address highestBidder;
  uint highestBid;
  function bid(){
    if(msg.value < highestBid)throw;
    if(highestBidder! = 0){
      //return bid to previous winner
      if(!highestBidder.send(highestBid)){
        throw;
      }
    }
    highestBidder = msg.sender;
```

```
    highestBid = msg.value;
  }
}
```

上述合约调用了 send 函数，检查了返回值，看起来非常符合常理。但就因为它在函数中调用了 send 函数，带来了安全风险，因为 send 会触发另外一个合约的代码执行。

假如某个竞标的地址，它会在每次有人转账给它时抛出异常。而此时，其他人尝试追加价格竞标时会发生什么呢？send 调用将总是会失败，从而错误向上抛，让 bid 函数产生一个异常。一个函数调用如果以错误结束，将会让状态不发生变更（所有的变化都将回滚）。这将意味着，没有人将能继续竞标，合约失效了。

最简单的解决方案是将支付分离到另一个函数中，让用户请求（pull）金额，而余下的合约逻辑还可以继续执行直至结束：

```
contract GoodPullPayments{
  address highestBidder;
  uint highestBid;
  mapping(address => uint)refunds;
  function bid()external{
    if(msg.value < highestBid)throw;
    if(highestBidder! = 0){
      refunds[highestBidder] += highestBid;
    }
    highestBidder = msg.sender;
    highestBid = msg.value;
  }
  function withdrawBid()external{
    uint refund = refunds[msg.sender];
    refunds[msg.sender] = 0;
    if(!msg.sender.send(refund)){
      refunds[msg.sender] = refund;
    }
  }
}
```

使用一个 mapping 来存储每个待退款的竞标者的信息，提供一个 withdraw 用于退款。如果在 send 调用时抛出异常，仅仅只是那个有问题的竞标者受到影响。这是一个非常简单的模式，却解决了非常多的问题（如，可重入）。所以，当发送 ether 时，使用请求（pull）模式而不是推送（push）模式。

8.3.3 函数代码的顺序：条件，行为，交互

作为尽可能早地暴露问题的原则的一个延伸，一个好的实践是将函数结构化为：首先，检查所有前置的条件；然后，对合约的状态进行修改；最后，与其他合约进行交互。

坚持使用“条件，行为，交互”的函数结构，将会避免大部分问题。下面是使用了这个模式的一个示例：

```
function auctionEnd(){
  //1. 条件/Conditions
  if(now<=auctionStart+biddingTime)
    throw;//auction did not yet end
  if(ended)
    throw;//this function has already been called
  //2. 行为/Effects
  ended=true;
  AuctionEnded(highestBidder,highestBid);
  //3. 交互/Interaction
  if(!beneficiary.send(highestBid))
    throw;
  }
}
```

首先符合尽可能早地暴露问题的原则，因为条件在一开始就进行了检查。它让存在潜在交互风险的与其他合约的交互，留到了最后。

8.3.4 留意平台局限性

出于平台级的安全考虑，EVM 对合约有非常多的硬限制。程序员必须明确这些限制，因为这会威胁到合约安全。下面是一个看起来正常的雇员津贴管理的代码：

```
//不安全的代码，不要直接使用！
contract BadArrayUse{
  address[]employees;
  function payBonus(){
    for(var i=0;i<employees.length;i++){
      address employee=employees[i];
      uint bonus=calculateBonus(employee);
      employee.send(bonus);
    }
  }
  function calculateBonus(address employee)returns(uint){
    //some expensive computation...
  }
}
```

代码显示的业务实现非常直接，看起来也没有问题。但基于平台的一些独特性，潜藏三个问题：

第一个问题是 i 的类型将会是 uint8，因为如果要存 0，如果不指定类型，将自动选择一个占用空间最小的恰当的类型，在这里将是 uint8。所以如果这个数组的大小超过 255 个元素，这个循环将永远不会结束，最终将导致燃料耗尽。所以应当在定义变量时，尽可能地不要使用 var，明确变量的类型。对上面的示例进行修正：

```
//仍然是不安全的代码,请不要使用!
contract BadArrayUse{
  address[]employees;
  function payBonus(){
    for(uint i=0;i<employees.length;i++){
      address employee=employees[i];
      uint bonus=calculateBonus(employee);
      employee.send(bonus);
    }
  }
  function calculateBonus(address employee)returns(uint){
    //some expensive computation...
  }
}
```

第二个问题是需要考虑燃料的限制。燃料是以太坊的一种机制，来对资源的使用收费。每一个修改状态的功能调用都会花费燃料。假如 calculateBonus 计算津贴时有些复杂的运算，如需要跨多个项目计算利润。这将会消耗非常多的燃料很容易达到交易和区块的燃料限制。如果一个交易达到了燃料的限制，所有的状态的变更都将会撤销，但消耗的燃料不会退回。当使用循环的时候，尤其要注意变量对燃料消耗的影响。下面优化上述的代码，将津贴计算与循环分开。但需要注意的是，拆开后仍然有数组变大后带来的燃料消耗增长的问题。

```
contract BadArrayUse{
    address[]employees;
    mapping(address=>uint)bonuses;
    function payBonus(){
      for(uint i=0;i<employees.length;i++){
        address employee=employees[i];
        uint bonus=bonuses[employee];
        employee.send(bonus);
      }
    }
    function calculateBonus(address employee)returns(uint){
      uint bonus=0;
      //some expensive computation modifying the bonus...
      bonuses[employee]=bonus;
    }
}
```

最后一个问题是关于调用栈时调用深度的限制。EVM 栈调用的硬限制是 1024。这意味着如果嵌套调用的深度达到 1024，合约调用将会失败。一个攻击者可以递归地调用合约 1023 次，从而因为栈深度的限制，让 send 失败。前述的请求（pull）模式，可以比较好地避免这个问题（在 github 上的讨论：https://github.com/OpenZeppelin/zeppelin-solidity/issues/15）。

下面是问题代码的最终的修改版，解决了上述的所有问题：

```
import'./PullPayment.sol';
contract GoodArrayUse is PullPayment{
  address[]employees;
  mapping(address =>uint)bonuses;
  function payBonus(){
    for(uint i =0;i <employees.length;i ++){
      address employee =employees[i];
      uint bonus =bonuses[employee];
      asyncSend(employee,bonus);
    }
  }
  function calculateBonus(address employee)returns(uint){
    uint bonus =0;
    //some expensive computation...
    bonuses[employee] =bonus;
  }
}
```

总结：EVM 对合约的硬限制有：使用的变量类型的限制；合约的燃料消耗限制；栈调用时深度 1024 的限制。

8.3.5　测试用例

编写测试用例虽然会占用大量的时间，但却可以抵消添加新功能后回归问题需要花费的时间。回归问题具体是指在添加功能的修改过程中，导致之前的组件出现 bug。

8.3.6　容错及自动 bug 奖励

通过代码审查和安全审核来保证代码安全某种程度还不够。当智能合约中有漏洞时，应该有一种方法可以安全地恢复，而且应该尽可能早地发现漏洞。

下面是一个自动 bug 奖励的假设的代币管理的示例：

```
import'./PullPayment.sol';
import'./Token.sol';
contract Bounty is PullPayment{
  bool public claimed;
  mapping(address =>address)public researchers;
```

```
    function(){
      if(claimed)throw;
    }
    function createTarget()returns(Token){
      Token target=new Token(0);
      researchers[target]=msg.sender;
      return target;
    }
    function claim(Token target){
      address researcher=researchers[target];
      if(researcher==0)throw;
      //check Token contract invariants
      if(target.totalSupply()==target.balance){
        throw;
      }
      asyncSend(researcher,this.balance);
      claimed=true;
    }
  }
```

首先，使用 PullPaymentCapable 确保支付更加安全。这个赏金合约允许研究者创建当前审核的 Token 合约的副本。任何人都可以参与到这个赏金项目，发送交易到这个赏金项目地址。如果任何研究者可以攻破他自己的 Token 合约的拷贝，让一些本不该变化的情况变化（如让总代币发行量与当前代币余额不一致），那么他将获得对应的赏金。一旦赏金被领取，合约将不再继续接受新的资金（无名的函数被称为合约的回退函数，在每次合约接收 ether 时自动执行）。

上面的示例分离了合约，不需要再对原始的 Token 合约进行修改。而对于容错性，需要修改原来的合约增加额外的安全机制。一种简单的方案是允许合约的监督者可以冻结合约，作为一种紧急机制。下面是一个通过继承实现这种行为的示例：

```
  contract Stoppable{
    address public curator;
    bool public stopped;
    modifier stopInEmergency{if(!stopped)_;}
    modifier onlyInEmergency{if(stopped)_;}
    function Stoppable(address _curator){
      if(_curator==0)throw;
      curator=_curator;
    }
    function emergencyStop()external{
      if(msg.sender!=curator)throw;
```

```
    stopped = true;
  }
}
```

Stoppable 允许指定一个监督者，他可以停止整个合约。实现方式是通过继承这个合约，在对应的功能上使用修改器 stopInEmergency 和 onlyInEmergency。下面是一个示例：

```
import'./PullPayment.sol';
import'./Stoppable.sol';
contract StoppableBid is Stoppable,PullPayment{
  address public highestBidder;
  uint public highestBid;
  function StoppableBid(address _curator)
    Stoppable(_curator)
    PullPayment(){}
  function bid()external stopInEmergency{
    if(msg.value <= highestBid)throw;
    if(highestBidder! = 0){
      asyncSend(highestBidder,highestBid);
    }
    highestBidder = msg.sender;
    highestBid = msg.value;
  }
  function withdraw()onlyInEmergency{
    suicide(curator);
  }
}
```

在上面的例子中，bid 可以被一个监督者停止，监督者在合约创建时指定。StoppableBid 在正常情况下，只有 bid 函数可以被调用，而当出现紧急情况时，监督者可以介入，并激活紧急状态，让 bid 函数不再可用，同时激活 withdraw 功能。

紧急模式将允许监督者销毁合约，恢复资金。但在实际场景中，恢复的逻辑更为复杂（如需要返还资金给每个投资者）。

8.3.7　限制可存入的资金

另一个保护智能合约远离攻击的方式是限制可存入的资金量。攻击者最有可能攻击管理数百万美元的高额合同。并不是所有的合约都有这样高的资金量。在这种情形下，限制合约可以接收的资金量将非常有用。最简单粗暴的方式就是给合约保有的资金量设置一个上限。

下面是一个简单的示例：

```
contract LimitFunds{
  uint LIMIT = 5000;
  function(){throw;}
```

```
    function deposit(){
      if(this.balance > LIMIT) throw;
      ...
    }
}
```

回退函数里会拒绝接收所有的直接支付。deposit 函数会首先检查合约的余额是否已经超限，若超限则直接抛出异常。其他一些保护智能合约远离攻击的方式，如动态上限、管理限制也很容易实现。

8.3.8 简单和模块化的代码

编写简单、模块化的代码非常重要。这意味着，函数应尽可能简单，代码之间的依赖应极尽可能少，文件尽可能小，将独立的逻辑放进模块，每个模块的功能更加单一。

命名是在编码过程中表达程序员意图的方式。一个好的命名，应尽可能让意图表达清晰。

下面是一个关于 Event 的差命名的示例。DAO 里的函数代码太长。而且功能复杂。应尽可能地让函数短小，如代码最多不超过 40 行。理想情况下，应该在 1min 内弄明白函数的意图。另一个问题是关于事件 Transfer 的命名。这个名字与一个叫 transfer 的函数名只有一字之差，这将带来误解。一般来说，关于事件的推荐命名是使用 Log 打头，这样的话，这个事件应该命名为 LogTransfer。

综上所述，应尽可能地将合约编写得简单、模块化，并良好地命名。这将极大地帮助其他人和自己审查自己编写的代码。

8.3.9 不要从 0 开始写所有的代码

最后，正如一句格言所说，“不要从头发明你自己的加密币”。对于智能合约代码也同样适用。

上述这些实践有助于编写出更安全的合约。但最终，应该开发出更好的创建智能合约的工具。这里有一些先行者，包括 better type systems，Serenity Abstractions 和 the Rootstock platform。

现在已经有非常多的安全的代码以及框架出现。如 Github 的资源库 OpenZeppelin。欢迎读者看看以及贡献新代码，以及提供代码审查建议。

8.4 代码审计

作为最后的拯救，如果对自己编写的智能合约的安全性不是很确定，或者不知道如何改进安全，可以提交智能合约代码审计。但一般都是付费服务，而且费用昂贵。已经有很多公司在这个领域提供服务，如区块链基金会创始人 Peter Venesse 创建的 New Alchemy、Zeppeline，国内也有很多。另外也有几个做智能合约形式化验证（Formal Verification）的团队获得了风险投资。形式化验证是用数学的方法来保证合约执行精确的达成期望的执行结果。

8.5 总结

本章中描述的安全模式有：

1）尽早且明确地暴露问题。

2）使用请求（pull）模式而不是推送（push）模式。

3）代码结构遵从：条件、行为、交互。

4）注意平台限制。

5）测试用例。

6）容错及自动 bug 奖励。

7）限制存入的资金量。

8）简单与模块化的代码。

9）不要从零开始写代码。

同时，需要注意：

- 重入：不要在合约里执行外部调用。如果必须要用，保证在最后才执行外部调用。
- Send 函数可能失败：使用 send 转移资产时，必须要能处理 send 失败的情况。
- 循环可能超过燃料上限：循环访问 state 变量时，随着 state 变量大小的增加，燃料的消耗也会增加。小心由于耗尽燃料而导致程序停止。
- 访问栈的深度限制：不要用递归，因为栈的深度有限，将导致递归失败。
- 时间戳依赖：在重要的编码逻辑中不要使用时间戳，因为矿工可以修改它们。

第 9 章 DApp 开发

9.1 DApp 的特点

DApp 可以被认为是一个现代的 Web 应用 + 关键组件分配到点对点网络（P2P），减轻了应用的风险，同时保证优良的用户体验。如图 9.1 所示，DApp 逻辑组成包括如下部分：

1）Web 基础设施（Web Application Infrastructure）：DApp 具有传统 Web 应用的特性，也就是说，能处理 Http Request，返回 Response。

2）分布式数据（Distribute Data）：数据是存储在区块链上。

3）分布式商业逻辑（Distributed Business Logic）：商业逻辑主要由智能合约编程构成。智能合约的代码必须部署到链上，公开透明。但也会因此容易引致攻击。

4）客户端加密（Client Encryption）：由于客户端经常保有钱包的私钥，很多的交易事务需要进行加密后再传输。

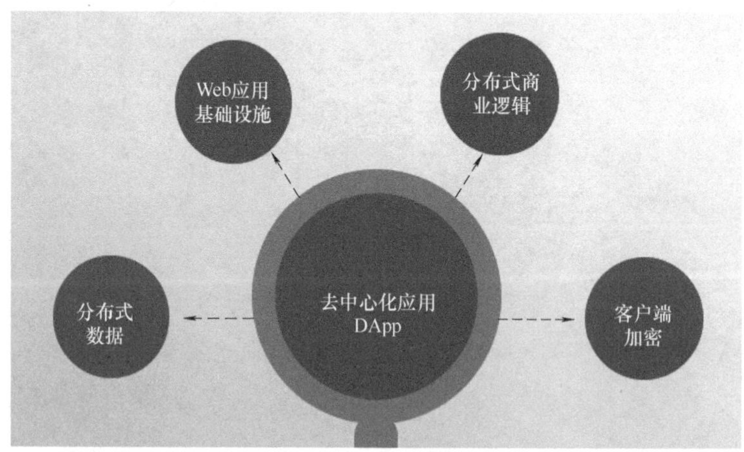

图 9.1　DApp 逻辑组成

DApp 具有以下特点：

1）减轻单点失败的风险（Single Point of Failure，SPOF）。现代的 Web 应用依赖基础设施，如服务器设施、代码、数据库等，天然就具有单点失败的可能性，甚至于亚马逊和阿里云都会崩溃。DApp 可以大幅降低单点失败的风险，同时提高可用性（High Availability）。

2）降低对于中心权威的依赖性。区块链技术通过智能合约技术，为执行商业逻辑提供了一个防篡改的不可更改以及可完全审计的环境。DApp 的任何用户都可以验证智能合约中的逻辑，包括输入、输出、状态等。

3）提高安全性。通过引入客户端加密、DApp 端加密，从而大大提高了安全性。

4）利用网络效应。DApp 通过使用公开的分布式账本或者分布式存储作为信任的基础，提供身份/验证，授权规则和访问权限控制。

5）分布式数据存储。分布式账本，IPFS 或者 Swarm 能在多个节点上保存数据。

6）分布式商业逻辑。Ethereum 使用智能合约实现商业逻辑，Hyperledger 使用了相似的技术 Chaincode。智能合约运行在分布式账本上。

7）客户端加密。区块链钱包在客户端实现了加密功能，这使得用户可以在和服务器通信前加密或者签名数据。

图 9. 2 是一个典型的用户视角的 DApp 示意图。用户通过一个支持 Web3 库包的浏览器访问网站，网站从数据库或者从区块链上读写数据。网站本身维护一个以太坊的全节点，或者连接到一个以太坊的全节点上。

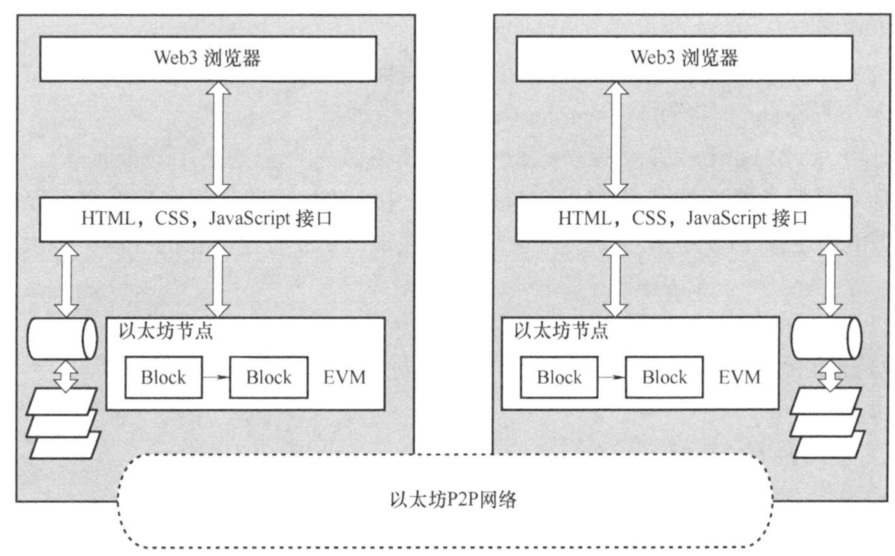

图 9. 2　DApp 的用户视图

图 9. 3 是一个更为具体的示意图。从程序员的角度，描述了具体的执行步骤。

合约创建步骤如下：

1）首先编写智能合约，存在以 sol 为扩展名的文件中。

2）编译合约文件，部署到 Testrpc，进行测试。

3）测试成功后，将相应的合约文件的字节编码返回。

4）DApp 将编译好的合约字节编码部署到链上。

5）返回合约地址和合约二进制编码接口。

合约函数调用：前端调用合约函数，带有参数包括合约地址、ABI 以及 nonce。

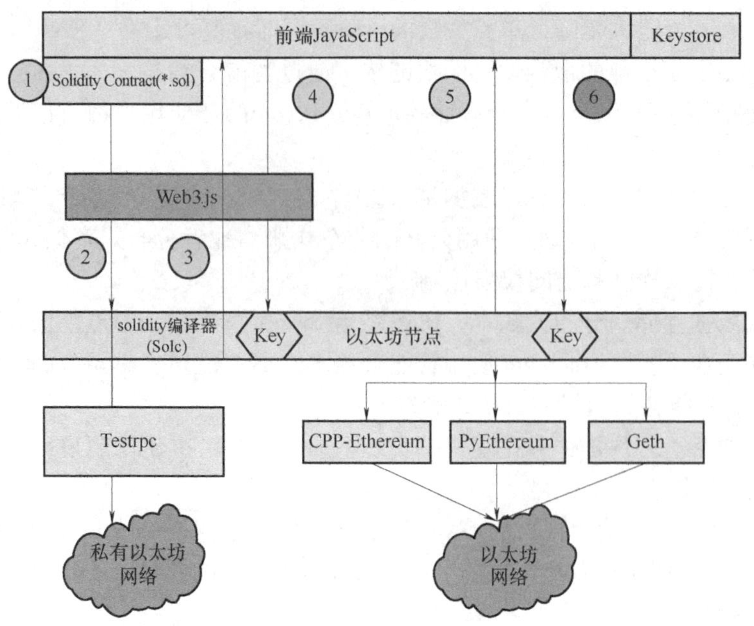

图 9.3　DApp 的程序员视图

下面介绍经常会提到和使用的 Web3 库包。简而言之，Web 1.0 是静态页面，Web 2.0 是交互式和 JavaScript。传统的 Client/Server 结构大致如下：

```
web stack:Clients/客户端 => Servers/服务器 => Databases/数据库
```

Web 3.0 是服务器和数据库如同客户端一样去中心化。也就是说客户端也可以扮演服务器和数据库的角色。由于是多对多的关系，所以 Web 3.0 没有中心化的控制，也没有单点失败的问题。

Web 1.0

```
Static(HTML/CSS)//静态
```

Web 2.0

```
Interactive(JavaScript)//交互
```

Web 3.0

```
Decentralized(Blockchain)//去中心化
```

DApp 和传统的程序的区别在于：

1）DApp 所有数据都公开可见，可以选择加密或者哈希数据来保护数据。现在有一个专门的术语代指这方面的研究，叫代码混淆（code obfuscation）。

2）所有的交易都需要付费，否则一个去中心化的系统就无法运行。也就是说，用户要为运行交易给每个交易付费。付费的多少取决于智能合约交互的执行需要消耗多少资源，被称为燃料费（gas cost）。

3）在考虑给每个交易付费的同时，也必须要知道一个交易被执行所需要的时间。每个块打包的交易有限，所以愿意支付的燃料价格（gas price）越高，交易就越有机会被优先打包进块中。

与建立一个正常的网站或者移动端应用类似，创建一个 DApp 一般需要计算、文件存储、外部数据、钱和支付。表 9.1 是 DApp 技术栈的 2017 年的发展状况。

表 9.1 DApp 技术栈 2017

类 别	Web 2.0	Web 3.0	状 态
可扩展计算	Amazon EC2	Ethereum，Truebit	进行中
文件存储	Amazon S3	IPFS/Filecoin，Storj	进行中
外部数据	第三方 API	预言机	进行中
收入	广告，销售	通证模型	准备就绪
支付	信用卡，Paypal	Ethereum，Bitcoin，状态通道，0x	准备就绪

9.2 DApp 架构

DApp 与传统的 App 的区别主要体现在：

1）DApp 的智能合约不是由任何的中心化个体或者组织控制，甚至不是由智能合约开发者或者赞助者所控制。

2）没有后端。

3）数据交易被广播到区块链，而后由矿工去执行相关的智能合约。

4）智能合约强制了一系列的规则在数据和钱方面。一旦智能合约被部署，就没有人能修改规则。

5）智能合约代码必须是公开透明的，可审计的而且可以验证的。

6）交易必须是公开透明的，可审计的而且可以验证的。

7）网站必须全部是静态文件，而且依赖于区块链作为唯一的数据库来源。

这里主要讨论无服务器应用（Serverless App）、浏览器插件、私人节点、离线签名以及其他相关的问题。图 9.4 是一个 DApp 程序结构的示意图。

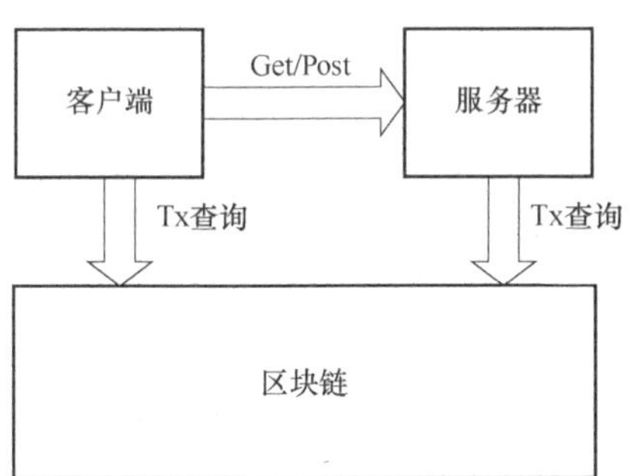

图 9.4 DApp 程序结构的示意图

9.2.1 客户端

DApp 的客户端可以存在任何地方：静态网页，手机端等。托管这些内容的可以是任意的云服务提供商，如 AWS、阿里云、Google Cloud、GitHub 等。如果云服务商提供 Swarm、Stroj 或者 IPFS 的话，可以做到将内容（网页，资源）完全去中心化的分布。

客户端如何访问区块链呢？目前大部分的应用都使用 Web3 库。用户可以使用 Web3 库来连接区块链、查询信息、发送交易等。另外一种方案是使用官方的 Mist 客户端或者 MetaMask 浏览器插件。

下面的代码演示如何在网页初始化时检查 Web3 库是否已经安装:

```
window.addEventListener('load',function(){

  //检查 Web3 对象是否被注入浏览器(Mist/MetaMask)
  if(typeof web3!=='undefined'){
    //如果 Web3 对象存在,则使用 Mist/MetaMask 作为提供者
    window.web3=new Web3(web3.currentProvider);
  }else{
    //应变计划:如果 Web3 对象不存在,使用本地节点/宿主节点 + in - dapp id mgmt
    window.web3=new Web3(new Web3.providers.HttpProvider("http://lo-
calhost:8545"));
  }

  //可以开始运行 App,以及与 Web3 交互:
  startApp()
}
```

9.2.2 服务器端

在 DApp 里为什么还是需要服务器端程序呢？首先，因为链上的代码不能直接和链下的服务通信。在和第三方服务交互的情况下，如获取外部行情，或者发送/接收 E-mail 的情况下，仍然需要服务器端程序。

其次，服务器端程序还可以起到缓存器或者索引引擎的作用。客户端程序需要服务器端提供搜索功能，或者用来验证链上数据。

再有，目前在以太坊上存储和计算数据非常昂贵，以太坊上的操作需要燃料。比较经典的做法是把数据存储和计算放在链下，链上只保存证据用作验证。

那么，服务器端如何与区块链“打交道”呢？

1. 本地节点

简单的方法是建立一个本地的以太坊节点，所有和区块链“打交道”的操作都通过调用 JSON RPC 接口来实现。如果用户想在客户端进行一些改变状态的操作，必须在本地保存一个解锁的账户，且必须保证本地节点的 JSON RPC 接口只能由用户自己的应用访问，否则，别人就能访问他的节点并且窃取他的资金。同时，放在解锁账户里的资金越少越好。如图 9.5 所示。

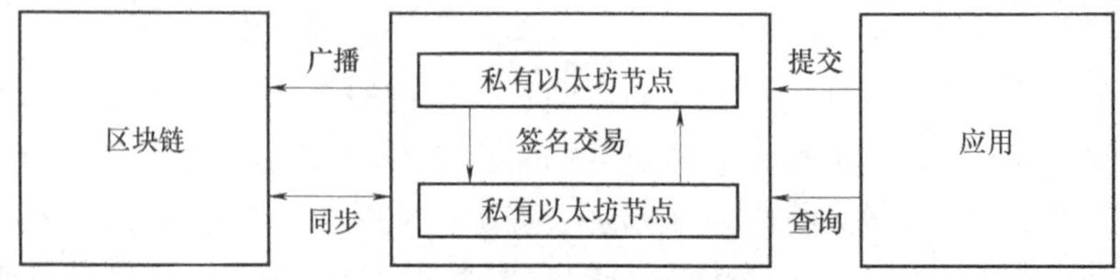

图 9.5　DApp 本地节点构造示意图

2. 线下签名

另外一个方案是在客户端的 App 里对交易进行离线签名，然后向一个公共节点发送交易。这个方案其实是盲目相信公共节点：公共节点不会篡改交易详细信息，公共节点也不会选择性地不传输交易到链上或者返回虚假的查询信息。为了防止公共节点作恶，在编程上可以选择同时连接多个公共节点，选择同时向多个公共节点发送交易，查询信息。这种方法会使程序编写变得更加复杂。如图 9.6 所示。

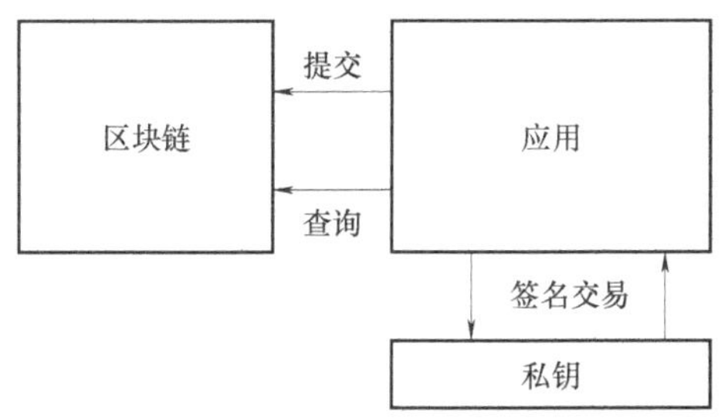

图 9.6　DApp 交易示意图

这样的公共节点起到网关的作用，比较著名的公共节点有 Infura（infura. io）。

3. 改变状态的操作（State- change transaction）

以上方案对于对区块链的查询已足够。但是如果操作会改变链上的合约状态的话，就会不足。对于 sendtransaction 操作，如果在客户端安装了 Mist 或者 MetaMask 就比较简单。Mist 提供了一个网关/账户给用户的本地节点，用来签名交易，而 MetaMask 则在客户端签名交易并且中继转发给 MetaMask 的公共节点。在没有安装 Mist 或者 MetaMask 的情况下，客户端就必须手工发送交易。

为了运行一个特定的合约函数，需要用户在发送数据的同时发送 ETH。可以通过 request 方法很容易地获得运行一个合约函数所需要的数据。

```
SimpleToken.at(tokenAddress).transfer.request("0xbcfb5e3482a3edee72e101be938
7626d2a7e994a",1e18).params[0].data

//调用 transfer 的返回数据是'0xa9059cbb000000000000000000000000000000
0000000000000000000000000000001000000000000000000000000000000000000000
00000 000000de0b6b3a7640000'
```

在实现合约时，请确定合约的默认回退函数（Fallback）拒绝所有支付给该合约的资金，或者设计合理的逻辑来处理支付给该合约的资金，这样设计的目的是：即使用户忘记发送附加数据，用户也不会丢失资金。

另外一个方法是加入 Proxy 代理合约。在收到 ether 后，每个合约代理执行一个主合约里的一个特定函数。举一个例子，实现一个二分法的投票程序：在主合约里有一个 vote- yes（）函数和一个 vote- no（）函数。部署两个附加的合约，合约里除了调用主合约里的 vote- yes（）函数或 vote- no（）函数外没有任何的逻辑。而不是通过交易发送 yes- or- no 标志。这个方法通常适用于比较简单的 App，用来降低以太坊编程的复杂性。

4. 实现自己的钱包

另外一种方法是在应用中集成钱包功能，应用可以为用户创建新的账户，由应用代码自身发送交易信息。用户需要预先在这个新账户里放一些钱（ether），程序需要使用账户里的钱来支付交易费用。更详细的解释是：应用程序有新建账户的私钥，可以用私钥来签名交易，并通过公共节点来执行。

这种做法需要很多编程的努力：新建账户和加密，还有导入/导出功能等。可以参考 ethereum-wallet 库的实现。所有的交易必须手工创建并签名，并以原始交易的方式发送给节点。用户方面也会多出很多工作：配置新建账户以及保存账户文件。但是，一旦配置完成，好处就是应用程序可以零成本的执行以太坊交易，而不需要安装第三方的软件或者插件。

9.2.3 流程详解

客户端和服务器端可以同时并发地访问区块链。一种经典的做法是向区块链发送请求，然后监听链上的合约事件。这里可以使用 Observer 模式，客户端程序可能只监听和其相关的事件，而服务器端程序可能监听所有的事件。可以通过事件的 indexed 参数来区分事件的种类。图 9.7 是客户端、服务器端和区块链交互示意图。

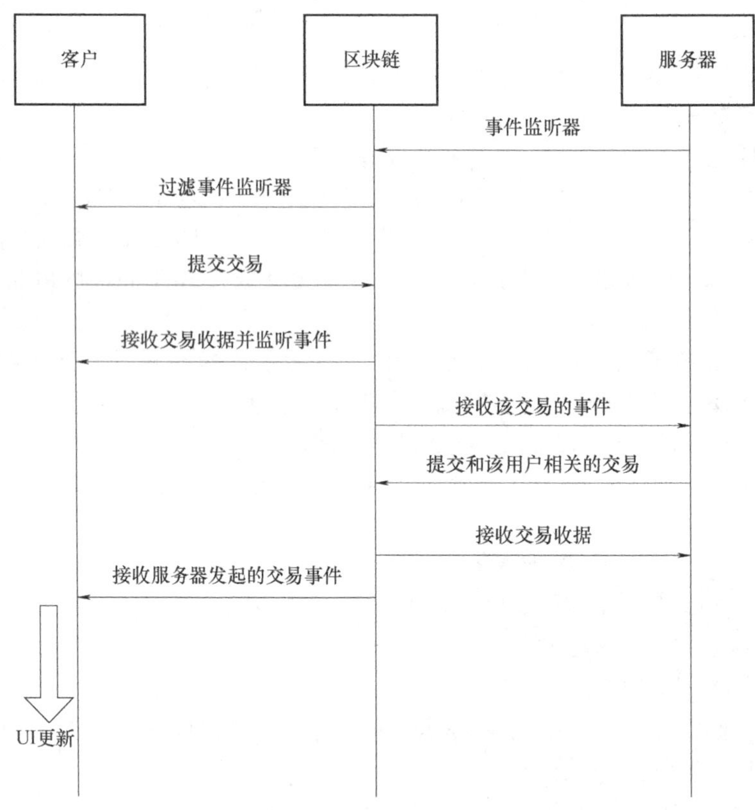

图 9.7　客户端/服务器端/区块链交互示意图

1. 合约事件（Contract Events）

可以使用诸如 Filter 等事件来创建事件过滤器。

```
var event =myContractInstance.myEvent({valueA: 23}[,
additionalFilterObject])
```

```
//监听变化事件
event.watch(function(error,result){
if(!error)
  console.log(result);
});

//或者传递一个回调函数来立即开始监听
var event =myContractInstance.myEvent([{valueA: 23}][,additionalFilterObject],function(error,result){
if(!error)
  console.log(result);
});
```

创建事件的方法是一样的，但是传入事件的参数不一样：

（1）参数（Parameters）

第一个对象（Object）是用来过滤 log 的索引后的返回值，比如上面代码里的［{valueA：23}］。默认的所有过滤器的值都被设为 null，这意味着会用来匹配所有从这个合约发出的事件。

第二个对象（Object）是附加的过滤器选项，比如上面的［，additionalFilterObject］）。默认的 filterObject 有‘address’域，设定为合约地址。另外，第一个 topic 是事件的签名。

第三个可选的参数是函数 Function，比如上面代码里的“function（error，result）{…”，如果你传递了一个回调函数作为参数，那么就立即开始监听程序。你不需要调用 myEvent.watch（function（）{}）。

（2）回调函数（Callback return）

事件对象由以下的域组成：

address：String，32B——Log 源的地址。

args：Object——事件参数。

blockHash：String，32B——Log 所在的块哈希。

blockNumber：Number——Log 所在的块号。

logIndex：Number——块中 Log 索引的位置。

event：String——事件名。

removed：bool——标明该交易事务创建的时间是否从区块链上删除了。

transactionIndex：Number——创建 Log 的交易的整数型索引。

transactionHash：String，32B——创建 Log 的交易信息的哈希值。

（3）例子（Example）

下面是一个监听相关事件的例子。

```
//利用已有的 ABI 生成合约
var MyContract =web3.eth.contract(abi);
//映射到已部署的合约地址上
var myContractInstance=MyContract.at('0x78e97bcc5b5dd9ed228fed7a4887c0d7287344a9');
```

```
//监听带有{some: 'args'}的事件
var myEvent = myContractInstance.myEvent({some: 'args'},{fromBlock:
0,toBlock: 'latest'});
myEvent.watch(function(error,result){
  ...
});

//将会获得所有以往的 logs
var myResults = myEvent.get(function(error,logs){... });
⋮
//将会停止监听并且卸载 filter
myEvent.stopWatching();
```

2. 合约所有事件（allEvents）

下面是一个监听所有事件的示例：

```
//获取和合约相关的所有事件
var events = myContractInstance.allEvents([additionalFilterObject]);
//监听所有的变化
events.watch(function(error,event){
if(!error)
  console.log(event);
});

//或者传递一个回调函数来立即开始监听
var events = myContractInstance.allEvents([additionalFilterObject],
function(error,log){
  if(!error)
    console.log(log);
});
```

事件发生时，将会调用由本合约创建的所有事件的回调函数，创建监听所有事件的参数为：

（1）参数（Parameters）

第一个参数是附加的过滤器选项。比如上面的［additionalFilterObject］。默认的 filterObject 有'address'域，设定为合约地址。另外，第一个 topic 是事件的签名并且不支持附加的 topics。

第二个参数是可选的函数（Function）。比如上面代码里的“function（error，log）”，如果你传递了一个回调函数作为参数，那么就立即开始监听程序，不需要调用 myEvent.watch（function（）{}）。

（2）回调返回值（Callback return）

返回的对象是合约的事件（Events）。

(3) 示例

```
var MyContract = web3.eth.contract(abi);
var myContractInstance=MyContract.at('0x78e97bcc5b5dd9ed228fed7a4887c0d7287344a9');

//监听带有{some:'args'}的事件
var events =myContractInstance.allEvents({fromBlock:0,toBlock:'latest'});
events.watch(function(error,result){
   ⋮
});

//将获得所有以往的 log
events.get(function(error,logs){... });
⋮
//将停止监听并卸载 filter
events.stopWatching();
```

客户端可以通过 transaction ID 去链上查询交易的状态。在这种情况下，请确保客户端和服务器端的消息仅仅是通知（notification）而不能轻易信任。不论是监听交易还是事件，请确保一定等到获得一定数量的确认后再开始后续操作。因为即使一个交易已经被打包进了一个区块，还是有可能因为链重组的关系而被舍弃，成为非法交易。现在 EVM 周边的服务也方兴未艾，如 Filecoin 或者 Storj 作为存储服务，Truebit 作为离线计算服务，或者 Oraclize 作为预言机服务等。

9.3 以太坊 DApp

下面准备创建一个随机合约应用[27]，用户可以投注 1 ~ 10 之间的一个数。在有 100 个用户投注后开奖，如果投注中了的话，可以赢得投注的 ether 的一部分。游戏界面如图 9.8 所示。

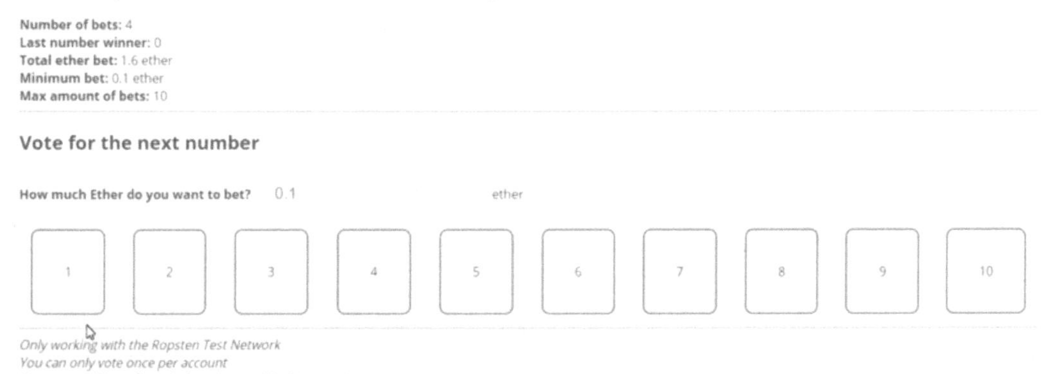

图 9.8　投注游戏界面

通过创建上面的投注游戏可以学到一些基本的比较复杂的 DApp 编程技巧：

- 如何从零开始创建一个智能合约？
- 如何部署一个合约到测试网上？
- 如何创建一个 DApp 的前端？
- 如何从应用中链接已经部署在链上的智能合约？
- 如何将最终的 DApp 部署到去中心化的 IPFS？
- 如何使用用户定制的 IPFS 域名？

需要用到的技术有：

- Database：以太坊测试网区块链。
- Hosting：IPFS 作为一个去中心化的平台，能免费托管（hosting）。
- Frontend：React. js + webpack，仅仅为了演示用。也可以用任何框架，或者直接用 JavcasCript。
- Contract's programing language：Solidity，目前最流行的智能合约开发编程语言。
- Frontend contracts：Web3. js 库包，用来访问智能合约以及其中的方法。
- Frameworks：Truffle，用来部署、测试以及编译智能合约。
- Development server：Node. js，被用来在本地开发 App，可以用 Testrpc/Ganache。
- MetaMask：浏览器插件，用来管理账号。

9.3.1 环境准备

首先安装必须的库包：webpack，react，babel 和 Web3。选择安装 0.20.0 版本的 Web3（web3@0.20.0），这是因为目前 Web3 的最新版本 1.0 还在 Beta 版，并不稳定。

```
npm i-D webpack react react-dom babel-core babel-loader babel-preset-react babel-preset-env css-loader style-loader json-loader web3@0.20.0
```

安装一个轻量级的 Web 服务器，可以从本地访问 Web 服务器：http://localhost：8080。

```
npm i -g http-server
```

9.3.2 项目

安装开发框架 Truffle，-D 标明开发依赖；-g 标明全局。

```
npm i -D -g truffle
```

创建 Truffle 项目：

```
npm init -y
truffle init
```

在 Truffle 根目录下，创建 src 目录，并在 src 目录中创建 js 和 css 目录，用来管理源代码。在 js 目录下，创建 index. js 和 index. css。在 Truffle 根目录下创建 dist/ 目录，并在其中创建 index. html。

文件目录结构如下：

```
Casino
 |--contracts/
 |        |--Migrations.sol
```

```
|--migrations/
|--node_modules/
|--test/
|--src/
|   |--css/index.css
|   |--js/index.js
|--dist/
|   |--index.html
|--package.json
|--truffle-config.js
|--truffle.js
|--webpack.config.js
```

下面是 index.html：

```
<!DOCTYPE html>
<html lang="en">
<head>
  <meta charset="UTF-8">
  <meta name="viewport" content="width=device-width,initial-scale=1.0">
  <link href='https://fonts.googleapis.com/css?family=Open+Sans:400,700' rel='stylesheet' type='text/css'>
  <title>Casino Ethereum DApp</title>
</head>
<body>
  <div id="root"></div>
  <script src="build.js"></script>
</body>
</html>
```

<div id="root"></div> tag 将包含所有被自动插入的 react 代码。<script src="build.js"></script>Tag 包含了 webpack 生成的 build 文件。

9.3.3 智能合约 Solidity 编程

创建 contracts/Casino.sol 文件，这个文件是主要的 Solidity 合约源文件。所有的 Solidity 合约必须以编译器的版本开始，所以在 Casino.sol 文件的头部，指定编译器的版本编译开关：

```
pragma solidity 0.4.20;
```

下面创建整个智能合约：

```
pragma solidity 0.4.20;
contract Casino{
    address public owner;
    function Casino()public{      //构造函数
```

```
        owner = msg.sender; //设置合约的 Owner
    }
    function kill()public{//合约自毁函数,只有所有者才能调用
        if(msg.sender == owner) selfdestruct(owner);
    }
}
```

- Address 变量 owner 是一个长字符串，值是 MetaMask 账户，这里使用 0x08f96d0f5C9086d7f6b59F9310532BdDCcF536e2。
- function Casino（）是合约的构造函数。
- function kill（）用来在需要的时候销毁合约。只有合约的所有者才可以销毁合约。合约销毁后，合约里剩余的 ether 会被送回到所有者的地址。只有当合约被黑客攻破而且所有者没有办法保全合约中的资金时调用这个函数。

需要完成下面的任务：

- 记录一个用户在什么数字上投注了多少资金。
- 每次投注的最小值。
- 计算投注的 ether 总额。
- 一个变量保存有多少人投注。
- 决定什么时候停止投注，并开奖。
- 开发一个函数，发送奖金到每个获奖者的账户。

功能主要有：

- 下注一个数。
- 生成一个随机数作为赢家。
- 发送 ether 给赢家。

使用一个 Struct 类型，里边用 mapping 类型的变量来保存用户地址，用户下注的赌注以及押注的数。Struct 类型像一个对象，而 mapping 像一个数组。

下面是代码：

```
pragma solidity 0.4.20;
contract Casino{
    address public owner;
    uint256 public minimumBet; //最小投注额
    uint256 public totalBet; //所有投注额
    uint256 public numberOfBets; //投注数
    uint256 public maxAmountOfBets = 100; //最大投注数
    address[] public players; //玩家数组
    struct Player{//每个玩家的定义
        uint256 amountBet; //每个玩家投注的数额
        uint256 numberSelected; //每个玩家投注的数
    }
    //Mapping 映射玩家地址到玩家的投注信息
```

```
    mapping(address => Player)public playerInfo;
    function Casino()public{
        owner = msg.sender;
    }
    function kill()public{
        if(msg.sender == owner)selfdestruct(owner);
    }
}
```

Player 是 struct 类型，里边定义了投注的数量 bet 和投注的数，用 Player 来记录和跟踪用户投注的金额和投注的数。然后，创建了一个名为 playerInfo 的 mapping。

```
mapping(address => Player)public playerInfo;
```

可以通过 address 作为 key 找到相应地址的参与者的投注数量和投注的数。同时，使用一个 player 的数组记录参加游戏的用户，知道如何分配奖金给赢家。同时修改了构造函数，定义了一个最少投注量：

```
function Casino(uint256_minimumBet){
owner = msg.sender;
    if(_minimumBet! = 0)minimumBet = _minimumBet;
}
```

现在，在文件末尾创建一个函数 Bet（）：在 1 ~ 10 之间投注一个数：

```
pragma solidity 0.4.20;
contract Casino{
    …
    //对 1 ~ 10 之间的数下注的函数
    function bet(uint256 numberSelected)public payable{
        require(!checkPlayerExists(msg.sender));//玩家必须存在
        require(numberSelected >= 1 && numberSelected <= 10);//玩家可投
注的数在 1 ~ 10 之间
        require(msg.value >= minimumBet);//投注额必须大于最低投注额
        playerInfo[msg.sender].amountBet = msg.value;//在 playerInfo 里
保存相应信息
        playerInfo[msg.sender].numberSelected = numberSelected;
        numberOfBets ++;//投注者总数加一
        players.push(msg.sender);//加新玩家到玩家数组
        totalBet  += msg.value;//总投注额调整
    }
}
```

1）payable 关键字是一个修饰符，用来表明这个函数在执行时可以接受 ether。

2）require（）函数像 if 语句，该语句必须返回 true。如果返回 false 的话，函数执行停止，已支付的 ether 会被退回给交易发送人。用 require 函数来保证：玩家还没有投注（玩家只能投注一次，不能重复投注），玩家投注的数是 1 ~ 10 之间以及玩家投注满足最低投注额的要求。

3）msg. sender 和 msg. value 是执行合约的用户的信息，Sender 是用户的地址，value 是投注的金额。

4）然后将相应的信息存入 playerinfo：mapping playerInfo [msg. sender]. amountBet = msg. value。

5）msg. sender 是执行这个 Bet（）函数的用户地址。

6）numberOfBets：投注数加一。这个变量是一个计数器，记录该游戏一共有多少个投注。当有 100 个投注后，就开奖，发放奖励。

7）最后将这次的投注金额加到 totalAmount。

下面是第一个 require 语句：

```
require(!checkPlayerExists(msg.sender));
```

这里调用 checkPlayerExists（）函数来检查是否已经投注，因为同一个玩家一局游戏只能投注一次。下面创建 checkPlayerExists 函数：

```
pragma solidity 0.4.20;
contract Casino{
  ...
    //遍历玩家数组,如果存在,返回 true,否者 false。只有存在的玩家才能投注
  function checkPlayerExists(address player)public constant returns(bool){
    for(uint256 i=0;i<players.length;i++){
        if(players[i]==player)return true;
    }
    return false;
  }
  //To bet for a number between 1 and 10 both inclusive
  function bet(uint256 numberSelected)public payable{
        require(!checkPlayerExists(msg.sender));
        require(numberSelected>=1 && numberSelected<=10);
        require(msg.value>=minimumBet);
        playerInfo[msg.sender].amountBet=msg.value;
        playerInfo[msg.sender].numberSelected=numberSelected;
        numberOfBets++;
        players.push(msg.sender);
        totalBet+=msg.value;
    }
}
```

函数的 constant 关键字表明这个函数不修改状态，因而不会耗费燃料。这个函数仅仅读取一个数值。

接下来检查投注数是不是超过设定的最大值，如果是，则产生赢家编号。因为当现在有

99 个投注时，只需要一次投注就可以开奖，并产生赢家。下面的代码就是用来实现上面的逻辑：

```
if(numberOfBets >= maxAmountOfBets) generateNumberWinner();
```

下面创建 generateNumberWinner（）函数，其主要功能就是产生一个在 1～10 之间的随机数：

```
pragma solidity 0.4.20;
contract Casino{
    …
    //生成 1 ~10 区间的一个数,决定赢家
function generateNumberWinner()public{
        uint256 numberGenerated = block.number%10 +1;//这种生成方法是不安全的
        distributePrizes(numberGenerated);
    }
}
```

这个函数使用当前的块编号的最后一位（个位）+1 作为赢家的编号。例如，如果当前的块号是 438542，那么产生的赢家编号就是：438542 对 10 取余数为 2，而 2 +1 =3，赢家编号就是 3。必须指出，这个函数是不安全的，因为赢家编号很容易被猜到。矿工可以选择符合他们利益的块号。

发放奖金给赢家。下面是函数 distributePrices（numberGenerated）要实现的功能：

```
pragma solidity 0.4.20;
contract Casino{
    …
    //将奖金送给相应的赢家
    function distributePrizes(uint256 numberWinner)public{
        address[100]memory winners;//创建一个暂时的内存赢家数组
        uint256 count = 0;//赢家的计数器
        for(uint256 i = 0;i < players.length;i ++){
            address playerAddress = players[i];
            //如果投注号码和开奖号码一致,则存入赢家数组,赢家数加一
            if(playerInfo[playerAddress].numberSelected == numberWinner){
                winners[count] = playerAddress;
                count ++;
            }
            delete playerInfo[playerAddress];//删除所有玩家
        }
        players.length = 0;//删除所有的玩家数组
        uint256 winnerEtherAmount = totalBet/winners.length;//决定每个
赢家应获得多少奖金
        for(uint256 j = 0;j < count;j ++){
```

```
            if(winners[j]! = address(0))//赢家的地址不能为 0
            winners[j].transfer(winnerEtherAmount);//调用 transfer 发送奖金
        }
    }
}
```

这个函数主要完成以下功能：

1）首先生成赢家数组。通过检查每个玩家的 numberSelected 实现。赢家数组是一个内存数组，在函数执行完后自动释放。

2）然后计算给每个赢家的奖金。奖金额的多少取决于赢家的数量和投注的数量。

3）调用 winners [j]. transfer 发送相应数量的 ether 给每个赢家。

4）最后创建一个匿名的 Fallback 函数，Fallback 函数是一个带有 payable 修饰符的函数，这个函数自动发送合约中的 ether 给指定的地址：

```
//Fallback 函数的作用是当有人给合约发送 ether 时,这些 ether 不会被丢失。同时提高这个合约持有的资金量来分配到每一次的游戏里。
  function()public payable{}
```

Fallback 函数允许保存发送到合约的 ether。Casino 合约的完整的源代码可参考文献[42]。Github 是一个高级版本，它使用 Oraclize 的服务生成安全的随机数。下面略过 Frontend 的设计与实现。

9.3.4 项目部署

在安装了 IPFS 的情况下，在桌面上执行如下命令：

```
ipfs daemon
```

上面的命令将创建一个节点。然后继续输入：

```
ipfs swarm peers
```

上面的命令让与节点相连的 Peers 能够共享内容。

```
ipfs add -r dist/
```

这个命令会把 dist 目录加入整个网络。可以看到一个目录的长哈希值已经生成。最后的哈希值是目录的唯一 ID。

```
added Qmc9HzLPur2ncuUArLjAaa4t2HrXFycgjUPb6122N6tzi2 dist/build.js、
added QmZBaGYWsACJ5aCFhW459xHZ8hk4YazX1EQFiSenu3ANfR dist/index.html
added QmfZoCnPcgmHYmFJqHBcyuFh3FEYrTZqGdGyioSMrAZzw2 dist
```

复制最后的哈希并执行：

```
ipfs name publish QmfZoCnPcgmHYmFJqHBcyuFh3FEYrTZqGdGyioSMrAZzw2
```

可以看到类似如下的信息：

```
Published to QmRDVed784YwKrYAgiiBbh2rFGfCUemXWk3NkD7nWdstER:
/ipfs/QmfZoCnPcgmHYmFJqHBcyuFh3FEYrTZqGdGyioSMrAZzw2
```

这表明内容已经存储在那个 URL 下。可以以下面的方式访问检查 gateway. ipfs. io/ipns/ <your-hash-here>。如：

```
gateway.ipfs.io/ipns/QmRDVed784YwKrYAgiiBbh2rFGfCUemXWk3NkD7nWdstER
```

因为当前的网络已经变得很大，导入会需要一些时间。然后会看到 DApp。请记住在 MetaMask 设置为工作在 Ropsten Test Network。如果修改了某些文件，需要执行 webpack，然后执行 ipfs add -r dist/，最后发布 ipfs name publish <the-hash>。注意：发布的名字哈希前后一致。

9.4 IPFS DApp

本节将介绍一个简单的基于 IPFS 的 DApp[51]。演示如何将相关的信息存储到 IPFS，以及如何和 IPFS 交互。

9.4.1 环境准备

安装 browsersify 和 Babel 包：

```
yarn add --dev browserify babelify babel-core babel-polyfill babel-preset-env
```

安装 minify，lint，watch，simplify 和 node-ecstatic 库包：

```
yarn add --dev envify npm-run-all shx standard uglifyify watchify ecstatic
```

同时为了运行基于 IPFS 的 DApp，需要安装一个浏览器端的插件：

```
Google Chrome:
https://chrome.google.com/webstore/detail/ipfs-companion/nibjojkomfdiaoajekhjakgkdhaomnch

Firefox:
https://addons.mozilla.org/en-US/firefox/addon/ipfs-companion/
```

浏览器插件的安装在开发其他 DApp 时不一定必要。这里只是为了演示快速创建一个基于 IPFS 的 DApp，利用浏览器插件可以节省一些工作量，尽量聚焦于 DApp 开发。

这里使用 window.ipfs-fallback 实例化一个 IPFS 的节点。同时使用 js-libp2p-crypto 进行密码计算。上面的浏览器插件会给每个 Web 网页嵌入一个 window.ipfs 对象，代表一个 IPFS 节点。任何一个基于 IPFS 的 DApp 都可以探测 window.ipfs 对象是否存在。没有必要每启动一个 DApp，就实例化一个 IPFS 的 Peer 节点。window.ipfs-fallback 包自动探测 window.ipfs，如果已经导入，则使用之。否则就自动回退从 CDN 下载最新版本的 IPFS。

```
yarn add window.ipfs-fallback js-libp2p-crypto
```

9.4.2 项目

创建项目目录：

```
mkdir encryptoid
cd encryptoid
```

使用 NPM 来初始化项目，会提问一些和项目相关的问题，下面是示例：

```
ubuntu@VM-16-5-ubuntu:~/work/dapp/encryptoid$ npm init
```

目录结构大致如下：

```
Encryptoid
|--LICENSE
|--README.md
|--package.json
|--src
|     |--index.html
|     |--images
|     |       |--logo.png
|     |--main.js
|     |--style.css
|--dist
|     |--...
```

下面来修改 package. json，增加一点编译命令：

```
...
"scripts":{
    "start":"ecstatic dist",
    "clean":"shx rm -rf dist",
    "build":"run-s build:*",
    "build:copy":"run-p build:copy:*",
    "build:copy:html":"shx mkdir -p dist && shx cp src/index.html dist/index.html",
    "build:copy:css":"shx mkdir -p dist && shx cp src/style.css dist/style.css",
    "build:js":"browserify src/main.js -o dist/bundle.js -g uglifyify",
    "watch":"npm-run-all build:* --parallel watch:*",
    "watch:js":"watchify -t envify src/main.js -o dist/bundle.js -v",
    "watch:serve":"ecstatic --cache=0 dist",
    "test":"standard"
  },
  "browserify":{
    "transform":[
      ["babelify",{"presets":["env"]}],
      ["envify"]
    ]
  },
...
```

在 package. json 里指定了各种各样的启动命令，如：start、clean、build、test 等。

本 DApp 项目的主页定义在文件 Index. html：

```
<!doctype html>
<html>
<head>
  <meta charset="utf8">
  <title>Encryptoid DApp</title>
  <link rel="stylesheet" href="./style.css">
</head>
<body>
  <div id="main">
    <h1>Welcome to Encryptoid! </h1>
  </div>
  <script type="text/javascript" src="bundle.js"></script>
</body>
</html>
```

本 DApp 主页的 CSS 样式文件为 Style. css：

```
html,body{
  font-family:"Lucida Sans Typewriter","Lucida Console","Bitstream Vera Sans Mono",monospace;
  height:100%;
}
#main{
  width:50%;
  margin:0 auto;
  padding-top:2%;
}
```

本 DApp 项目的主要的 JavaScript 文件为 Main. js。采用 Async/await 模式，异步获取 IPFS 节点信息。

```
//引入需要的库包
import 'babel-polyfill'//We need this for async/await polyfills

//引入两个 IPFS-based 的模块
import getIpfs from 'window.ipfs-fallback'
import crypto from 'libp2p-crypto'

let ipfs

//创建一个异步设置函数,在网页导入是运行 run on page load
const setup = async () => {
  try{
```

```
    ipfs = await getIpfs()//初始化一个 IPFS 的 Peer 节点
    const id = await ipfs.id()//获得 Peer 的 ID 信息
    console.log('running ${id.agentVersion} with ID ${id.id}')
  }catch(err){
    console.log(err)//Just pass along the error
  }
}
setup()
```

下面在 index.html 里加两个输入框：<textarea>；<input>：

```
<h1>Welcome to Encryptoid!</h1>
    <form id="secret">
      <label for="message">Message</label>
      <textarea id="message"required rows="5"></textarea>
      <label for="password">Password</label>
<input id="password"type="text"required minlength="10" maxlength="100">
    </form>
    <button id="button"type="button">Encrypt</button>
    <div id="output"></div>
```

Main.js 也增加相应的处理：

```
//引入需要的库包
import'babel-polyfill'//We need this for async/await polyfills
//引入两个 IPFS-based 的模块
import getIpfs from'window.ipfs-fallback'
import crypto from'libp2p-crypto'

let ipfs

//Setup a very simple async setup function to run on page load
const setup = async () => {
  try{
    ipfs = await getIpfs()//初始化一个 IPFS Peer 节点
    const button = document.getElementById('button')
    //监听按钮的 click 事件
button.addEventListener("click",(e) => {
    e.preventDefault()

        //获取输入的 message 和 password
    const message = document.getElementById('message')
    const password = document.getElementById('password')
```

```
//计算用于 AES 加密算法的派生 key
    const key =crypto.pbkdf2(password.value,'encryptoid',5000,24,'sha2-256')

//只用一次 iv
    const iv =Buffer.from([...Array(16).keys()])
    //创建 AES 加密对象
    crypto.aes.create(Buffer.from(key),iv,(err,cipher) =>{
        if(!err){
          //调用加密函数
          cipher.encrypt(Buffer.from(message.value),async(err,encrypted) =>{
            if(!err){
                //如果没有错误,则将加密后的内容存入 hashed 以供显示
              const hashed = (await ipfs.files.add(encrypted))[0]
              output.innerText = '/ipfs/ ${hashed.hash}'
            }
          })
        }
      })
    })
  }catch(err){
    console.log(err)//Just pass along the error
  }
}
setup()
```

❑ 使用 PBKDF2（Password-Based Key Derivation Function 2）Key 派生函数来产生派生 Key，用来进行后续的加密操作。这里使用固定的盐值（Salt），采用 5000 次迭代，key 的大小为 24B。const key = crypto.pbkdf2（password.value，'encryptoid'，5000，24，'sha2 -256'）。

❑ 创建了一个 16B 固定长度的初始向量（IV）。实践中，最好使用一个随机的 IV。const iv = Buffer.from（[...Array（16）.keys（）]）。

❑ 在 CTR 模式，创建了 AES 加密对象（长度 32B，使用 AES 256）。crypto.aes.create（Buffer.from（key），iv，（err，cipher）=>。

❑ 进行实际的加密工作。将明文的消息的 Buffer 传给 encrypt 方法，加密后的文本会返回到回调函数。

```
if(!err){
              const hashed = (await ipfs.files.add(encrypted))[0]
              output.innerText = '/ipfs/ ${hashed.hash}'
}
```

❑ 将加密后的消息放到 IPFS 上，同时等待返回的 CID 哈希。

❑ 输出为 CID 哈希。可以将哈希值送给接收人，他们可以解密内容。

9.4.3 编译运行

在 encryptoid 根目录下，编译运行：

安装依赖包:yarn install

编译 App:yarn build

启动 App:yarn start

在浏览器里输入相应地址 http://server：8000/，能够看到如图 9.9 所示的界面。

图 9.9　IPFS DApp 界面

现在已创建完成一个简单功能的 DApp：它能加密信息并且在分布式的 Web 上推广。因为 DApp 在浏览器里运行，没有把文件加钉（pinning），DApp 的文件最终会在 24～48 小时后被垃圾回收。但最重要的是，加密后的消息在 IPFS 的 P2P 网络上可以访问，而且没有中心化的服务器能偷看消息内容。这就是去中心化的威力。

第 10 章 调试

10.1 编程语言

Solidity 智能合约编程语言内置了一些可以用来进行调试的机制。

10.1.1 事件

一个 Solidity Event 的定义如下：

```
event Deposit(
    address indexed_from,
    bytes32 indexed_id,
    uint_value
);
```

- 最多 3 个 indexed 参数；
- 如果一个 indexed 参数的类型大于 32B（如 string 和 bytes），则不存储实际数据，而是存储数据的 keccak 256 摘要（Digest）。

1. 以太坊虚拟机日志原语

先来看 log0，log1，…，log4 EVM 指令。EVM 日志功能使用下面不同的术语：

- topics：最多 4 个 topics，每个 topic 32B；
- data：数据是 Event 的 Payload，可以是任意长度的字节数组。

一个 Solidity Event 通过以下方式映射到一个 log 原语：

- 所有 non-indexed 参数被存储为 data；
- 每个 indexed 参数被存储为一个 32B 的 topic。

2. log0 原语

log0 生成一个只有数据/data 没有话题/topic 的日志项目，数据/data 可以是任意长度的字节串。

下面是一个示例：

```
pragma solidity^0.4.18;
contract Logger{
```

```
    function Logger()public{
        log0(0xc0fefe);
    }
}
```

编译后，0x40 指针是内存的空闲指针。下面程序的第一部分将数据导入内存；第二部分将数据的大小在栈上准备好。

```
memory:{0x40 =>0x60 }

tag_1:
  //将数据复制到内存
  0xc0fefe
    [0xc0fefe]
  mload(0x40)
    [0x60 0xc0fefe]
  swap1
    [0xc0fefe 0x60]
  dup2
    [0x60 0xc0fefe 0x60]
  mstore
    [0x60]
    memory:{
      0x40 =>0x60
      0x60 =>0xc0fefe
    }

//计算数据开始位置和大小
  0x20
    [0x20 0x60]
  add
    [0x80]
  mload(0x40)
    [0x60 0x80]
  dup1
    [0x60 0x60 0x80]
  swap2
    [0x60 0x80 0x60]
  sub
    [0x20 0x60]
  swap1
```

```
  [0x60 0x20]
log0
```

在执行 log0 前，栈上有两个参数：[0x60 0x20]。

- start：0x60 用来存放数据的内存指针；
- size：0x20（或者 32）指定了载入数据的大小。

3. 带话题/topic 的日志

下面的示例使用了 log2 原语。第一个参数是数据/data（可以为任意长字节），其后跟着两个 topics（每个 topic 32B）：

```
//log-2.sol
pragma solidity^0.4.18;

contract Logger{
  function Logger()public{
    log2(0xc0fefe,0xaaaa1111,0xbbbb2222);
  }
}
```

汇编代码非常相似。唯一的区别是两个 topics（0xbbbb2222，0xaaaa1111）被推送到了栈上：

```
tag_1:
  //push topics
  0xbbbb2222
  0xaaaa1111
//copy data into memory
  0xc0fefe
  mload(0x40)
  swap1
  dup2
  mstore
  0x20
  add
  mload(0x40)
  dup1
  swap2
  sub
  swap1

//create log
  log2
```

数据/data 还是 0xc0fefe，复制到内存，执行 log2 前，状态如下：

```
stack:[0x60 0x20 0xaaaa1111 0xbbbb2222]
memory:{
  0x60:0xc0fefe
}
log2
```

头两个参数指定日志数据的内存领域，两个新增的栈上元素是两个 32B 的 topics。

4. 所有的以太坊虚拟机日志原语

EVM 支持 5 个日志的原语：

```
0xa0 LOG0
0xa1 LOG1
0xa2 LOG2
0xa3 LOG3
0xa4 LOG4
```

5. 测试网上写日志演示

```
pragma solidity^0.4.18;

contract Logger{
  function Logger()public{
    log0(0x0);
    log1(0x1,0xa);
    log2(0x2,0xa,0xb);
    log3(0x3,0xa,0xb,0xc);
    log4(0x4,0xa,0xb,0xc,0xd);
  }
}
```

6. Solidity 事件

下面是一个 Log 事件，带着 3 个 uint256 的参数（non-indexed）：

```
pragma solidity^0.4.18;
contract Logger{
  event Log(uint256 a,uint256 b,uint256 c);
  function log(uint256 a,uint256 b,uint256 c)public{
    Log(a,b,c);
  }
}
```

数据是事件参数，ABI 编码为：

```
0000000000000000000000000000000000000000000000000000000000000001
0000000000000000000000000000000000000000000000000000000000000002
0000000000000000000000000000000000000000000000000000000000000003
```

有一个 topic，一个 32B 的哈希值：

0x00032a912636b05d31af43f00b91359ddcfddebcffa7c15470a13ba1992e10f0

这是事件类型签名的 sha3 哈希：

```
# Install pyethereum
#https://github.com/ethereum/pyethereum/#installation
>from ethereum.utils import sha3
>sha3("Log(uint256,uint256,uint256)").hex()
'00032a912636b05d31af43f00b91359ddcfddebcffa7c15470a13ba1992e10f0'
```

因为 Solidity 事件为事件签名用掉了一个 topic，留给 indexed 参数的只有 3 个 topic。

7. 带索引参数的 Solidity 事件

下面是有一个 indexed uint256 参数的事件：

```
pragma solidity^0.4.18;

contract Logger{
  event Log(uint256 a,uint256 indexed b,uint256 c);
  function log(uint256 a,uint256 b,uint256 c)public{
    Log(a,b,c);
  }
}
```

有两个 topic：第一个 topic 是方法的签名；第二个 topic 是 indexed 参数的值。

```
0x00032a912636b05d31af43f00b91359ddcfddebcffa7c15470a13ba1992e10f0
0x0000000000000000000000000000000000000000000000000000000000000002
```

除了 indexed 参数，数据是 ABI 编码：

```
0000000000000000000000000000000000000000000000000000000000000001
0000000000000000000000000000000000000000000000000000000000000003
```

8. 字符串/字节事件参数

将事件的参数设为字符串：

```
pragma solidity^0.4.18;

contract Logger{
  event Log(string a,string indexed b,string c);
  function log(string a,string b,string c)public{
    Log(a,b,c);
  }
}
```

有两个 topics：第一个 topic 是方法的签名；第二个 topic 是字符串参数的 sha256 摘要。

```
0xb857d3ea78d03217f929ae616bf22aea6a354b78e5027773679b7b4a6f66e86b
0xb5553de315e0edf504d9150af82dafa5c4667fa618ed0a6f19c69b41166c5510
```

验证“b”的哈希值和第二个 topic 一样：

```
>>>sha3("b").hex()
```

```
'b5553de315e0edf504d9150af82dafa5c4667fa618ed0a6f19c69b41166c5510'
```

日志数据是两个 non-indexed 字符串“a”和“c”，ABI 编码：

```
0000000000000000000000000000000000000000000000000000000000000040
0000000000000000000000000000000000000000000000000000000000000080
0000000000000000000000000000000000000000000000000000000000000001
6100000000000000000000000000000000000000000000000000000000000000
0000000000000000000000000000000000000000000000000000000000000001
6300000000000000000000000000000000000000000000000000000000000000
```

indexed 字符串参数没有被存储，所以 DApp 客户无法恢复它。如果确实需要最初的字符串，那就记录两次：indexed 和 non-indexed：

```
event Log(string a,string indexed indexedB,string b);
Log("a","b","b");
```

10.1.2 Assert/Require 语句

Solidity v0.4.10 引入了 assert（），require（）和 revert（）。而在 Solidity v0.4.10 之前，使用 if throw 模式如下：

```
contract HasAnOwner{
    address owner;

    function useSuperPowers(){
        if(msg.sender!=owner){throw;}
        //do something only the owner should be allowed to do
    }
}
```

如果函数调用者不是 owner，函数就会抛出一个非法操作指令（Invalild opcode）的错误。关键字 throw 已经被淘汰最终将被移除，取而代之的是 assert、require 和 revert。

```
if(msg.sender!=owner){throw;}
```

与下面 3 个语句等价：

```
if(msg.sender!=owner){revert();}
assert(msg.sender==owner);
require(msg.sender==owner);
```

1. 区分 assert 和 require

assert 用来确认一个完全未知的状态，确保合约在灾难性的情况下也能运行，如被零除、上溢/下溢（over/underflow）等。如果 require 语句失败，已花费的燃料将无法返回，剩余的燃料则会被退回。

在下列场合使用 require（）：

- ❑ 检查用户输入；
- ❑ 检查外部合约的响应，如 use require（external.send（amount））；
- ❑ 在执行状态修改操作前检查状态条件；

- ❑ 尽量多用 require；
- ❑ 在函数开始时使用 require。

在下列场合使用 assert（）：

- ❑ 检查上溢/下溢（over/underflow）；
- ❑ 检查不变量；
- ❑ 在执行状态修改操作后检查合约状态；
- ❑ 避开绝不可能的情况；
- ❑ 尽量少用 assert；
- ❑ 应该在函数底部使用 assert。

总体上说，assert 就是为了防止坏事情的发生，但是 assert 的条件不可能为 false。

在下列场合使用 revert（）：

- ❑ 与 require 大致相同，但是 revert 可以处理更复杂的逻辑。

指令/Opcode：

- ❑ assert（）使用 0xfe opcode 来引起一个错误；
- ❑ require（）使用 0xfd opcode 来引起一个错误。

2. Revert 语句

1）Revert 会返回值。可以使用 revert 来返回一些与错误有关的消息：

```
revert('Something bad happened');
```

或者：

```
require(condition,'Something bad happened');
```

2）Revert 会退还未用到的燃料给调用者。如果使用 throw，就将耗尽剩余的燃料。这就变成了对矿工的慷慨的捐赠，会导致用户损失很多钱。只要使用了 revert，它就会退还多余的燃料给调用者。

3. 区分 revert（），assert（）和 require（）

既然 revert（）和 require（）都会退还所遗留的燃料，而且允许返回值，为什么还要使用会耗尽燃料的 assert（）呢？区别在于字节编码的输出：require 函数被用来保证正确的条件，如输入，合约状态变量符合与否或者校验从外部合约返回的结果等。如果 require 语句被正确使用，分析工具就可以评估合约，找出条件和函数调用会引起 assert。正确的函数编码不会引发一个 assert 语句，否则就是程序出现了严重的错误。如果 require 语句失败，表明程序正常，而如果 assert（）语句失败，那将是非常严重的情况，程序员必须修正程序。

如果遵守了编程指南，静态分析和形式化验证工具就可以检查智能合约，找到或者证明某些可能导致合约失败的特定的条件，或者证明智能合约可以按期望运行。所以，可以用 require（）检查条件，而用 assert（）防止错误情况发生。

10.1.3 测试案例

经验丰富的程序员都有写测试用例做单元测试的习惯。下面用 Mocha 测试框架 + Nodejs 来写一些测试用例，用来测试 4.3.1 节里的 ERC721 程序。源代码可以在这里下载：https://github.com/AnAllergyToAnalogy/ERC721。

```
npm install--save mocha ganache-cli web3
```

下面需要编辑 package. json 文件，并进行修改：

```
"test":"echo \"Error:no test specified\"&& exit 1"
```

改成：

```
"test":"mocha"
```

在项目的根目录下创建两个子目录：

```
{your project directory}/test
```

和

```
{your project directory}/contracts
```

在 contracts 目录下，存放了所有编译好的 json 格式的合约代码，文件大致包括（文件的具体内容参见 4. 3. 1 节）：

- TokenERC721. json；
- ValidReceiver. json；
- InvalidReceiver. json。

最后，在/test 目录下创建一个 Token. test. js，文件里包含一些易懂的声明。

```
const assert = require('assert');
const ganache = require('ganache-cli');
const Web3 = require('web3');
const provider = ganache.provider({
    gasLimit:10000000
});

const web3 = new Web3(provider);

const compiledToken = require('../contracts/TokenERC721.json');
const compiledValidReceiver = require('../contracts/ValidReceiver.json');
const compiledInvalidReceiver=require('../contracts/InvalidReceiver.json');
```

使用 Mocha，可以通过使用 beforeEach 在每个测试用例前面调用一些代码。我们计划在运行每个测试用例前部署一个新的合约。我们同时在全局声明 accounts、token 和 initialTokens，后续的测试用例都可以访问。

```
let accounts;
let token;
const initialTokens = 10;
beforeEach(async () => {
    accounts = await web3.eth.getAccounts();

    token = await new web3.eth.Contract(JSON.parse(compiledToken.interface))
        .deploy({
            data:compiledToken.bytecode,
            arguments:[initialTokens]
```

```
        })
        .send({from:accounts[0],gas:'8000000'});
    token.setProvider(provider);
});
```

在测试文件里，每一个 Test Case 都有 Describe... IT... 的形式：

```
describe('Token Contract',() =>{
    //All our test cases go here

    it('Example test case',() =>{
        assert(true);
    });
});
```

如果要运行测试文件，需要到项目的根目录下运行下面的命令：

```
npm run test
```

频繁使用 async 和 await 函数可以使异步调用变得比较“同步”。下面是一个示例，全部的测试用例可以在 github 上获得。

测试创建者余额 Balance of creator == initial token supply：

```
it('Balance of creator == initial token supply',async () =>{
    const balance = await token.methods.balanceOf(accounts[0]).call();
    assert(balance == initialTokens);
});
```

测试合约创建者可以发行 tokens：

```
it('Creator can issue tokens',async () =>{
    const toIssue =2;
    const owner = accounts[0];
    await token.methods.issueTokens(toIssue).send({
        from:owner
    });
    const finalBalance = await token.methods.balanceOf(accounts[0]).call();
    assert((initialTokens + toIssue) == finalBalance);
});
```

10.2 Testrpc/Ganache 测试环境

在 2.2.1 节已经演示了如何安装 Testrpc/Ganache。Ganache 是一个运行在个人桌面上的以太坊开发者的个人区块链。Ganache 还为那些不习惯在图形化界面工作的人提供了一个命令行工具，非常适合自动化测试和持续集成的环境。Ganache CLI 可以配置为满足所有的开发需求，它可以快速地处理交易而不是等待默认的区块时间。

下面以使用 Truffle 框架为例来连接本地的 Ganache 测试网络。首先需要修改 truffle-config. js file，修改如下：

```
module.exports = {
  networks:{
    development:{
      host:"localhost",
      port:8545,
      network_id:" * " //Match any network id
    },
  }
};
```

下面的命令可以把合约部署到指定的网络。以-network 为参数：

```
truffle migrate--networktestenv
```

Ganache 启动时的参数说明：

-account：指定账户私钥和账户余额来创建初始测试账户。可多次设置：

```
$ ganache-cli --account = "<privatekey>,balance"[ -
account = "<privatekey>,balance"]
```

注意：私钥长度为 64 字符，必须使用 0x 前缀的 16 进制字符串。账户余额可以是整数，也可以是以 0x 为前缀的 16 进制字符串，单位为 wei。使用-account 选项时，不会自动创建 HD 钱包。

-u 或-unlock：解锁指定账户，或解锁指定序号的账户。可以设置多次。当与-secure 选项同时使用时，这个选项将改变指定账户的锁定状态。

-a：指定启动时要创建的测试账户数量。

-e：分配给每个测试账户的 ether 数量，默认值为 100。

-b：指定自动挖矿的 blockTime，以秒为单位。默认值为 0，表示不进行自动挖矿。

-d：基于预定的助记词（mnemonic）生成固定的测试账户地址。

-n：默认锁定所有测试账户，有利于进行第三方交易签名。

-m：用于生成测试账户地址的助记词。

-p：设置监听端口，默认值为 8545。

-h：设置监听主机，默认值同 Nodejs 的 server. listen（）。

-s：设置生成助记词的种子。

-g：设定燃料价格，默认值为 20000000000。

-l：设定燃料上限，默认值为 90000。

-f：从一个运行中的以太坊节点客户端软件的指定区块分叉。输入值应当是该节点的 HTTP 地址和端口，如 http://localhost：8545，可选使用@ 标记来指定具体区块，如 http://localhost：8545@ 3645200。

-i 或-networkld：指定网络 ID。默认值为当前时间，或使用所分叉链的网络 ID。

-db：设置保存链数据的目录。如果该路径中已经有链数据，ganache-cli 将用它初始化链而不是重新创建。

-debug：输出 VM 操作码，用于调试。

-mem：输出 ganache-cli 内存使用统计信息，替代标准的输出信息。

-noVMErrorsOnRPCResponse：不把失败的交易作为 RCP 错误发送。开启这个标志使错误报告方式兼容其他的节点客户端，如 geth 和 Parity。

10.3 Truffle Debugger

Truffle Debugger 是 Truffle 框架里的一个命令行工具，它支持对智能合约交易的跟踪调试。当 Debugger 启动时，命令行接口会给出一个交易或者创建的地址列表，一个交易的进入点和使用 Debugger 的可用命令列表。下面详细讲解调试命令。

10.3.1 调试界面

启动调试器会启动调试器界面，调试器界面包括：交易列表，可用命令列表，和交易的最初进入点。

回车键被设定用来执行最后执行的命令。调试器启动后，回车键会执行至下一个源代码的逻辑单元。可以敲击回车键来逐步执行整个交易，同时分析交易的详细信息。命令列表如下：

1.（o）step over

这个命令在 Solidity 源文件里，执行当前行或者相对行或者当前在计算的表达式。如果不想跟踪进入一个函数调用或者合约创建，或者快速地执行调试，可以使用这个命令。

2.（i）step into

这个命令跟踪进入一个函数调用或者合约创建过程，使用这个命令跳入函数并快速调试代码。

3.（u）step out

这个命令跳出当前正在运行的函数。可以使用这个命令来快速回到调用函数，或者结束交易的执行。

4.（n）step next

这个命令跟踪到下一个语句或者表达式。如对子表达式的演算会先于 EVM 计算全表达式。可以用这个命令来分析每个 EVM 计算的逻辑。

5.（;）step instruction

这个命令允许跟踪 EVM 计算的每个指令。特别是在需要进一步了解对 Solidity 源代码编译而成的字节代码等详细信息时，可以使用这个命令，调试器还会打印和这个指令相关的栈数据。

6.（p）print instruction

这个命令打印当前的指令和栈数据，但是不跳到下一个指令。在执行完合约里的某个逻辑后，如果想查看当前指令和栈数据，可以使用这个命令。

7.（h）print this help

打印可用的命令。

8.（q）quit

退出调试器。

9. （r） reset

重置调试器到合约最开始。

10. （b） set a breakpoint

这个命令允许在源代码里任意地设定断点。可以通过行号、相对行号在特定文件里的行号或者在当前位置设定断点。

11. （B） remove a breakpoint

这个命令允许删除任何已存在的断点。采用设定断点同样的语法。可使用 B all 来删除所有的断点。

12. （c） continue until breakpoint

这个命令会执行代码直到到达下一个断点或者程序结束点。

13. （+） add watch expression

这个命令增加一个监视的表达式，基于如下语法： +： <expression>。

14. （-） remove watch expression

这个命令删除一个监视的表达式，基于如下的语法： -： <expression>。

15. （?） list existing watch expressions

这个命令显示所有当前正在监视的表达式列表。

16. （v） display variables

这个命令显示当前的变量和它们的值。不是所有类型的数据都支持这个命令。

10.3.2 增加和删除断点

下面是一些增加和删除断点的示例。

```
event Generated(uint n);
12:
13:   function generateMagicSquare(uint n)
       ^^^^^^^^^^^^^^^^^^^^^^^^^^^^^^^^^^^^^


debug(develop:0x91c817a1...) >b 23
在 23 行添加断点


debug(develop:0x91c817a1...) >B 23
在 23 行移除断点


debug(develop:0x91c817a1...) >b SquareLib:5
在 SquareLib.sol 文件的第 5 行添加断点


debug(develop:0x91c817a1...) >b +10
在 23 行添加断点(假设当前行是第 13 行)


debug(develop:0x91c817a1...) >b
```

在当前行添加断点

debug(develop:0x91c817a1...)>**B all**

移除所有的断点

关于命令的具体信息，可以参见：https://truffleframework.com/docs/truffle/getting-started/debugging-your-contracts#debugging-interface。

10.3.3　如何调试交易

使用调试器，首先要收集交易相关的信息，如交易哈希，然后输入下面的命令：

$truffle debug <交易哈希>

以 0x8e5dadfb921dd... 交易为例，输入下面的命令：

```
$truffle debug
0x8e5dadfb921ddddfa8f53af1f9bd8beeac6838d52d7e0c2fe5085b42a4f3ca76
```

这个命令会启动调试器界面。

10.3.4　调试一个食物购物车的合约

下面以 FoodCart 合约为例来解释具体的应用[53]。FoodCart 合约模拟一个简单的食物购物车，任何人都可以将选中的在售的食物加入购物车。同时，任何人如果有足够的 ether 支付的话都可以清空购物车。开始之前，需要确认环境：

1） Truffle 4.0 以上。

2） Solidity 编译器版本 0.4.24 以上。

3） 私有区块链（Ganache CLI v6.1.6 以上）。

1. Step 1：创建合约

首先，创建项目目录用来编译合约。输入下面的命令：

```
mkdir FoodCart
```

进入项目目录，创建一个 truffle 项目：

```
cd FoodCart
truffle init
```

进入合约目录，创建一个 FoodCart.sol 智能合约文件：

```
cd contracts
touch FoodCart.sol
```

打开任何编辑器，输入源代码[43]。FoodCart 智能合约可以分为 6 个部分：

1） 状态变量：owner 和 skuCount，存储 owner 和食物数量。FoodItems（mapping 类型）映射 Sku 到食物。Sku 是电商术语，是物品的序列编号。

2） 枚举变量：State。State 枚举变量是一个用户定义的数据类型，保有在购物车里的食物的状态。在枚举变量里列举的类型可以显式转换为整数，如 ForSale/待售 =0，Sold/已售 =1。

3） 事件。事件 ForSale 和 Sold 记录待销售或者已售的食物的详细信息。在 JavaScript 里，这些事件可以被回调函数调用，使 DApp 更具有交互性。

4） Struct 变量。结构变量 FoodItem 是一个用户定义的类型，保有食物的所有信息。这些属性可以通过结构名+点来访问。

5）函数修饰符。修饰符 doesFoodItemExist，isFoodItemForSale 和 hasBuyerPaidEnough 是一些函数修饰符（Modifier），在执行函数前会自动执行。

6）函数。函数 addFoodItem，buyFoodItem 和 fetchFoodItem 将食物加入合约，食物项可以被购买而且允许食物的详细信息被查阅。构造函数初始化 owner 状态变量为合约部署后的地址。匿名 Payable 函数允许合约接收 ether。

2. Step 2：部署合约

下面在私有链上部署合约。在 migrations 目录下创建 2_foodcart_migration. js。打开这个文件，输入下面的代码：

```
var FoodCart = artifacts.require("./FoodCart.sol");


module.exports = function(deployer){
  deployer.deploy(FoodCart);
};
```

上面这段代码使 Truffle 框架能够部署 FoodCart. sol 合约到私有链。打开命令终端，进入项目目录，输入命令：

```
truffle develop
```

使用这个命令开始测试合约。命令的输出如图 10.1 所示。

```
root@btcpool:/work/foodcart# truffle develop
Truffle Develop started at http://127.0.0.1:9545/

Accounts:
(0) 0x2bd4f3dc2359bef18b4dd1be8b4604b81005b857
(1) 0x26eecca51f64ca3a5daa61b041a50acdd4626442
(2) 0xa42f5f4621b80862c179309f5fccf476a897d79d
(3) 0x7182bc7cf5d87c3e6cc5d32d754579be750ac40f
(4) 0x2b3ca3e05ad86f8ad725b5c306e3d203f4636d5b
(5) 0x4d28e55cc1957e01296e1c9868aa0ce22534e177
(6) 0x9b72f97a810ba3f97b50948335aed2ea4bfdc106
(7) 0xd656f7a34d6e3711a4044f9250022cccc4685d46
(8) 0xbb86476f470ef2ef15b5b661be736eb833c80492
(9) 0x8a74e7db7286a7ffc40302a8dad0a6d34f5c8457

Private Keys:
(0) 2ef6de9cd0d66b97d9d93f6ba457efdbb9a91e3382020599a9fd265e70bc31a7
(1) f86ce1ffeac4166e674214fdf51ca73cac8bde78f6a6c6107cb4ca08e45e6125
(2) 5cb7edd3e1d50aa45712aa5aeb45b192262b313a7d2f03b935078d055294a5d8
(3) a44322ea9b582babd04b40d7665986624e7af336e4158cef98896539c5bee10a
(4) 81073618f7f6e3ea52c3e7581b03dc40a265381d985c72b4fc4236cf957b4d34
(5) 4bd105754feba64ef858079fe54a9c155a005040e04a78c225775c82ca6b7491
(6) 3a2e217500b2828ca10f2c926a7530f56958e173ad6f3ce3e60b24434edc57f9
(7) 400ba81373a25a50ff8dc5e8886a808d5d52469cba9a9f47e0b86c1d02b089ed
(8) 9a402d30d6c94d094167ffec9a6147a45640c94bac2a908a01b9ddc0f90ffac1
(9) 077a785ee275fc503e8b4d1b0b538dd8cd419705bc2b55440ddfe4f0e29c7533

Mnemonic: merge explain program loan ranch follow alley hunt devote famous venture view

⚠ Important ⚠ : This mnemonic was created for you by Truffle. It is not secure.
Ensure you do not use it on production blockchains, or else you risk losing funds.

truffle(develop)> █
```

图 10.1 Truffle develop 工作台界面

这个屏幕显示开发用的区块链已经启动，并监听端口 9545，同时测试账户也已创建完成，提示符变为 truffle（develop）>。

在 truffle（develop）> 提示符下，输入 compile 命令编译合约。编译的结果被存在项目根目录的 build 目录下：

```
truffle(develop) >compile
```

输入 compile 命令会产生如图 10.2 所示的输出。

```
truffle(develop)> compile

Compiling your contracts...
===========================
> Everything is up to date, there is nothing to compile.

truffle(develop)>
```

图 10.2 Truffle compile 命令输出

最后，migrate 编译好后的合约到区块链。输入 migrate 命令后的输出如图 10.3 所示。

```
truffle(develop) >migrate
```

3. Step 3：与合约交互

下面演示与合约交互：往食物购物车里加食物，检查食物的详细信息，并且用 ether 支付购物车里的食物。在 truffle（develop）> 提示符下创建一个 FoodCart 变量，并且把部署好的合约的实例保存到 FoodCart。

```
truffle(develop) >let foodCart;
truffle(develop) >FoodCart.deployed().then((instance) =>{foodCart = instance;});
```

上面的代码使用 web3. deployed 方法来部署合约，返回一个 Promise。在 Promise 里，把部署好的合约实例保存到 FoodCart 变量里。

下面再往购物车里加一些食物。首先，给合约加一个函数，这个函数负责向购物车加食物，并且在指令台上打印交易结果。addFoodItemToCart 函数接受食物名和价格作为参数，并把相应的食物加入购物车。这个函数是合约里 addFoodItem 函数的一个包装（wrapper）。wrapper 除了合约调用以外，同时还将日志进行格式化输出。可以通过输入下列命令来调用 addFoodItemToCart 函数将食物加入购物车：

```
truffle(develop) >addFoodItemToCart('Fried Rice',10);
truffle(develop) >{name:'Fried Rice',sku:0,price:10,state:'ForSale',foodItemExist:true }//output

truffle(develop) >addFoodItemToCart('ChickenPepper Soup',10);
truffle(develop) >{name:'Chicken Pepper Soup',sku:1,price:10,state:'ForSale',foodItemExist:true } //output
```

```
======================
> Network name:    'develop'
> Network id:      5777
> Block gas limit: 0x6691b7


1_initial_migration.js
======================

   Replacing 'Migrations'
   ----------------------
   > transaction hash:    0x17a2efb600ce6600c4c209f52ed53a966c9d824fc35ba28fa50609bfa233ab32
   > Blocks: 0            Seconds: 0
   > contract address:    0x85AA3C3dF1c0257f8fd7E209e1db64Ff40ef7062
   > block number:        1
   > block timestamp:     1571833143
   > account:             0x2Bd4f3DC2359BeF18b4dD1be8B4604B81005b857
   > balance:             99.99445076
   > gas used:            277462
   > gas price:           20 gwei
   > value sent:          0 ETH
   > total cost:          0.00554924 ETH


   > Saving migration to chain.
   > Saving artifacts
   -------------------------------------
   > Total cost:          0.00554924 ETH


2_foodcart_migration.js
=======================

   Replacing 'FoodCart'
   --------------------
   > transaction hash:    0x06083b0cbfd2ab6de858cd036ba6a01cab1c57b3b37fd5ab33ec019f025c089e
   > Blocks: 0            Seconds: 0
   > contract address:    0x0e5f0d11560Dc70ffB4Ed5E56E12591cB9139c30
   > block number:        3
   > block timestamp:     1571833143
   > account:             0x2Bd4f3DC2359BeF18b4dD1be8B4604B81005b857
   > balance:             99.9761698
   > gas used:            872040
   > gas price:           20 gwei
   > value sent:          0 ETH
   > total cost:          0.0174408 ETH


   > Saving migration to chain.
   > Saving artifacts
   -------------------------------------
   > Total cost:           0.0174408 ETH


Summary
=======
> Total deployments:   2
> Final cost:          0.02299004 ETH

truffle(develop)>
```

图 10.3　Truffle migrate 命令输出

truffle(develop)>addFoodItemToCart('Pepperoni Pizza',50);

truffle(develop)>{name:'Pepperoni Pizza',sku:2,price:50,state:'For-Sale',foodItemExist:true}//output

现在购物车里有 3 种食物，在支付费用之前，需要指定支付的源地址，从源地址获得

ether，用来购买购物车里的食物。启动私有链时，自动创建了 10 个测试账户，而且每个测试账户都预置了 100 ether。下面创建一个变量来保存这些地址/账户，以备后面使用。

```
truffle(develop) >const buyerAddress =web3.eth.accounts[1];
truffle(develop) >buyerAddress
'0x26EeCca51f64cA3a5Daa61b041a50ACdD4626442'
```

用户有一个账户：0x26EeCca51f64cA3a5Daa61b041a50ACdD4626442（读者在运行这个例子的时候账户地址应该不同），就可以在 truffle（develop）>提示符下增加一个函数来支付购物车里的某些食物。

buyFoodItemFromCart 函数接受 itemSku（食物品种）以及食物的数量作为参数，允许从购物车里购买一些食物。用来支付的 ether 数量来自存储在 buyerAddress 变量里的账户。假设从购物车购买 Fried Rice，从前面的交易知道 Fried Rice 的 Sku 是 0 并且它的价格是 10 wei. 所以，在 truffle（develop）>提示符下，可以用这些值来调用 buyFoodItemFromCart 函数：

```
let buyFoodItemFromCart = (itemSku,amount) =>{foodCart.buyFoodItem(itemSku,
{from: buyerAddress, value: amount}).then ((trxn) => {const details =
trxn.logs[0].args;
details.sku =details.sku.toNumber();
details.price =details.price.toNumber();
details.state =trxn.logs[0].event;
console.log(details);
});
}
```

从输出可以看到，Fried Rice 的状态是 Sold/已卖出，并且 foodItemExist 是 false，表明这个食品不再售卖。

4. Step 4：调试合约

了解了合约的运作，接下来在与合约交互时引入一些错误，然后用调试器/Debugger 来调试错误并进行修复。为了调试一个交易，需要知道交易的哈希，在 truffle（develop）>提示符下运行命令 debug [transaction hash]，然后利用调试命令，直到找出错误的原因。

尝试下面的不合法的交易：

- ❑ 尝试购买一个不在购物车里的食物；
- ❑ 尝试支付低于售价的 ether 买食物。

在开始调试这些交易时，首先需要在另外一个终端里运行 truffle develop logger 打开一个新的终端。在 FoodCart 的项目根目录运行命令 truffle develop --log：

```
FoodCart $ truffle develop --log
```

可以得到下面的输出：

```
Connected to existing Truffle Develop session athttp://127.0.0.1:9545/
```

Logger 连接到一个已经存在的会话的特定端口，监听交易事件，然后记录交易输出到日志，包括交易哈希、块号等。

（1）非法交易 1：尝试购买一个不在购物车里的食物

往购物车加入代号/Sku 分别为 0、1、2 的食物，尝试用 Sku 6 来购买不存在的食物。这样的尝试会产生错误 UnhandledPromiseRejectionWarning：Error：VM Exception while processing transaction：revert…，但并没有说明关于错误原因的太多线索。如图 10.4 所示。

```
develop:ganache eth_sendTransaction +8ms
develop:ganache +33ms
develop:ganache   Transaction: 0x8e82d82090ce8cdbf7937763757a02bbbf7593b7bc0b4e60af1bed608cfcc9a3 +1ms
develop:ganache   Gas usage: 22105 +0ms
develop:ganache   Block Number: 8 +0ms
develop:ganache   Block Time: Wed Oct 23 2019 19:33:55 GMT+0800 (CST) +0ms
develop:ganache   Runtime Error: revert +1ms
develop:ganache +0ms
develop:ganache eth_call +0ms
develop:ganache net_version +33s
```

图 10.4　非法交易异常输出

在日志中，最重要的内容是交易哈希 0x8e82d82090ce8cdbf7937763757a02bbbf7593b7bc0b4e60af1bed608cfcc9a3，而它和我们在机器上的交易哈希是不同的。利用已有的交易哈希，我们可以调试交易，找到错误的原因。下面我们来调试交易，复制交易哈希，并在 truffle（develop）>提示符下运行下面的命令 debug your-trasanction-hash. 输出大致如图 10.5：

```
truffle(develop)> debug 0x8e82d82090ce8cdbf7937763757a02bbbf7593b7bc0b4e60af1bed608cfcc9a3
> Compiling ./contracts/FoodCart.sol
> Compiling ./contracts/Migrations.sol

Gathering transaction data...

Addresses affected:
 0x7b7742bEdD51E4C4d1D2A2a93Fab147352095e0a - FoodCart

Commands:
(enter) last command entered (step next)
(o) step over, (i) step into, (u) step out, (n) step next
(;) step instruction (include number to step multiple), (p) print instruction
(h) print this help, (q) quit, (r) reset
(b) add breakpoint, (B) remove breakpoint, (c) continue until breakpoint
(+) add watch expression (`+:<expr>`), (-) remove watch expression (-:<expr>)
(?) list existing watch expressions and breakpoints
(v) print variables and values, (:) evaluate expression - see `v`


FoodCart.sol:

1: pragma solidity ^0.4.24;
2:
3: contract FoodCart{
   ^^^^^^^^^^^^^^^^^^
```

图 10.5　Turffle 工作台上调试特定交易示意图

从上面的屏幕中可以看到，debug 命令被运行，调试器编译了合约，收集了交易数据，得到了被影响的地址以及合约的部署地址，并列出了一系列可用的命令。其中最常用的命令是 step next 命令，这个命令跟踪交易执行时的所有指令。输入 enter 或者 n 会执行 step next 命令。

在 debug（develop：0x90a2ef83...）>提示符下，连续按下<Enter>键，跟随指令流直到到达交易失败的地方。如到达程序出问题的地方要经过 8 步，那么需要按下<Enter>键 9 次。执行 4 步后的输出如图 10.6 所示。

```
truffle(develop)> debug 0x8e82d82090ce8cdbf7937763757a02bbbf7593b7bc0b4e60af1bed608cfcc9a3
> Compiling ./contracts/FoodCart.sol
> Compiling ./contracts/Migrations.sol

Gathering transaction data...

Addresses affected:
 0x7b7742bEdD51E4C4d1D2A2a93Fab147352095e0a - FoodCart

Commands:
(enter) last command entered (step next)
(o) step over, (i) step into, (u) step out, (n) step next
(;) step instruction (include number to step multiple), (p) print instruction
(h) print this help, (q) quit, (r) reset
(b) add breakpoint, (B) remove breakpoint, (c) continue until breakpoint
(+) add watch expression (`+:<expr>`), (-) remove watch expression (-:<expr>)
(?) list existing watch expressions and breakpoints
(v) print variables and values, (:) evaluate expression - see `v`


FoodCart.sol:

1: pragma solidity ^0.4.24;
2:
3: contract FoodCart{
   ^^^^^^^^^^^^^^^^^



FoodCart.sol:

59:   }
60:
61:   function buyFoodItem (uint8 _sku)
      ^^^^^^^^^^^^^^^^^^^^^^^^^^^^^^^^^

debug(develop:0x8e82d820...)>

FoodCart.sol:

62:   payable
63:   public
64:   doesFoodItemExist(_sku)
                        ^^^^

debug(develop:0x8e82d820...)>

FoodCart.sol:

31:   /* a modifier to check that food item exist */
32:   modifier doesFoodItemExist(uint8 _sku){
33:     require(foodItems[_sku].foodItemExist);
                ^^^^^^^^^

debug(develop:0x8e82d820...)>
```

图 10.6　Truffle Debug Foodcart.sol 执行 4 步后输出

从屏幕上看到在 61 行，buyFoodItem 函数被调用，但是在函数执行前，第 64 行的修饰符 doesFoodItemExist 被调用来检查购物车里是否有需要购买的食物。在第 33 行的修饰符里，用了 require 函数来保证给定 Sku 的食物的 FoodItemExist 属性是 true。图 10.7 为执行后面 4 步后的程序输出。

在上面的屏幕中第 33 行，可以看到因为 require 函数失败交易停机，因而不能购买食物。想要购买的食物并不存在于购物车中。Require 函数抛出了一个 state-reverting 异常，回退了所有当前调用所作的改变并且返回错误给调用者。可以用 Truffle Debugger 来调试这个有问题的程序。

（2）非法交易 2：尝试支付低于售价的钱购买食物

在这个交易里，尝试用低于售价的钱来购买食物。在“Step 3：与合约交互 contract”部分向购物车加入 3 种食物。下面尝试购买 sku = 1 而且价格是 10 wei 的 Chicken Pepper Soup。

```
FoodCart.sol:

31:   /* a modifier to check that food item exist */
32:   modifier doesFoodItemExist(uint8 _sku){
33:     require(foodItems[_sku].foodItemExist);
           ^^^^^^^^^^^^^^^

debug(develop:0x8e82d820...)> n

FoodCart.sol:

31:   /* a modifier to check that food item exist */
32:   modifier doesFoodItemExist(uint8 _sku){
33:     require(foodItems[_sku].foodItemExist);
           ^^^^^^^^^^^^^^^^^^^^^^^^^^^^^^

debug(develop:0x8e82d820...)> c

Transaction halted with a RUNTIME ERROR.

This is likely due to an intentional halting expression, like assert(), require() or revert().
```

图 10.7　Truffle Debug FoodCart. sol require 语句后的程序输出

在 truffle（develop）>提示符下，调用 buyFoodItem 函数以低于售价来购买食物。

```
truffle(develop) >buyFoodItemFromCart(1,5);
truffle(develop) > (node:40269) UnhandledPromiseRejectionWarning:Error:VM Exception while processing transaction:revert
```

正如预期，这个交易失败了，返回一个信息量很少的错误信息。为了调试这个交易，在日志终端复制交易哈希。在本地机器上，交易哈希是 0x5dc12d3ac524cfd1e3c0ea9265a155149ff16fcb18f904016a87e83cca5f9a30。下面用这个交易哈希开始调试：

```
truffle(develop) >debug
0x5dc12d3ac524cfd1e3c0ea9265a155149ff16fcb18f904016a87e83cca5f9a30
```

首先用 step next 调试器命令来跟踪交易，它可以显示所有被执行的指令中出问题的指令。使用 <enter> 键来连续执行，如图 10.8 所示。

```
FoodCart.sol:

43:   /* a modifier to check that the right price is paid for the food item */
44:   modifier hasBuyerPaidEnough(uint16 _price){
45:     require(msg.value >= _price);
                             ^^^^^^

debug(develop:0x495ac891...)> n

FoodCart.sol:

43:   /* a modifier to check that the right price is paid for the food item */
44:   modifier hasBuyerPaidEnough(uint16 _price){
45:     require(msg.value >= _price);
                ^^^^^^^^^^^^^^^^^^^

debug(develop:0x495ac891...)> c

Transaction halted with a RUNTIME ERROR.

This is likely due to an intentional halting expression, like assert(), require() or revert(). It
 this error.
debug(develop:0x495ac891...)>
```

图 10.8　Truffle 下调试特定交易图

上图第 44 行显示，修饰符 hasBuyerPaidEnough 在 buyFoodItemFromCart 函数调用前被执行。该修饰符要求购买者的支付金额要大于等于食物的售价，而上例中购买者的出价并不满足这个条件。所以只要发送足够数量的 ether，肯定可以买到需要的食物。

10.4 Remix 调试

Remix 的 URL 在：https://remix. ethereum. org/。图 10.9 是 Remix 的整个界面[48]。

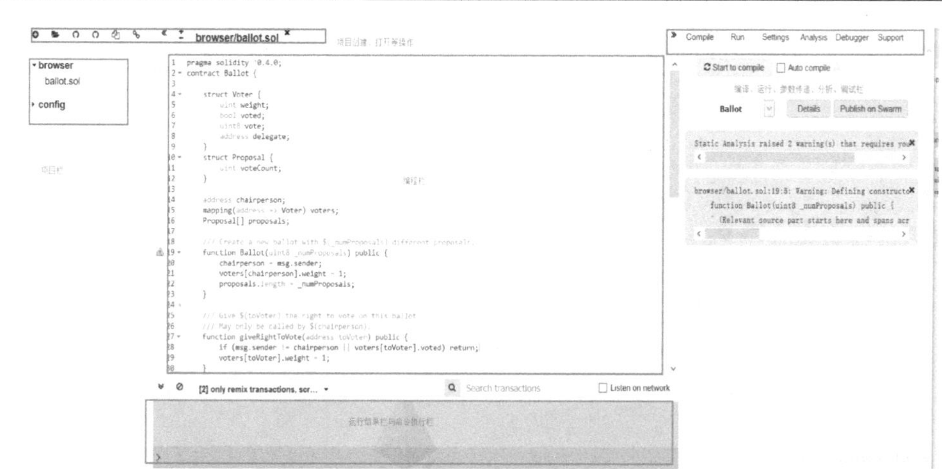

图 10.9 Remix 面板功能示意图

使用 Remix 来编写和测试智能合约非常快速而且容易操作。Remix 是以太坊基金会维护的一个在线编辑工具，如图 10.10 所示。

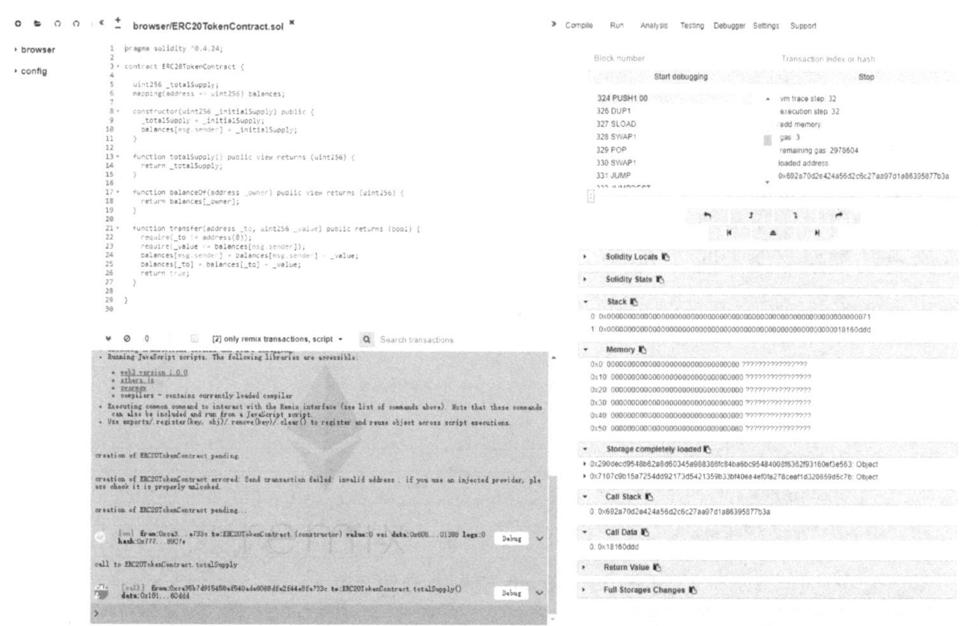

图 10.10 Remix 在线编辑示意图

在 Remix 编辑器中使用 Solidity 编程语言非常方便。同时，Remix 可以自动编译并且实时审计代码。如果一切就绪，可以通过“Injected Web3”（通过 MetaMask 插件）部署合约到一个真实的网络。最重要的一点是，Remix 可以创建一个虚拟浏览器内的网络来快速测试合约。可以在“Run”选项卡中选择“JavaScript VM”，Remix 会创建 5 个外部账户，每个账户充值 100 ethers。如图 10.11 所示。

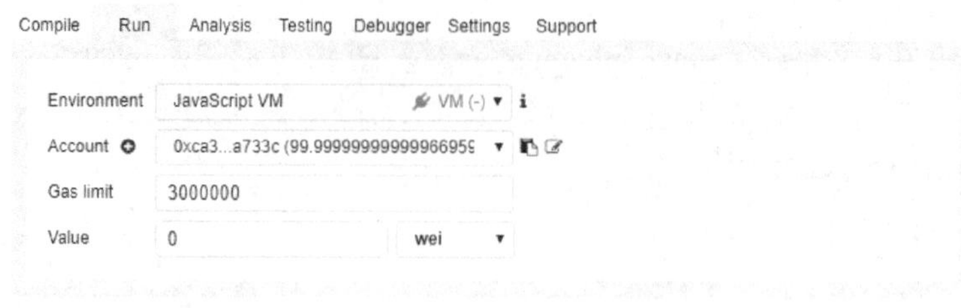

图 10.11　Remix Run 标签选择虚拟机

提供合约创建所需要的参数，然后单击“Deploy”按钮。如图 10.12 所示。

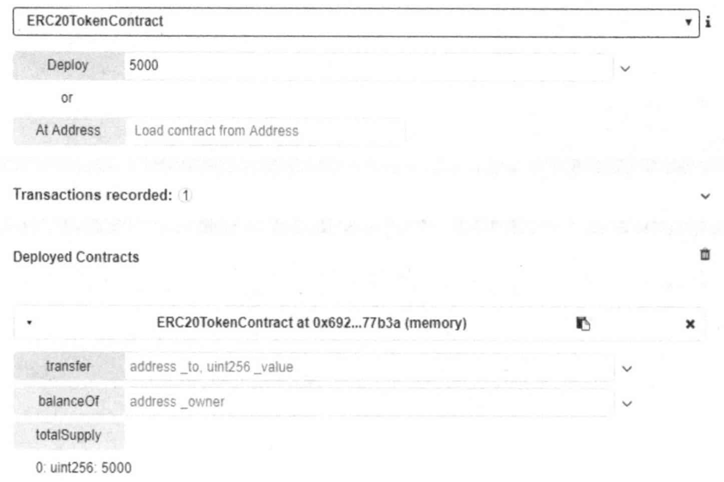

图 10.12　Remix 部署合约示意图

合约部署成功后，在本地网络里，会生成一个已经部署好的合约实例。Remix 给合约里的每个函数自动创建了文本框（input fields）。如图 10.13 所示。

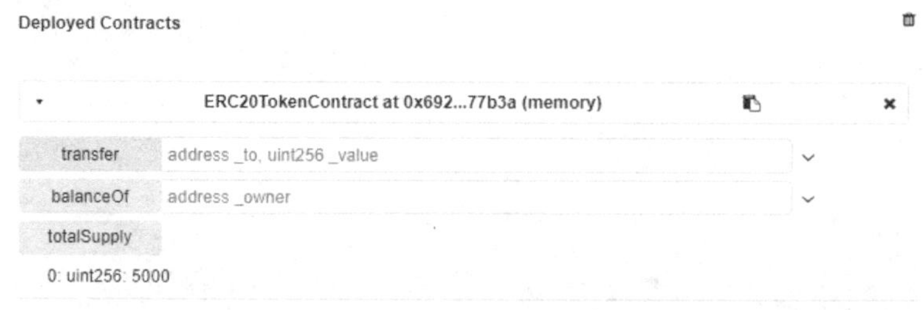

图 10.13　Remix 已部署合约示意

在底部，Remix 提供了一个命令台，显示和合约交互的所有的输出。如图 10. 14 所示。

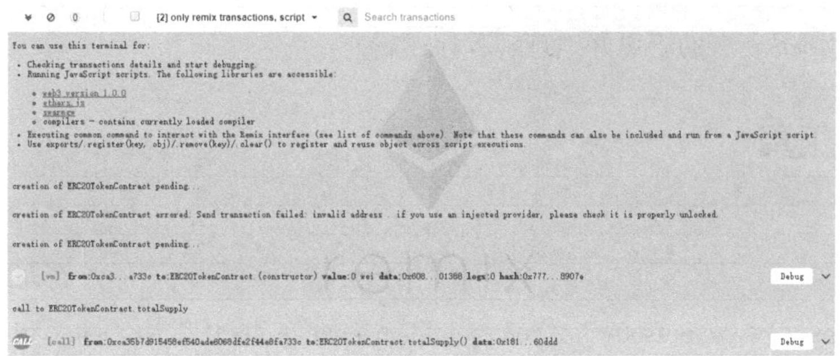

图 10. 14　Remix 程序输出窗口示意图

每一次与合约交互，单击面板右边的“Debug”按钮，就可以打开“Debugger”选项卡。如图 10. 15 所示。

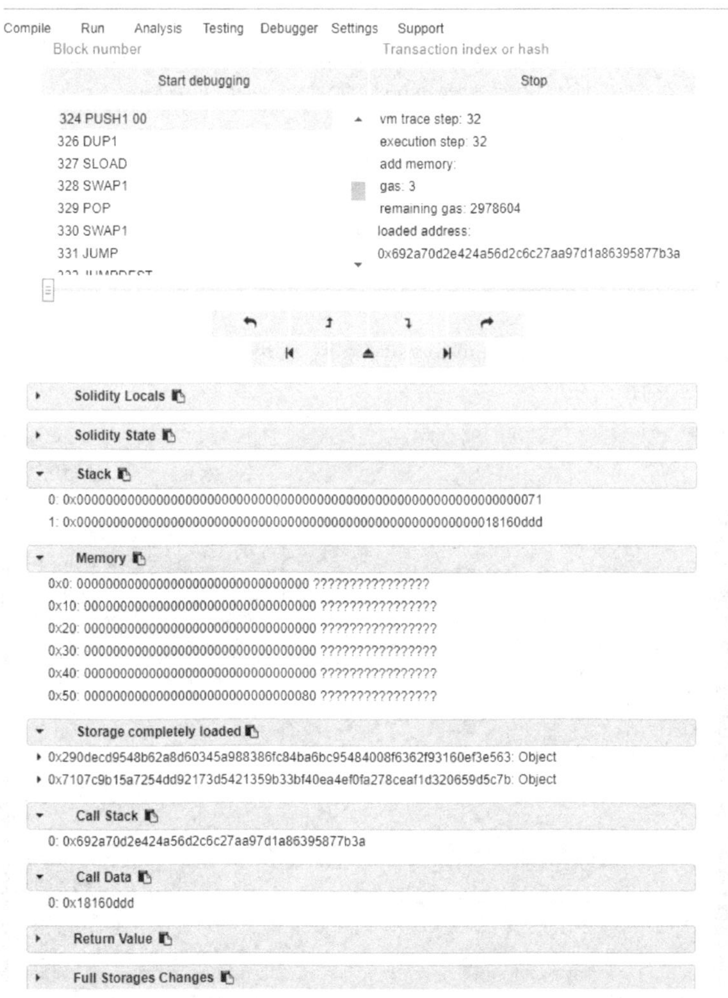

图 10. 15　Remix Debug 选项卡

Remix 的界面非常简单直观。操作者可以在 Remix 界面轻松地进行 Step in，Step over，Step Out，Step back，continue 等操作，同时可以看到执行每一步时的 Memory，Stack，Storage，Calldata 的情况，有助于更好地理解程序逻辑。

10.5 其他工具

10.5.1 JEB

可以在 https://www.pnfsoftware.com/jeb/demoevm 下载 JEB 的 Demo 版（文件大小约 160M）。JEB 的功能主要如下：

1）给定智能合约的 EVM 代码，JEB 反编译器可以把它反编译生成类 Solidity 的代码。

2）通过 EVM 的代码分析，可以确定合约的 public 和 private 方法，包括反编译器自动生成的 public 的实现。

3）在没有 ABI 的情况下，代码分析可以去确定方法名和事件名及原型。

4）反编译器还会试着去恢复一些高级的特征：一些为人熟知的接口，如 ERC20 标准的 token，ERC721 不可细分 token，多签钱包合约等；Storage 变量和类型；其他高级的实现：函数可修改性属性，函数 payable 属性，事件触发包括事件名字，以及 address.send（）或者 address.transfer（）调用；预编译合约调用等。

10.5.2 Prosity

可以在 https://github.com/comaeio/prosity 下载 Porosity 源程序，并使用 Visual Studio 编译。编译结果如图 10.16 所示。

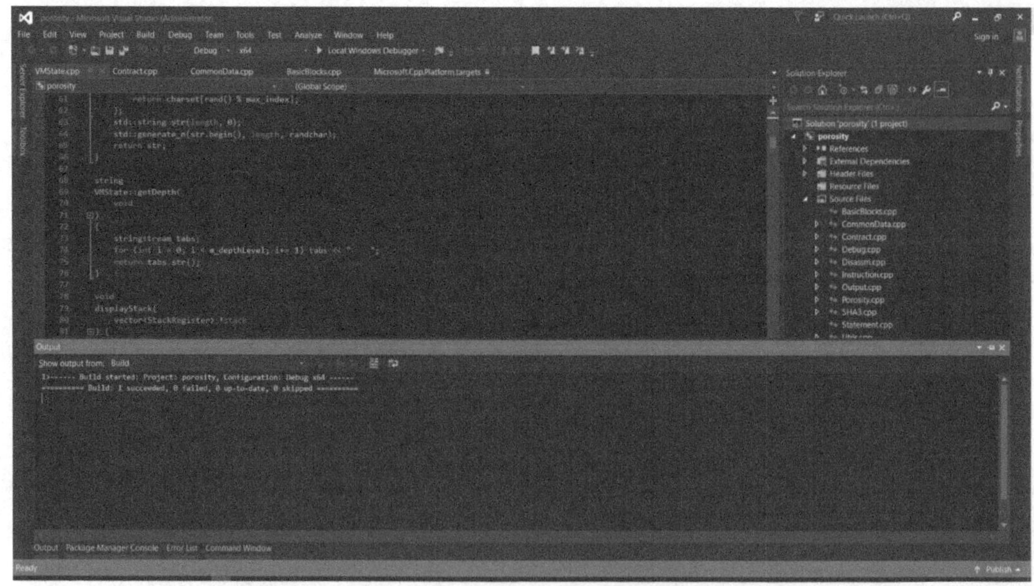

图 10.16 prosity 编译结果示意图

下面在 Windows 系统上来运行 Porosity，看看 Porosity 有哪些命令行参数及其用法：

```
C:\dev\Coins\porosity-master\porosity\x64\Debug>porosity.exe
parse:Please at least provide some byte code(--code)or run it in debug mode(--debug)with pre-configured inputs.
Porosity v0.1(https://www.comae.io)
Matt Suiche,Comae Technologies <support@comae.io>
The Ethereum bytecode commandline decompiler.
Decompiles the given Ethereum input bytecode and outputs the Solidity code.
Usage:porosity[options]
Debug:
    --debug                    -Enable debug mode.(testing only-no input parameter needed.)

Input parameters:
    --code <bytecode>          -Ethereum bytecode.(mandatory)
    --code-file <filename>     -Read ethereum bytecode from file
    --arguments <arguments>    -Ethereum arguments to pass to the function.(optional,default data set provided if not provided.)
    --abi <arguments>          -Ethereum Application Binary Interface (ABI)in JSON format.(optional but recommended)
    --hash <hashmethod>        -Work on a specific function, can be retrieved wit --list.(optional)

Features:
    --list                     -List identified methods/functions.
    --disassm                  -Disassemble the bytecode.
    --single-step              -Execute the byte code through our VM.
    --cfg                      -Generate a the control flow graph in Graphviz format.
    --cfg-full                 -Generate a the control flow graph in Graphviz format(including instructions)
    --decompile                -Decompile a given function or all the bytecode.
```

10.5.3　Binary Ninja

为了反编译智能合约，可以使用 Binary Ninja 的 Ethersplay 插件。Binary Ninja 是付费软件，官方网址在 https://arvanaghi.com/blog/reversing-ethereum-smart-contracts/。Binary Ninja 程序界面如图 10.17 所示。

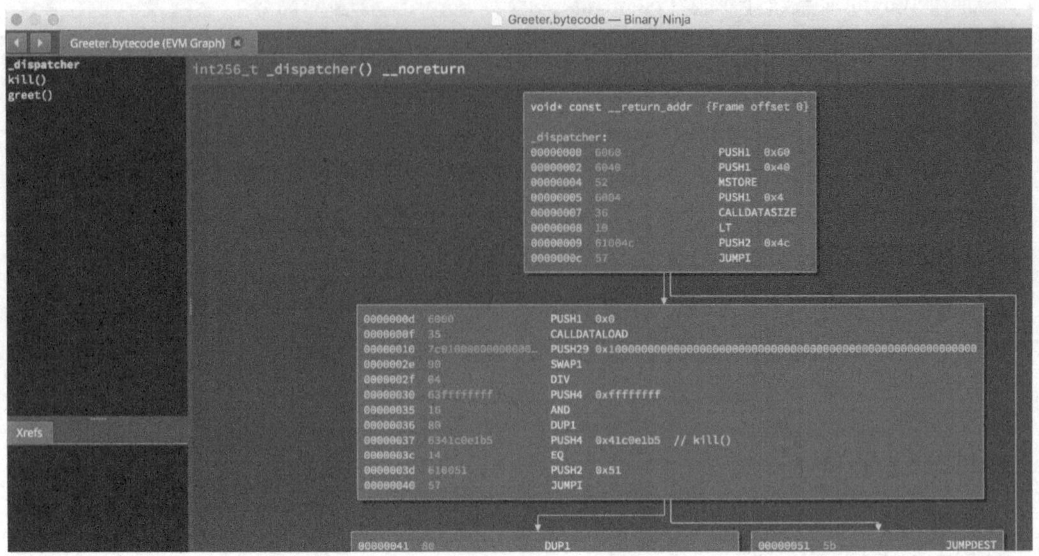

图 10.17　Binary Ninja 程序界面图

参考文献

[1] MarkLux. 非对称加密技术：共享密钥 [P/OL]. (2018-04-04) [2019-03-15]. http://marklux.cn/blog/77.

[2] Facu Spagnuolo. A gentle introduction to ethereum programming, part 3 [P/OL]. (2018-01-13) [2019-03-15]. https://blog.zeppelin.solutions/a-gentle-introduction-to-ethereum-programming-part-3-abdd9644d0c2.

[3] Facu Spagnuolo. Are you really using SHA-3 or old code? [P/OL]. (2016-01-12) [2019-03-15]. https://medium.com/@ConsenSys/are-you-really-using-sha-3-or-old-code-c5df31ad2b0.

[4] ANDREAS M. Antonopoulos, mastering bitcoin, [M]. 2nd ed. Sebastopol: O'Reilly Media, 2017.

[5] Howard, Diving into the ethereum VM part 5—the smart contract creation process [OL]. (2017-10-24) [2019-03-15]. https://medium.com/@ hayeah/diving-into-the-ethereum-vm-part-5-the-smart-contract-creation-process-cb7b6133b855.

[6] Howard. Diving into the ethereum virtual machine [P/OL]. (2017-08-06) [2019-03-15]. https://medium.com/@hayeah/diving-into-the-ethereum-vm-6e8d5d2f3c30.

[7] Howard. Diving into the ethereum VM part 2—how I learned to start worrying and count the storage cost [P/OL]. (2017-08-14) [2019-03-15]. https://medium.com/@hayeah/diving-into-the-ethereum-vm-part-2-storage-layout-bc5349cb11b7.

[8] Howard. Diving into the ethereum VM part 3—the hidden costs of arrays [P/OL]. (2017-08-24) [2019-03-15]. https://medium.com/@hayeah/diving-into-the-ethereum-vm-the-hidden-costs-of-arrays-28e119f04a9b.

[9] Howard. How to decipher a smart contract method call [P/OL]. (2017-09-18) [2019-03-15]. https://medium.com/@hayeah/how-to-decipher-a-smart-contract-method-call-8ee980311603.

[10] Alejandro Santander. Deconstructing a solidity contract—part IV: function wrappers [P/OL]. (2018-09-12) [2019-03-15]. https://blog.zeppelin.solutions/deconstructing-a-solidity-contract-part-iv-function-wrappers-d8e46672b0ed.

[11] Alejandro Santander. Deconstructing a solidity contract—part V: function bodies [P/OL]. (2018-09-20) [2019-03-15]. https://blog.zeppelin.solutions/deconstructing-a-solidity-contract-part-v-function-bodies-2d19d4bef8be.

[12] Alejandro Santander. Deconstructing a solidity contract—part VI: the metadata hash [P/OL]. (2018-09-28) [2019-03-15]. https://blog.zeppelin.solutions/deconstructing-a-solidity-contract-part-vi-the-swarm-hash-70f069e22aef.

[13] Alejandro Santander. Deconstructing a solidity contract—part III: the function selector [P/OL]. (2018-09-05) [2019-03-15]. https://blog.zeppelin.solutions/deconstructing-a-solidity-contract-part-iii-the-function-selector-6a9b6886ea49.

[14] Alejandro Santander. Deconstructing a solidity contract—part II: creation vs. runtime [P/OL]. (2018-08-13) [2019-03-15]. https://blog. zeppelin. solutions/deconstructing- a- solidity- contract- part- ii- creation- vs- runtime- 6b9d60ecb44c.

[15] Ethereum. Application binary interface specification [P/OL]. (2016-03-16) [2019-03-15]. https://solidity. readthedocs. io/en/v0. 4. 24/abi- spec. html.

[16] Martin Holst Swende. Ethereum quirks [P/OL]. (2015-09-15) [2019-03-15]. http://swende. se/blog/Ethereum_quirks_and_vulns. html.

[17] Elena Nadolinski, Facu Spagnuolo. Proxy pattern [P/OL]. (2018-04-19) [2019-03-15]. https://blog. zeppelinos. org/proxy- patterns/.

[18] Ethereum. Solidity assembly [P/OL]. (2019-03-15) [2019-03-15]. https://github. com/ethereum/solidity/blob/develop/docs/assembly. rst#opcodes

[19] Bernardpeh. Loop- Demo. sol [P/OL]. (2019-03-15) [2019-03-15]. https://github. com/bernardpeh/solidity- loop- addresses- demo/blob/master/loop- demo. sol.

[20] Howard Yeh. EVM instruction set [P/OL]. (2017-04-17) [2019-03-15]. https://gist. github. com/hayeah/bd37a123c02fecffbe629bf98a8391df.

[21] Ritesh Modi. Solidity programming essentials. [M]. Birmingham- Mumbai: Packt Publishing, 2018.

[22] Sigma Prime. Comprehensive list of known attack vectors and common anti- patterns [P/OL]. (2018-11-1) [2019-03-15]. https://github. com/sigp/solidity- security- blog#race- conditions.

[23] Martin Holst Swende. Ethereum quirks [P/OL]. (2016-06-16) [2019-03-15]. http://swende. se/blog/EVM-Assembly- trick. html.

[24] GeekforGeeks. QuickSort [P/OL]. (2014-01-07) [2019-03-15]. https://www. geeksforgeeks. org/quick-sort/.

[25] Syed Komail Abbas. A step by step guide to testing and deploying ethereum smart contracts in go [P/OL]. (2018-06-26) [2019-03-15]. https://hackernoon. com/a- step- by- step- guide- to- testing- and- deploying- ethereum- smart- contracts- in- go- 9fc34b178d78.

[26] Ethereum. Contract ABI specification [P/OL]. (2016-09-12) [2019-03-15]. https://solidity. readthedocs. io/en/develop/abi- spec. html#abi- json.

[27] Merunas Grincalaitis. The ultimate end- to- end tutorial to create and deploy a fully decentralized DApp in ethereum [P/OL]. (2017-08-14) [2019-03-15]. https://medium. com/ethereum- developers/the- ultimate- end- to- end- tutorial- to- create- and- deploy- a- fully- descentralized- dapp- in- ethereum- 18f0cf6d7e0e.

[28] Mayowa Tudonu. Debugging smart contracts with truffle debugger: a practical approach [P/OL]. (2018-10-27) [2019-03-15]. https://www. mayowatudonu. com/blockchain/debugging- smartcontracts- with- truffle- debugger.

[29] Aventus Network. Stack too deep- error in solidity [P/OL]. (2019-01-07) [2019-03-15]. https://medium. com/coinmonks/stack- too- deep- error- in- solidity- 608d1bd6a1ea.

[30] Stefan Beyer. Storage allocation exploits in ethereum smart contracts [P/OL]. (2018-02-18) [2019-03-15]. https://medium. com/cryptronics/storage- allocation- exploits- in- ethereum- smart- contracts- 16c2aa312743.

[31] Stefan Beyer. Ethereum smart contract security [P/OL]. (2018-01-29) [2019-03-15]. https://medium. com/cryptronics/ethereum- smart- contract- security- 73b0ede73fa8.

[32] Ethereum. Layout of state variables in storage [P/OL]. (2016-05-12) [2019-03-15]. https://solidity. readthedocs. io/en/develop/miscellaneous. html#layout- of- state- variables- in- storage.

[33] TRYBLOCKCHAIN. Solidity 语言 [P/OL]. (2016-07-15) [2019-03-15]. http://www. tryblockchain. org/.

[34] Ethereum. Eip-20 [P/OL]. (2019-03-08) [2019-03-15]. https://github. com/ethereum/EIPs/blob/

master/EIPS/eip-20. md.

[35] Ethereum. Eip-721 [P/OL]. (2019-03-09) [2019-03-15]. https://github. com/ethereum/EIPs/blob/master/EIPS/eip-721. md.

[36] Ethereum. Eip-165 [P/OL]. (2019-03-15) [2019-03-15]. https://github. com/ethereum/EIPs/blob/master/EIPS/eip-165. md.

[37] LI Z C. Techniques to cut gas costs for your DApps [P/OL]. (2018-06-15) [2019-03-15]. https://medium. com/coinmonks/techniques-to-cut-gas-costs-for-your-dapps-7e8628c56fc9.

[38] ADIL H. Off-Chain data storage: ethereum & IPFS [P/OL]. (2017-10-17) [2019-03-15]. https://medium. com/@ didil/off-chain-data-storage-ethereum-ipfs-570e030432cf.

[39] Ethereum. Opcodes [P/OL]. (2019-05-27) [2019-05-27]. https://github. com/ethereum/solidity/blob/develop/docs/assembly. rst#opcodes.

[40] Ethereum. Opcodes [P/OL]. (2019-05-27) [2019-05-27]. https://github. com/ethereum/pyethereum/blob/develop/ethereum/opcodes. py.

[41] Facundo Spagnuolo. Smart contract upgradeability using eternal storage [P/OL]. (2019-01-19) [2019-03-15]. https://blog. zeppelinos. org/smart-contract-upgradeability-using-eternal-storage/.

[42] Merlox. Casino-Ethereum [P/OL]. (2019-04-07) [2019-05-27]. https://github. com/merlox/casino-ethereum.

[43] Mayowa Tudonu. FoodCart. js [P/OL]. (2019-04-07) [2019-05-27]. https://gist. githubusercontent. com/mayorcoded/1fd0b4361e273f18e6d56e30b24cdb36/raw/cabb4283fee5d73719f284fd10780241b95c4aec/FoodCart. js.

[44] OpenZeppelin. ERC721Token. sol [P/OL]. (2019-05-20) [2019-05-20]. https://github. com/OpenZeppelin/zeppelin-solidity/blob/master/contracts/token/ERC721/ERC721Token. sol.

[45] Zeppelinos. Upgradeability using unstructured storage [P/OL]. (2019-04-17) [2019-05-20]. https://github. com/zeppelinos/labs/tree/master/upgradeability_using_unstructured_storage/.

[46] CurrencyTycoon. Tricked by a honeypot contract or beaten by another hacker. What happened? [P/OL]. (2018-03-15) [2019-03-15]. https://www. reddit. com/r/ethdev/comments/7x5rwr/tricked_by_a_honeypot_contract_or_beaten_by/.

[47] Etherpot, Etherpot [P/OL]. (2015-06-09) [2019-03-15]. https://github. com/etherpot.

[48] Yaoyao. Solidity 语言编辑器 REMIX 指导大全 [P/OL]. (2018-06-14) [2019-03-15]. https://zhuanlan. zhihu. com/p/38102679.